室内定位——技术与性能

Indoor Positioning: Technologies and Performance

［法］Nel Samama 著

孟志鹏 李东泽 冯 戎 张 勇 译

電子工業出版社·

Publishing House of Electronics Industry

北京·**BEIJING**

内 容 简 介

室内定位是指在室内环境中实现定位，主要采用无线通信、基站定位、惯性导航定位、动作捕捉等多种技术集成形成一套室内位置定位体系，进而实现人员、物体等在室内空间中的位置监控。本书从理论和实践角度探索室内定位的各个方面，描述各种定位方法的优缺点，包括基于角度、距离、多普勒效应、物理量和图像等的定位方法，以及基于红外传感器、激光、激光雷达、RFID、UWB、蓝牙、图像SLAM、Li-Fi、Wi-Fi、室内GNSS、条形码、图像识别、近场通信和二维码等的定位技术。

本书可作为室内定位工程师、工业和应用程序开发人员的参考用书，也可供无线通信和信号处理领域的人员学习。

Nel Samama: Indoor Positioning: Technologies and Performance.

ISBN 9781119421849

Copyright © 2019, John Wiley & Sons, Inc.

All Rights Reserved. Authorized translation from the English language edition published by John Wiley & Sons, Inc.

No part of this book may be reproduced in any form without the written permission of John Wiley & Sons, Inc.

Simplified Chinese translation edition Copyright ©2024 by John Wiley & Sons, Inc. and Publishing House of Electronics Industry.

本书中文简体字翻译版由电子工业出版社和 John Wiley & Sons 合作出版。未经出版者预先书面许可，不得以任何方式复制或抄袭本书的任何部分。

版权贸易合同登记号　图字：01-2024-4940

图书在版编目（CIP）数据

室内定位：技术与性能 /（法）尼尔·萨马玛
(Nel Samama) 著；孟志鹏等译. -- 北京：电子工业出版社，2024. 11. -- ISBN 978-7-121-49060-6

Ⅰ．TN95

中国国家版本馆 CIP 数据核字第 2024N7A310 号

责任编辑：谭海平

印　　刷：三河市鑫金马印装有限公司
装　　订：三河市鑫金马印装有限公司
出版发行：电子工业出版社
　　　　　北京市海淀区万寿路 173 信箱　　邮编：100036
开　　本：787×1092　1/16　印张：15.25　字数：341.6 千字
版　　次：2024 年 11 月第 1 版
印　　次：2024 年 11 月第 1 次印刷
定　　价：128.00 元

凡所购买电子工业出版社图书有缺损问题，请向购买书店调换。若书店售缺，请与本社发行部联系，联系及邮购电话：(010) 88254888，88258888。

质量投诉请发邮件至 zlts@phei.com.cn，盗版侵权举报请发邮件至 dbqq@phei.com.cn。

本书咨询联系方式：(010) 88254552，tan02@phei.com.cn。

译者序

随着信息技术的飞速发展，室内定位技术已经成为智能建筑、物联网、智能交通等多个领域的关键技术。本书作者Nel Samama博士现任职于法国索邦大学，在室内定位领域深耕多年，拥有十项专利，发表了多篇学术论文。Nel Samama博士的研究涵盖了从传感器网络到基于无线电的系统等多种室内定位技术。Nel Samama博士撰写的本书汇集了室内定位领域的最新研究成果与实践经验，深入探讨了该领域内的各种技术和解决方案，为研究人员提供了一个全面的技术视角。从基础的传感器技术到先进的图像SLAM（同步定位与地图构建）、Li-Fi、Wi-Fi通信技术等，书中不仅详细介绍了各种技术的工作原理，还深入探讨了其在实际应用中的性能表现和潜在局限。对室内定位工程师、工业和应用程序开发人员来说，本书无疑是一本极具参考价值的宝典。

特别值得一提的是，本书在技术描述上力求简洁明了，即便是非专业人士也能够通过阅读本书来清晰地认识室内定位技术。本书内容丰富、组织系统，不仅涵盖了室内定位的基础知识，还对各种技术进行了横向与纵向比较，可让读者全面了解当前室内定位技术的发展现状和未来趋势。本书的实用性也是其一大特色。作者不仅关注技术的理论基础，更注重技术的实践应用。例如，书中提供的案例分析和性能评估，对技术难题提供了切实可行的解决方案和思路启迪。

本书的前言和第1章由孟志鹏翻译，第2章由李东泽、冯戎翻译，第3章、第4章、第5章由冯戎翻译，第7章、第9章、第11章由孟志鹏翻译，第6章、第8章和第10章由李东泽翻译，第12章、13章和第14章由张勇翻译。全书由孟志鹏、张勇统稿和审阅。在翻译工作中，我们力求保持原著的准确性和专业性，同时尽可能地使语言流畅、易于理解。希望书中对各种室内定位技术的深入剖析，能够帮助研究人员更好地理解技术的内在机制，激发创新思维。

由于译者水平有限，本书的译文中必定存在一些不足或错误之处，欢迎各位专家和广大读者批评指正。

扫描查阅彩图

前　言

前言旨在说明本书的编写理念和设计方式，概述室内定位技术及其系统。因为本书涉及室内定位，所以主要面向行人或物体。

编写本书的目的有两个方面：一是盘点各种室内定位技术和理论的实际性能与局限；二是说明只需稍微改变我们看待定位问题的视角，就能研制出许多满足实际需求的系统。这种视角是在漫长的使用过程中形成的，使我们仅以GPS的形式来理解定位，且认为所有解决方案都应该采用相同的模式，忽略了仅在特殊的应用场合才需要连续定位的事实。

同时，我认为有必要阐明这个多年来被认为具有巨大市场潜力的领域发展得非常缓慢的原因。在对各种室内技术的探讨中，我们选择按照其使用的物理技术进行分类。这种分类对纯粹主义者来说有些奇怪，但我们的目标是更好地理解这些技术在日常生活中普及程度有限的原因。这种与传统介绍方式不同的尝试，也是为了"转变"人们的观点和研究角度。

以一种"基础的"方式来研究技术，即单独地看待每种技术，可使我们提炼具体性能，并查看每种技术需要哪些补充才能提升其表现。第12章将介绍如何结合使用这些技术。

谈到室内定位，特别是当涉及民众及其手机时，一个基本要求是尊重每个人的隐私。这一点在本书中未做讨论，但请铭记于心。

如果目标读者仅为"专家"，那么本书的最后一章可以作为导言。因此，浏览本书几小时后，读者可以轻松地进入最后一章，该章使用简单的示例总结了目前在设计可接受系统时遇到的所有难题。

本书是对室内定位领域和技术的广泛讨论，而不是学术研究所用的参考书。本书面向那些希望了解室内定位部署为何相对停滞不前的人员，以及希望在短期内进行室内定位部署的人员，具有很强的实用性。

讨论也意味着交流，这里鼓励读者发表意见。

Nel　Samama

致　谢

在我的上本著作——《全球定位》的致谢中，我曾感谢许多人，包括我的家人和我的同事。我记得我曾告诉他们，我再也不会这样长时间地离开他们了。

在此，我再次真诚感谢他们做出的巨大牺牲。当明白我需要安静地写作时，他们经常会默默地让我独处。如果我说永远不会写第三本书，恐怕缺乏可信度，但我希望他们明白我对他们的付出充满了理解和感激。虽然未将他们的名字一一列出，但是他们自会心领神会，我衷心感谢他们始终如一的帮助和支持。

特别感谢Alexandre Vervisch-Picois和Alexandre Patarot，他们的意见极大地改善了本书前几章的内容。

最后，像在《全球定位》中那样，我要特别感谢对书中英文做了大量修改的Dick，他无疑是本书出版前唯一阅读整本书两遍的人！

目　录

导言 ⋯⋯⋯⋯⋯⋯⋯⋯⋯⋯⋯⋯⋯⋯⋯⋯⋯⋯⋯⋯⋯⋯⋯⋯⋯⋯⋯⋯⋯⋯⋯⋯ 001

第1章　历史小片段 ⋯⋯⋯⋯⋯⋯⋯⋯⋯⋯⋯⋯⋯⋯⋯⋯⋯⋯⋯⋯⋯⋯⋯⋯ 005

1.1　导航的第一个时代 ⋯⋯⋯⋯⋯⋯⋯⋯⋯⋯⋯⋯⋯⋯⋯⋯⋯⋯⋯⋯ 005

1.2　经度问题与时间的重要性 ⋯⋯⋯⋯⋯⋯⋯⋯⋯⋯⋯⋯⋯⋯⋯ 006

1.3　时间与空间的联系 ⋯⋯⋯⋯⋯⋯⋯⋯⋯⋯⋯⋯⋯⋯⋯⋯⋯⋯⋯ 007

1.3.1　时间感知演变简史 ⋯⋯⋯⋯⋯⋯⋯⋯⋯⋯⋯⋯⋯⋯ 007

1.3.2　与空间感知中可能变化的比较 ⋯⋯⋯⋯⋯⋯ 009

1.4　无线电时代 ⋯⋯⋯⋯⋯⋯⋯⋯⋯⋯⋯⋯⋯⋯⋯⋯⋯⋯⋯⋯⋯⋯⋯ 010

1.5　首个地面定位系统 ⋯⋯⋯⋯⋯⋯⋯⋯⋯⋯⋯⋯⋯⋯⋯⋯⋯⋯⋯ 011

1.6　人造卫星时代 ⋯⋯⋯⋯⋯⋯⋯⋯⋯⋯⋯⋯⋯⋯⋯⋯⋯⋯⋯⋯⋯ 012

1.7　新问题：定位系统的可用性和准确性 ⋯⋯⋯⋯⋯⋯⋯ 014

参考文献 ⋯⋯⋯⋯⋯⋯⋯⋯⋯⋯⋯⋯⋯⋯⋯⋯⋯⋯⋯⋯⋯⋯⋯⋯⋯⋯ 014

第2章　室内定位问题究竟是什么 ⋯⋯⋯⋯⋯⋯⋯⋯⋯⋯⋯⋯⋯⋯ 016

2.1　室内定位概述 ⋯⋯⋯⋯⋯⋯⋯⋯⋯⋯⋯⋯⋯⋯⋯⋯⋯⋯⋯⋯⋯ 017

2.1.1　基本问题：导航应用举例 ⋯⋯⋯⋯⋯⋯⋯⋯ 017

2.1.2　感知需求 ⋯⋯⋯⋯⋯⋯⋯⋯⋯⋯⋯⋯⋯⋯⋯⋯⋯ 018

2.1.3　多种可能的技术 ⋯⋯⋯⋯⋯⋯⋯⋯⋯⋯⋯⋯⋯ 019

2.1.4　关于"最佳"解决方案的讨论 ⋯⋯⋯⋯⋯⋯ 021

2.2　室内定位是下一个"经度问题"吗 ⋯⋯⋯⋯⋯⋯⋯⋯⋯ 023

2.3　室内定位问题简述 ⋯⋯⋯⋯⋯⋯⋯⋯⋯⋯⋯⋯⋯⋯⋯⋯⋯⋯ 025

参考文献 ⋯⋯⋯⋯⋯⋯⋯⋯⋯⋯⋯⋯⋯⋯⋯⋯⋯⋯⋯⋯⋯⋯⋯⋯⋯⋯ 026

第3章　定位方法及其相关难题概述 ⋯⋯⋯⋯⋯⋯⋯⋯⋯⋯⋯⋯ 027

3.1　基于角度的定位方法 ⋯⋯⋯⋯⋯⋯⋯⋯⋯⋯⋯⋯⋯⋯⋯⋯ 027

3.1.1　纯角度定位方法 ⋯⋯⋯⋯⋯⋯⋯⋯⋯⋯⋯⋯⋯ 027

3.1.2　三角测量定位方法 ⋯⋯⋯⋯⋯⋯⋯⋯⋯⋯⋯⋯ 028

3.2　基于距离的定位方法 ⋯⋯⋯⋯⋯⋯⋯⋯⋯⋯⋯⋯⋯⋯⋯⋯ 028

3.2.1　基于已知环境的定位方法 ⋯⋯⋯⋯⋯⋯⋯⋯ 028

3.2.2　雷达法 ⋯⋯⋯⋯⋯⋯⋯⋯⋯⋯⋯⋯⋯⋯⋯⋯⋯⋯ 029

3.2.3　双曲线定位法 ⋯⋯⋯⋯⋯⋯⋯⋯⋯⋯⋯⋯⋯⋯ 030

3.2.4 移动通信网络 ·· 031
3.3 基于多普勒的定位方法 ······································ 032
3.3.1 多普勒雷达法 ·· 032
3.3.2 多普勒定位方法 ·· 032
3.4 基于物理量的定位方法 ······································ 033
3.4.1 光照度测量 ·· 033
3.4.2 局域网 ·· 034
3.4.3 姿态和航向参考系 ······································ 035
3.5 基于图像的定位方法 ·· 038
3.6 ILS、MLS、VOR 和 DME ····································· 039
3.7 小结 ·· 040
参考文献 ··· 041

第4章 各种室内技术的分类方法 ·································· 043
4.1 概述 ·· 043
4.2 需要考虑的参数 ·· 043
4.3 关于这些参数的讨论 ·· 044
4.3.1 与系统硬件相关的参数 ·································· 044
4.3.2 与系统类型和性能相关的参数 ···························· 045
4.3.3 与系统实际实施相关的参数 ······························ 046
4.3.4 与系统物理方面相关的参数 ······························ 047
4.4 所涵盖的技术 ·· 048
4.5 各种技术的技术特点总表 ···································· 054
4.6 借助技术特点表格选择技术 ·································· 059
4.7 本书其余部分的选定方式 ···································· 064
参考文献 ··· 069

第5章 近距离技术：方法、性能与限制 ···························· 072
5.1 条形码 ·· 072
5.2 非接触卡和信用卡 ·· 075
5.3 图像识别 ·· 076
5.4 近场通信 ·· 078
5.5 二维码 ·· 080
5.6 关于其他技术的讨论 ·· 082
参考文献 ··· 082

第6章 房间限定技术：挑战与可靠性 ······························ 085
6.1 图像标记 ·· 085
6.2 红外传感器 ·· 090

6.3 激光 …………………………………………………………… 091

6.4 激光雷达 ……………………………………………………… 093

6.5 声呐 …………………………………………………………… 095

6.6 超声波传感器 ………………………………………………… 097

参考文献 …………………………………………………………… 099

第7章 "多个房间"技术 ………………………………………… 102

7.1 雷达 …………………………………………………………… 102

7.2 RFID ………………………………………………………… 104

7.3 超宽带 ………………………………………………………… 106

参考文献 …………………………………………………………… 109

第8章 建筑范围技术 …………………………………………… 112

8.1 加速度计 ……………………………………………………… 113

8.2 蓝牙和低功耗蓝牙 …………………………………………… 115

8.3 陀螺仪 ………………………………………………………… 117

8.4 图像相对位移 ………………………………………………… 118

8.5 图像 SLAM …………………………………………………… 120

8.6 Li-Fi …………………………………………………………… 120

8.7 光技术机会 …………………………………………………… 122

8.8 声音 …………………………………………………………… 123

8.9 经纬仪 ………………………………………………………… 124

8.10 Wi-Fi ………………………………………………………… 126

8.11 符号 Wi-Fi …………………………………………………… 128

参考文献 …………………………………………………………… 131

第9章 建筑范围技术：室内 GNSS 的特例 …………………… 134

9.1 概述 …………………………………………………………… 135

9.2 本地发射机的概念 …………………………………………… 135

9.3 伪卫星 ………………………………………………………… 136

9.4 转发器 ………………………………………………………… 139

9.4.1 时钟偏移方法 ………………………………………… 140

9.4.2 伪距方法 ……………………………………………… 142

9.5 转发器–伪卫星 ……………………………………………… 145

9.5.1 提议的系统架构 ……………………………………… 145

9.5.2 优点 …………………………………………………… 147

9.5.3 限制 …………………………………………………… 147

9.6 Grin-Loc ……………………………………………………… 147

9.6.1 双天线 ………………………………………………… 148

9.6.2 多双天线情况下的解算 ······················· 150

参考文献 ·· 153

第10章 广域室内定位：街区、城市和区县方法 ········ 157

10.1 概述 ··· 157

10.2 业余无线电 ··· 158

10.3 ISM 无线电频段（433/868MHz） ············ 159

10.4 移动网络 ··· 159

    10.4.1 第一代网络（GSM） ··················· 159

    10.4.2 现代网络（3G、4G 和5G） ·········· 163

10.5 LoRa 和 SigFox ····································· 164

10.6 调幅/调频广播 ······································· 166

10.7 电视 ··· 167

参考文献 ·· 168

第11章 全球室内定位技术：可实现的性能 ············· 170

11.1 Argos 系统和 COSPAS-SARSAT 系统 ········ 170

    11.1.1 Argos 系统 ······························· 170

    11.1.2 COSPAS-SARSAT 系统 ··············· 171

11.2 GNSS ·· 173

11.3 高精度 GNSS ·· 175

    11.3.1 高灵敏度 GNSS（HS-GNSS） ········ 175

    11.3.2 辅助 GNSS（A-GNSS） ··············· 176

11.4 磁力计 ·· 178

11.5 压力传感器 ··· 180

11.6 机会无线电信号 ····································· 181

11.7 有线网络 ··· 182

参考文献 ·· 183

第12章 方法和技术的组合 ································· 187

12.1 概述 ··· 187

12.2 融合与混合 ··· 188

    12.2.1 技术组合策略 ··························· 188

    12.2.2 选择最佳数据的策略 ··················· 189

    12.2.3 分类和估计器 ··························· 193

    12.2.4 滤波 ······································ 193

12.3 协作方法 ··· 194

    12.3.1 使用多普勒频移测量估算速度的方法 ······· 194

    12.3.2 在某些节点固定的情况下使用多普勒频移测量的方法 ········ 197

12.3.3 使用多普勒频移测量估算角度的方法 ················· 199

12.3.4 基于距离测量的方法 ······························ 201

12.3.5 分析网络变形的方法 ······························ 203

12.3.6 备注 ··· 204

12.4 小结 ··· 204

参考文献 ·· 205

第13章 地图 ·· 208

13.1 地图：不仅仅是图像 ································· 208

13.2 室内环境带来的特定问题 ··························· 209

13.3 地图表示 ··· 210

13.4 记录工具 ··· 212

13.5 一些室内地图应用示例 ····························· 215

13.5.1 引导应用 ······································· 215

13.5.2 与地图相关的服务 ······························ 217

13.6 小结 ··· 217

参考文献 ·· 217

第14章 综述与未来可能的"演变" ······················· 220

14.1 室内定位：是机会信号还是本地基础设施 ··········· 220

14.1.1 一些受约束的选择 ······························ 221

14.1.2 三种方法的比较与讨论 ·························· 222

14.2 讨论 ··· 225

14.3 个人日常生活可能的演变 ··························· 226

14.3.1 学生的一天 ····································· 226

14.3.2 改善门诊患者的医院就诊体验 ···················· 227

14.3.3 公共场所的人流 ································· 229

14.4 物联网和万物互联 ································· 230

14.5 未来可能的方向 ····································· 231

14.6 小结 ··· 232

参考文献 ·· 233

导　言

摘要

　　导言解释我撰写本书的主要原因。写书既令人兴奋，又非常耗时：之前的经验让我对此深有体会。因此，对我而言，这个过程基于观察，而我选择的方式在我看来也是合乎逻辑的。观察表明，实现室内定位是工业界、中小企业、机构、学术界、研究人员等众多参与者长期以来的追求。尽管经济前景可能常被高估，但多年来这种前景一直被描述得极为乐观。令我惊讶的是，这种前景始终保持在非常高的水平。然而，目前并没有真正"可行"的解决方案（稍后再谈"可行"一词）能够与我们所面临的经济和应用前景相匹配。从技术角度看，我觉得这个问题并不复杂，但这可能是因为我每天都"沉浸"于其中。那么，问题出在哪里呢？为什么我在与不同领域的对话者交流时，总是难以让他们理解这一领域，进而解决非常现实的问题呢？为什么经过这么多年和这么多努力，我们仍然没有"室内GPS"？本书更像是一种讨论，而不是纯粹的技术著作。

　　关键词：导言；室内定位；室内GPS；室内问题

　　我从事室内定位研究工作已有约20年。最初几年，我每天都很兴奋，因此每天都有新的需求涌现：行人引导，在棚屋中管理生产和动物福利①；驾驶无人机进行武器库结构分析；在覆盖区域、隧道或停车场保持汽车导航功能的连续性；监控消防员的干预等。项目征集活动很多，我们在该领域开展工作本身就很有意义。在研究与开发领域，这很常见：这是应用研究课题的正常状态。让我觉得不同的是，尽管提出了多样化的技术解决方案，尽管潜在的市场规模从未被否定，但是仍然没有一个可接受的技术解决方案清单。所有部署都是只适用于单一场景的，而需求似乎是普遍的。

　　不充分但有"启发性"的第一个原因无疑是我们对"技术"的过度依赖，认为只要有需求，特别是市场的存在，技术就能解决任何问题。例如，全球定位系统（Global Positioning System，GPS）就实现了令人难以置信的成就。第二个原因是，由于描述的市场巨大，有些人受到诱惑，在未出现真正的技术解决方案之前，"未见鸡孵就先卖蛋"。这样做既可收回研发资金（有时甚至非常可观），又可取得真正的技术进步。然而，这些还不够。一来二去，投资者变得越来越不情愿，这就是我们目睹（且仍在目睹）这些项目处于接二连三的融资和放缓阶段的原因。一些大型项目，如欧洲的伽利略计划，有时只是技术短期内的推动者，但并不长久。

　　不过，在我看来，主要技术参数和应用参数仍然是相对简单的。这就是我决定撰写本书的重要原因之一：我不得不承认自己无法向对话者传达技术问题的"简单性"。在这种情况下，可能需要反思一下自己，才能继续前进。就技术而言，我的贡献是基于本书的，

---

① 动物福利指动物如何适应其所处的环境，满足其基本的自然需求。——译者注

它让我明白，我认为简单的东西其实并不那么简单，即使它仅基于一些基本的大方向，但却包含众多细节。在应用层面上，我的初步感受在写作过程中得到了加强：实际上，是需求非常不明确，以致阻碍了"技术人员"取得有益的进展。有些人可能会提出反对意见，认为技术人员不应该解决具体的实际问题，而应该提供通用的解决方案，让所有人参考和使用。然而，应当让我们找到结合研究和开发的"中间环节"，因为这两个方面对于推动该领域的发展至关重要。我认为，这就是我们当前所面临的问题的根源。让那些拥有（或自认为拥有）技术解决方案的人来引导对（通常表达不清）需求的响应，导致我们陷入了目前的困境。

因此，我比以往任何时候都更主张在各参与者（包括机构、金融、技术和应用方面）之间进行交流，以便明确我们所寻找的主要类别。这样做不仅可知道我们想要什么，更重要的是，能够为技术人员提供明确的目标，且这些目标还具有潜在的盈利能力。迄今为止，我们所做的工作逐渐分散，取而代之的是不知何去何从的新方法。将优化参数的选择权交给技术人员，是让他们在最适合自己的环境中得出有利的结论，而经验告诉我们，这种方式至今都未能奏效。

尝试澄清问题

首先，贯穿全书，我们对方法和技术做了语义上的区分。术语"方法"指"数学"（或几何）方法，用于确定终端（物体、人或实体）的位置，例如包括三角测量、三边测量，或者当发射机相对于终端移动时确定多普勒曲线的斜率。术语"技术"指进行测量的具体方式，如三边测量可由GPS技术实现，也可由超宽带（Ultra Wide Band，UWB）无线电技术实现。

本书的目的是列出当今的众多技术。技术范围很广，当然不能穷尽。这些技术都是按"基本"功能描述的，即不将它们组合在一起，也不做过于复杂的相关处理，目标是在保持相对"物理性能"的水平上，确定其内在潜力。然而，第12章中介绍了一些当前技术的耦合、融合或混合方法，并且讨论了这些方法的一些基本要素，尤其是这些方法与技术之间的联系。

本书中大约讨论了40种技术。有了这样一份清单，就会产生如何组织和分类/分组的问题：如何帮助读者理解？我的选择是，按照"范围"而非按照方法来分类。事实上，当问题相对复杂时，我会试图站在读者的立场上回答关于部署系统的实际问题。在我看来，首先要问的是待解决的定位问题的地理范围限制，而不是我们要实现什么。

但是，这种分类方式并不能解决所有问题。首先，分类并不总是很容易决定的，因为某些技术具有实现方式根本不同的特点，而这会将它们归入不同的类别。在其他情况下，分类可能取决于技术的实现方式。所有这些，都将在相应的章节中讨论。

在第1章中介绍室内定位的历史后，我们将在第2章中全面地讨论这个问题。第3章接着介绍上述方法，第4章详细讨论室内定位的一系列重要参数和标准。我们将花时间找出这方面的所有问题，最后给出按其英文字母顺序排列的总结表格。

通过使用这些表格，我们会意识到问题的复杂性。所谓复杂性，实际上并不是指技术的复杂性，而是指应用和实际实现的复杂性，或者说是额外的技术限制。事实上，除了有限的情况，这些技术限制的积累会使得问题几乎无法解决。因此，在接下来的讨论中，建议不仅要从技术的角度寻找解决方案，而且要考虑对这些技术的限制进行改进。

所有这些仅在室内定位市场真实存在而非虚构的情况下才有意义，尽管对此可持怀疑态度。然而，我们不打算在书中讨论这个问题。

尽管如此，对那些希望在不先入为主的情形下了解该领域并对室内定位及其服务连续性问题有自身见解的人来说，第4章无疑是本书中最重要的一章。

实际条件下的部署意见

接下来的第5章到第11章按技术范围行文，介绍一些技术并具体讨论这些技术的优缺点。这些意见是基于技术的实际部署提出的，主要目的是突出需要考虑的要点。本书的总体思路不是为了打击读者的积极性，而是为了明确在众多的可用方法中可能存在适合特定部署的解决方案，但需要理解其局限性，以便客观地调整系统需求。对系统的真实能力和性能感到失望只会适得其反，即产生失望和挫折感，导致偏离整个定位领域。本书希望避免这种状况，并且希望尽可能客观地说明所讨论技术的预期效果和局限性。

需要理解的是，所用的分类方法并非没有潜在的批评意见。两章之间的界限不一定非常明确，当然也值得商榷。然而，这种分类能够让读者做出选择并快速理解室内定位解决方案的一些基本问题。

现代社会正在研究如何分析和处理越来越多的海量数据，定位领域也不例外。鉴于单一技术无法满足各种需求，目前的发展方向是组合使用多种技术。基本原则是，如果组合两种互补技术，就有可能获得最佳的性能。理论上，这是毋庸置疑的，但仍会带来一些实际问题。因此，存在许多方法，它们将在第12章中简要介绍。本书提供该主题的主要线索和参考资料，并就这些方法的局限性给出新的讨论。例如，在许多情况下，这些方法确实有效提升了性能，这一点无可争议。然而，如果不了解在复杂情况下（当"基本"技术达到其使用的极限时）这些方法不再具有以前的性能增益，那么是非常危险的。第12章中将详细讨论这一点。

第13章详细讨论制图（也称地图构建）。这是定位和定位领域的基本方面之一。人们通常需要将地图绘制成多幅图像，就如道路地图领域所绘制的那样。实际上，必须为地图的每个要素关联属性，以便能够提供所需的服务。例如，需要能够判断某个要素是否是可移动区域，是否可以通过某个隔断。同样，计算路线时，重要的是区分行人在走廊的移动速度和在房间内的移动速度，即使房间有多扇门（例如，如果房间是会议室，那么路线应绕过房间，而不穿过房间）。这同样适用于从一个楼层到另一个楼层的区域，无论是通过电梯还是楼梯。然而，"行动不便者"这个属性对服务的可接受性也是至关重要的。所有这些都需要一种特定的方法，类似于几十年前对外部世界所做的工作。对于室内情况，建筑的制图规模较小（相比于道路地图），但涉及新功能，如楼层管理或所有空间的双向性。

第14章介绍存在真正的服务连续性（位置）时，某些日常情况可能出现的情形。这时，需要以现实的方式想象如何修改现有的组织结构，以便为每个人的日程安排提供更大的灵活性。基本理念是，我们的生活主要由时间流逝的节奏支配。想象如下的情形：每个人的位置信息同样可以随时、随地地共享和获取，这将为每个人的日常生活提供便利，同时减少不必要的开支。

结论

我认为本书适用于任何希望了解室内定位或定位功能连续性的人。特别地，应用和服务开发者经常遇到这样的情况：他们需要实现一些软件模块，但却未必总能认识到在使用过程中对高度精细性的需求。最终，他们就只能造就效率低下的系统。这往往是对所用技术的机制和局限性缺乏了解导致的，而这些机制和局限性对数据处理方式有着重大影响。

我希望本书能够帮助读者更好地理解真正的技术和应用挑战。

01 第1章
历史小片段

摘要

本章简要回顾地理定位的演变，目的是说明室内定位确实是最近才出现的需求，因为现代移动互联终端的普及导致用户希望获得众多所谓的服务，而当其中的许多服务与用户位置相关联时，性能会显著增强。得益于全球定位系统（Global Positioning System，GPS），这种关联在20世纪90年代初已成为可能。遗憾的是，这个了不起的系统无法满足室内定位的性能要求，而典型的城市居民大部分时间都在室内度过（书中有时会出现"典型"一词，但经验表明不存在这样的"典型"人物、物体或环境）。

关键词：历史；经度问题；导航；时钟；哈里森

一旦人类决定探索新区域，甚至仅仅是在新区域内移动，就需要一种方法来确定自己在环境中的位置。

1.1 导航的第一个时代

导航的起源与人类一样古老。在新石器时代遗址和苏美尔人的墓葬中，人们发现了最古老的遗迹，它们大约可追溯到公元前4000年。导航的历史与仪器的历史密切相关；然而，直到18世纪约翰和詹姆斯·哈里森发明海洋钟，导航技术才得到快速发展。推动人们走向海洋的第一个原因可能既与探索有关，又与发展商业活动的需要有关。起初，导航是在没有仪器的情况下进行的，仅限于"让海岸保持在视线内"。因此，许多冒险者可能因为试图接近"地平线之外"而丧生。

用于定位的天文过程相当不准确，因此需要频繁地进行调整。由于没有地图，定位更加复杂。如今，室内定位的情况也是如此：精度未达到预期水平，需要频繁地进行调整。此外，最重要的一个问题是缺少用于导航的室内地图。这个热门话题将在第13章中讨论。

遗憾的是，天文定位只能给出观测地点的纬度（见图1.1）。几个世纪以来，经度问题一直悬而未决，室内定位是否也会如此？

在这个阶段可以提出的第一条论断是：与我们今天所寻求的正好相反，那时的定位在时间和空间上都不是连续的。然而，在室内这真的有必要吗？

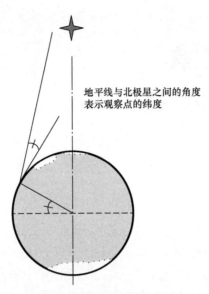

地平线与北极星之间的角度
表示观察点的纬度

图1.1　使用北极星确定纬度

1.2　经度问题与时间的重要性

人们花了近三个世纪才找到所谓的经度问题的解决办法。在此期间，尽管在仪器和地图方面取得了显著进展，但在确定经度方面却一无所获。早在1598年，西班牙国王菲利普二世就提出要奖赏任何能找到解决方案的人。1666年，法国人柯尔贝尔创立了科学院，并且建造了巴黎天文台：他的首要目标之一是找到确定经度的方法。1675年，英国国王查理二世在格林尼治建立了英国皇家天文台，以解决在海上确定经度的问题。意大利博洛尼亚的天文学教授乔瓦尼·多梅尼科·卡西尼是法国科学院的第一任院长，他在1668年提出了一种基于观测木星的卫星来确定经度的方法：基于伽利略[①]使用天文望远镜对这些卫星所做的观测。早在16世纪初，人们就知道观测某种物理现象的时间可与观测地点联系起来；因此，通过比较观测地点的当地时间和参考地点的原始观测时间，就可以确定经度。卡西尼通过计算非常精确的星历表，利用木星的卫星确立了这个事实。遗憾的是，这种方法需要使用望远镜，而在海上使用望远镜实际并不可行。

1714年6月11日，艾萨克·牛顿爵士证实卡西尼的方法在海上不可行，并且指出携带便捷时钟非常有用。值得注意的是，杰玛·弗里修斯在1550年前后也提到过这一点，但当时可能为时过早。1714年7月8日，英国安妮女王批准《议会法案》，悬赏20000英镑[②]寻找能够确定经度的人。解决方案必须在实际条件下进行测试，如一次往返印度（或同等航程）的航行，并评估其精度、可行性和实用性，进而根据相应结果的成功率发放部分奖金。

开发这种海上时钟花了数十年时间，但其最终产生的影响远远不限于导航领域。哈里森时钟的历史相当有趣，并且时间确实是现代卫星导航能力的基础。我们看到，艾萨克·牛顿

---

① 欧洲全球导航卫星系统（GNSS）的名称由此而来。
② 这笔奖金相当于今天的1500多万美元。

本人也认为，有了便捷的航海钟，经度问题就可迎刃而解；然而，制造这种航海钟并不容易。主要原因是当时的时钟业基于依赖重力的物理原理（如钟摆）。对地面上的需求而言，这是可以接受的，但对航海中的计时却无济于事。因此，人们需要找到一个新系统。

时间之所以如此重要，是因为地球一直在绕地轴转动。地球每24h完成一次自转，表明1h相当于向东自转15°。因此，假设人们知道某个给定时间和地点（如格林尼治）的参考星空构形（或太阳或月球的位置）。如果你处在同一纬度，就可在另一个时间观测到相同的星空构形（如果向东，那么时间更晚；如果向西，那么时间更早）：只要参考地点的时间（本例中为格林尼治时间）保持不变，时间差就会直接给出经度——无论是向东还是向西，时间差乘以15°/h就得到了经度。

这种方法非常简单，主要困难是如何以足够高的精度"保持"参考地点的时间，即每日漂移少于几秒。虽然钟摆在陆地上的精度很高，但在海上，由于船只的运动及湿度和温度的变化，钟摆是无法达到这种精度的。

约翰·哈里森制造了四种不同的时钟，由此产生了许多创新的概念。取得近50年的非凡成就后（1765年8月），由6名专家组成的小组在哈里森于伦敦的家中检验了最终的时钟H4。约翰·哈里森及其儿子威廉终于获得了经度奖金的一半，奖金的另一半最终于1773年6月通过《议会法案》颁发给了他们。更重要的是，约翰·哈里森最终被公认为解决经度问题的人。

詹姆斯·库克在其三次著名太平洋航行的第二次航行中，对哈里森时钟的性能进行了著名的演示。这次航行是为了探索南极洲。1772年4月，库克率领两艘船——决心号和冒险号向南航行。他在南极冰层中航行171天后，决定返回太平洋中的岛屿。1775年6月，航行超过74000km后，它返回了伦敦港。在这次航行中，他携带了时钟K1——肯德尔复制的哈里森时钟H4。在整个航程中，时钟K1的日损率从未超过8s（相当于赤道上的3.7km），表明经度可用时钟来测量。

室内定位问题几乎处于18世纪初确定经度的相同境地：看起来很接近，但实际上没有令人满意的解决方案。人们希望能够用不到50年时间找到一种可以接受的方法。

1.3 时间与空间的联系

几个世纪以来，人们对时间的感知发生了很大的变化，现在每个人都能随时随地查看精确的时间。通过简要分析时间可得性对人类生活影响的演变，可以找到与定位可用性可能引发变化的若干相似之处。

1.3.1 时间感知演变简史

最初，时间和空间是人们感知到的概念：到达某地所需的步行天数并绘制简单的地图。早在文字出现之前，这就实现了。

随着人类活动的多样化，人类不仅扩大了自己的生活空间，而且出现了测量时间的需求，以便更好地组织商业活动等。例如，阴历似乎有助于完成这项任务：观测月相就能确定日期。遗憾的是，这仅限于依赖年周期的农业活动。后来，出现了阳历，使得社会活动的集体组织成为可能。这时，已存在年和月的概念。此外，对季节性活动来说，这非常精确。为了将一天划分为若干时间单位以便组织日常活动，需要做进一步的改进。最初的方法是基于日晷，但每个季节的时间单位长度显示是不同的：夏天的白昼时间比冬天的长。为了解决这个问题，人们发明了巧妙的水钟（滴漏）：除此之外，夜间也能通过水钟了解时间。于是，时间就可以测得：下一步是使时间作为信息传输并可在各地同步。

僧侣是最早开发时钟来同步宗教活动的人。最早是基于钟声和锣声来实现的。有趣的是，这种方式使得整个群体（听到钟声的人）能够同步：不需要知道精确的时间[1]。尽管如此，统一时间尚未成为问题，因为生活是围绕本地事务展开的。此外，夜晚仍然是"另一个世界"，但用太阳来计时是可以接受的。然而，发展方向是开发出即使没有表盘和指针，也能在一天内的不同时间报时的时钟。最先进的时钟甚至能够在夜间报时，以便安排整个村庄的生活。

时间测量与还原管理的下一步是机械时钟的出现，通过机械时钟，人们能在一天内对自己进行"定位"。这些时钟使用的表示方法（通常基于宗教或天文符号）可让即使不识字的人也能理解时间。当时所用的机制都基于重力效应，而这也意味着不能在海上使用它们。

与此同时，西方国家开始向世界各地扩张，商业活动和时间同步出现了困难。第一批火车开始运行，但时钟仍按中午太阳时间同步，时间漂移"清晰可见"。火车运营提出了协调通用时间的需求，这也是时区的起点。

工业革命使得人们对时间的态度发生了变化：工作不再与任务相关，而与给定的时间量相关，雇主和雇员之间建立了新的关系，工人权利出现了新的需求——他们有时会组织罢工来支持自己的诉求。工业界意识到"时间就是金钱"，生活本身也开始围绕时间来定义。此外，时间也成为一个全球共享的概念。这种全球化引发了对个人时钟的需求（看似矛盾）[2]：每个人都需要与世界上的其他地方同步，或者至少与其职业和个人的环境同步。

在过去的几个世纪里，时间对人类活动的影响明显增大。如今，金融交易基本上是基于时间的，互联网和所有电信网络必须同步。几乎每项行动都是以时间（进而以金钱）来量化的：在工作中，这是显而易见的；对旅行（无论是职业旅行还是个人旅行）、休闲、娱乐等来说，同样如此。

在时间计量的发展过程中，人们还面临着时间流逝中视觉机制消失的问题。例如，一

---

[1] 注意，这个概念在定位方面可能很有趣：只要知道路径，就能知道到达下个停靠点的时间，因此没有必要始终精确定位。
[2] 同样的现象今天在互联网中也很明显：当时全球化对人类而言不可行，所以需要能够实现全球化的个人设备。

些显示器不再提供指针，而只显示数值。

1.3.2　与空间感知中可能变化的比较

几个世纪以来，地球的呈现方式也发生了很大的变化。随着世界各地时间的同步，人们也需要在地图、路线等方面更准确地呈现世界。注意，尽管这一需求的起因多种多样，但时间无疑是最重要的需求之一。由于全球活动很大程度上是基于时间的，能够评估任何特定的人员或货物运输所需的时间是非常重要的。如果我们尝试比较时间测量的演变与定位系统的演变，那么可以肯定地说，今天的定位正处于150多年前便携时钟出现时的状态。正是这种技术壮举使得每个人都能掌握时间。现在，基于卫星的定位系统［受益于其先驱全球定位系统（GPS）］也能提供类似的定位功能。第一代便携式时钟与今天的GPS接收机之间有一些相似之处：全球需要一个相同的参考系，可以进行个人的本地测量，能够与使用类似设备的他人"同步"①。此外，时间和位置在全球导航卫星系统（Global Navigation Satellite System，GNSS）中紧密相连，这一特性有助于二者的组合。

同时，另一项技术成就对便携式定位设备的普及及其融入人们的生活至关重要：电信。当某人使用手表提供的时间时，这个时间会自动与他人共享，因为共同参考系的唯一性是足够的。但是，定位绝对不是这样的：即使考虑到共享的地理参考系，位置仍然具人个人的特性。为了与他人共享这些数据，需要传达这一信息。因此，定位和电信技术的出现必将推动定位技术的广泛发展（也许与时间的发展规模相似）。

在这一演变进程内，可以认为定位在普适环境（自动识别所有人的环境）或群体管理等领域中是有利的。就普适条件而言，如果能在所有可能的环境中以几乎零成本的方式轻松获得所有人和物的位置，那么显然就能发现每个人所处的环境。如今，所需的电信技术已经具备，但定位技术还不具备（本书讨论的是最困难的方面：室内定位）。由此延伸开来，人们需要根据一些标准来确定自己的位置，进而加入一个志同道合的群体。上述环境发现可以从地理角度出发找到属于自己群体（或任何其他群体）的人或物。目前，在社交网络社区中，这已通过"寻找朋友"或"寻找兴趣点"等应用实现。想法是将这些应用扩展到所谓的物联网（Internet of Things，IoT）范围内。因此，物体和人的室内定位是一项基本功能。

与时间概念的演变及其对社会的影响相比，甚至可以想象定位采用的许多其他方式（将定位视为定位和电信的组合）。了解人们在城市中的活动方式后②，就可以组织这些活动的"波次"，进而制定政府在道路、基础设施和公共交通方面的政策。对机场或博物馆等公共建筑而言，流量管理也是一个非常重要的问题。这就引出了交通问题。卫生和安全部门也可使用与定位相关的设备：紧急呼叫已得到应用，但可想象的是，上述的群体管理方法可作为任何紧急呼叫管理的一部分。例如，如果有人在街上突然生病，那么可向距离较近且医术较高的人发出警报。这就引发了定义和获取相应信息文件的问题及隐私议题，但这可能是未来发展的一个方向。

---

① "同步"既可指时间，又可指位置。
② 提出的概念可很容易地用于一个国家甚至整个世界，还可用于较小的系统，如一个区域或公司内部。

当前关于"数据"的问题，无论是地理数据还是个人隐私，都是一个根本性问题；如果要基于用户位置提供有价值且可接受的服务，就必须急迫处理。

1.4　无线电时代

早在发现无线电传输现象之前，人们就希望进行远距离通信，最早的相关事实可追溯到公元4世纪至5世纪（采用光学手段）使用山顶上的火堆作为"通信中继"。17世纪，第一批光学电报仍在使用这种方法。当然，这种系统的主要缺点是，传输仅限于光的视线范围内，且需要良好的气象条件（没有雾）。这个问题推动了电报的开发。

1890年11月24日，爱德华·布朗利发现了无线电传输现象：（由赫兹振荡器产生的）放电具有降低其"电子管"电阻的效应。由此来看，即使没有电缆也可进行电传输。进一步研究表明，在发生器上添加一根金属棒，可以扩大传输范围（在离发生器更远的地方也可以检测到信号）：亚历山大·波波夫因此得到发明天线。传输距离从10m以上增至80m。1896年，波波夫成功地将一条（由"Heinrich"和"Hertz"组成的）信息传输了250m[①]。

与此同时，古列尔莫·马可尼深受法拉第的著作和本杰明·富兰克林人生经历的影响，认为应该能够进行长达几千米的传输。做了大量工作后，马可尼于1895年年底将莫尔斯码中的字母"S"（莫尔斯码中用"…"表示）传输了2400m。1896年9月，使用风筝作为天线，马可尼实现了6km和13km的无线电传输。1897年5月，他在英国的两个岛屿（斯蒂普岛和弗拉特岛）之间进行了15km的传输演示，随后在意大利拉斯佩齐亚港进行了类似的演示。1897年7月20日，马可尼成立了无线电报和信号公司。1899年3月，在南法尔兰（英国）和维姆勒（法国）之间成功发送了第一条跨海峡消息：接收人是爱德华·布朗利。天线高度为54m，传输距离为51km，传输速率为每分钟15个词。7月，他在海上和海岸之间实现了140km的消息传输。取得这个新成功后，马可尼几乎可以确定跨地平线的无线电路径是存在的。

1900年10月，马可尼在英国的康沃尔开始执行波尔都站计划，即把波尔都作为首次跨大西洋传输的发射站。在北美选择的地点是纽芬兰的信号山，当时信号山还是英国殖民地。12月9日，这个发射站已准备好进行试验。从这天起，他决定波尔都发射站每天在信号山时间11:30和14:30之间发送字母"S"（时间的同步无疑是基本需求）。7月12日12:30收到信号，传输路径长达3500km——该路径考虑了地球曲率！回到导航方面，仅仅几年后（1907年），无线电信号就被用于传输时间信号。如前所述，了解特定位置的时间是计算经度的基础。此前，这是使用哈里森时钟来实现的。无线电传输是一项巨大的进步，尤其是在准确性方面，因为信号是以光速传输的，因此大大提高了时间传输的准确性。相应的定位准确性提高了约10倍。无线电波的第二个应用是将信号用作新地标，而不必使地标保持在视线范围内。1908年，第一套此类系统在一艘船上投入使用，该系统配有一副可移动的天线，能够

---

① 详情请参阅 *Comment BRANLY a découvert la radio*, Jean-Claude Boudenot, EDP Sciences（法语版）。

显示发射机的方位。这是第一个专用无线电导航系统。注意，定位系统的许多要素（角度测量、时间同步、星历表需求等）此时已经存在。

此外，新无线电信标还可根据电流或电压的振幅等电气特性进行定位。电气工程的快速发展将简化导航系统的自动化。有些方法至今仍用于定位，尤其是室内定位。

1.5　首个地面定位系统

因此，最早的系统是基于无线电测向法的[①]：通过旋转天线并检测最大功率方位，可以确定地标的方向。无线电罗盘是最先进的一种无线电测向系统。另一种方法是用于无线电灯塔的技术。发射机标识和方位的确定必须简便易行，因此该方法包括使用两副天线发射互补信号［如莫尔斯码中的A（·—）和N（—·）］。当接收机位于两个主辐射瓣中时，接收到的信号是连续的。1994年，全球有超过2000个无线电灯塔。

随着本地时间发生器（振荡器或原子钟）的迅速发展，人们开始设想无线电信号的新用途。这就是所谓的双曲线系统。基本原理是，到两个固定点（如两个无线电发射机）的信号传播时间差相同的所有位置，都位于一个几何图形上，对于二维情况，该几何图形是双曲线（也就是说，数学位置由二次曲面定义）。这条双曲线的焦点就是发射机的位置。随着信号处理能力的提高，这种时间差的估计和测量成为可能。值得注意的是，只要进行时间差测量，就不需要在移动接收端进行同步处理。基本思路是，获取两个这样的时间差，进而计算出两条双曲线的交点（见图1.2）；在二维空间中，这种方法理论上将得出单个点。

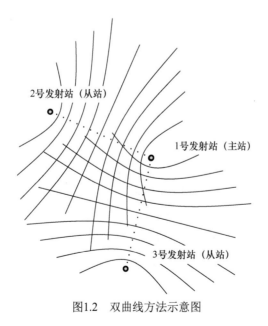

图1.2　双曲线方法示意图

---

① 测向法是一种通过测量无线电系统天线的旋转角度以获得无线电波到达方向的方法。

首个使用该方法的系统是台卡系统[①]，它在第二次世界大战结束时投入使用。该系统的工作频率为70～128kHz，工作范围约为450km。根据传播条件的不同，其精度通常在几百米范围内。在新无线电信号时代，可对精度进行严格评估，因为精度是一个非常重要的参数。

增强型长程导航系统（e-Loran）也是一个双曲线系统，它在每个主站和从站转发的脉冲串的基础上，增加了有关调制方案的新功能[②]。这些地面系统提供局部区域覆盖，但这种覆盖范围能够相当大（如LORAN系统）。然而，有些人设想了一个更为雄心勃勃的项目，即具有全球覆盖能力的终极地面系统：Omega系统，它由8个使用甚低频（Very Low Frequency，VLF）的站点组成，以便完成全球覆盖。这仍然是双曲线方法：每个站点按序依次发射信号，每次发射的持续时间约为1s（每个站点的发射持续时间各不相同）。发射包括10.2kHz、11.33kHz和13.6kHz的连续波（无调制方案）。全球精度通常优于8km。

上述系统精度不高的主要原因在于传播建模（传播建模不断地推动着现代系统的发展）。应当注意的是，当使用无线电系统进行室内定位时，这也是造成困难的主要原因，但不仅限于此。实际上，大多数方法都受到传播方面的限制。

1.6 人造卫星时代

20世纪20年代末，物理学家和数学家证明，从地球表面发射人造卫星并环绕地球运行理论上是可行的。当然，还需要进行大量研究，但认为是可能实现的。1957年10月4日，苏联发射了被称为"篮球"的Sputnik-1（见图1.3），其质量为83kg，运行于周期为98min的椭圆轨道上。

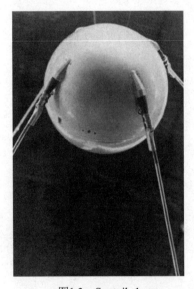

图1.3 Sputnik-1

---

① 由Decca Navigator公司提出。
② 主站负责掌控时间，从站必须与主站同步。

为证明卫星确实在围绕地球运行，科学家计划让其发射信号。Sputnik-1使用400MHz的载波频率和声音调制数据。这样，数据一旦解调，人们就可听到Sputnik-1发出的声音。人们对这次飞行一无所知：轨道、卫星速度、传输时间等。因此，这是进行一些试验的绝佳机会。约翰·霍普金斯大学应用物理实验室的成员乔治·魏芬巴赫和威廉·盖伊尔进行了此类研究。他们通过分析信号的多普勒频移[①]，成功确定了Sputnik-1的轨道，当时卫星正处于无线电可见范围内。

他们用来实现这一目标的方法至关重要，因为这是所有现代卫星导航系统的起点。测量的是多普勒频移，未知变量是卫星的轨道，另一个数据是观测地点的实际位置（实验室位置）。经过约3周的观测和一些计算，他们最终证明，知道多普勒频移和进行测量的确切位置后，就有可能计算出卫星轨道。要知道，1957年正值苏联和美国的"冷战"高峰期。美国军方，更具体地说是美国海军，在北部大洋巡航的舰队定位方面遇到困难。这些舰船配备了可以执行精确制导的导弹。问题在于，尽管这些导弹的制导由高质量惯性系统控制，但飞行的起始位置仍要使用地面系统得到。采用更精确的系统对这个特定的目的来说，会大有帮助。

弗兰克·麦克卢尔给出了一个建议：有没有可能将该问题倒过来？也就是说，已知卫星的轨道，通过进行与定义Sputnik-1轨道相同的测量，即接收信号的多普勒频移，是否可以计算出观测点的位置。因此，得益于Sputnik-1，卫星定位问题得以解决，且促成了海军导航卫星系统（Navy Navigation Satellite System，NNSS）或TRANSIT计划，后者于1958年由理查德·克什纳指导启动。

第一颗人造卫星于1957年10月发射，到1964年年底之前（对从事现代项目的人来说，这段时间短得惊人），共进行了15次发射，另有8次用于研究目的。这八次发射与以下计划相关：

- 建立地面监测站网络。
- 确定地球重力场，这对预测卫星在长时间（如在TRANSIT系统中为12h）内的轨道至关重要。
- 定义地面和海上接收机。

TRANSIT系统于1964年由美国海军投入使用，其平均精度通常为200～500m。

TRANSIT的局限性是第二代美国卫星定位系统的如下规范的起点：

- 可用性：全天候可用，在所有覆盖地点，无论气象条件如何（我们在地面系统中提到过这一点，因为地面系统的传播条件非常重要）。最后一点具有根本性影响，对于现代系统，人们仍在花费大量精力改进与传播相关的问题。
- 精度：三维定位，包括速度（三维空间中的真实速度向量）和精确时间的传递

---

① 多普勒频移是指任何波的频率随发射器和接收器之间的相对速度发生变化的物理现象。假设将D定义为发射器和接收器之间的距离：当D减小时，接收到的频率增加；而当D增大时，接收到的频率减小。注意，这种现象是信号的物理时间压缩，适用于所有波（声音、无线电、光等）。

（时间传递是20世纪早期无线电信号在海事和导航领域中的首个应用）。

- 覆盖范围：整个地球，并延伸至太空（低地球轨道卫星和中地球轨道卫星通常通过GPS信号进行定位）。

1964年，TRANSIT系统被美国海军投入使用。1973年，GPS计划的早期工作开始，对码分多址（Code Division Multiple Access，CDMA）方案和伪随机噪声（Pseudo Random Noise，PRN）码方法进行了测试。这两种方法如今已广泛用于无线电系统，尤其是无线通信系统。1967年，美国海军启动了TIMATION计划，该计划的目的是评估相对论（包括狭义相对论和广义相对论）对卫星原子钟的影响[①]。1973年，美国海军和空军的卫星导航计划合并为官方的"导航技术计划"——称为NAVSTAR GPS，也称导航卫星时间与测距全球定位系统。

在第一阶段研究计划后，第二阶段研究计划于1978年开始——首次发射了4颗NAVSTAR卫星。从1978年到1985年共发射了11颗卫星（称为第I组卫星），从1989年到1997年共发射了28颗第II组/第IIR组卫星。1985年，已有7颗卫星可用，每天可以提供约5h的定位服务。1994年，24颗名义卫星在轨；1995年，GPS系统宣布投入使用。

与TRANSIT系统的主要区别是，GPS系统依据的是三边测量法，即进行多次距离测量，以便接收机计算固定位置（TRANSIT依据的是多普勒频移测量）。

1.7 新问题：定位系统的可用性和准确性

室内定位并未由GNSS解决。此外，这些系统的大规模可用性引发了有关各种环境中定位服务连续性的问题。高性能便携式电信终端的出现，也带来了对多功能定位系统的需求。GNSS的芯片组的成本极低，易于集成，且缺乏替代系统，因此得到大量推广，使用频率也越来越高。因此，利用GNSS实现定位的方式确实已成为一种标准，很难再提出其他设想（如时间和空间上的不连续定位）。

20多年来，为了应对这个连续性问题，人们开发、评估并实施了各种方法和技术。然而，这显然还未结束，因为没有一种方法能够充分证明其能解决这个问题。问题似乎确实与用户、建筑管理者或普通市民的期望有关，他们希望免费获得准确的技术解决方案。这是对室内定位进行全面讨论的起点，第2章中将详细讨论这个问题。

参考文献

[1] Boorstin D. J. (1983). *The Discoverers*. New York: Random House.

[2] Gardner A. C. (1958). *Navigation*. Bungay: Hodder and Stoughton Ltd.

[3] Guier W. H., Weiffenbach G. C. (1998). Genesis of satellite navigation. *Johns Hopkins APL Technical Digest* 19 (1): 178-181.

---

① GPS是第一个必须同时应用两种相对论才能获得精确定位的系统。若忽略这些影响，则会导致每天10km的误差。

[4]   Ifland P. (1998). *Taking the Stars, Celestial Navigation from Argonauts to Astronauts*. Newport News, VA/Malabar, FL: The Mariners' Museum/the Krieger Publishing Company.

[5]   Kaplan E. D., Hegarty, C. (2017). *Understanding GPS: Principles and Applications*, 3e. Artech House.

[6]   Kennedy G. C., Crawford M. J. (1998). Innovations derived from the transit program. *Johns Hopkins APL Technical Digest* 19 (1): 27-35.

[7]   Parkinson B. (1995). A history of satellite navigation. *Navigation – Journal of the Institute of Navigation* 42 (1): 109-164.

[8]   Parkinson B. W., Spilker J. J. Jr. (1996). *Global Positioning System: Theory and Applications*. American Institute of Aeronautics and Astronautics.

[9]   Pisacane V. L. (1998). The legacy of transit: guest editor's introduction. *Johns Hopkins APL Technical Digest* 19 (1): 3-10.

[10]   Sobel D. (1996). *Longitude*. London: Fourth Estate Limited.

[11]   Sobel D. (1998). A brief history of early navigation. *Johns Hopkins APL Technical Digest* 19 (1): 11-13.

02 第2章
室内定位问题究竟是什么

摘要

室内定位即使不是无处不在，至少也是在人们希望拥有室内定位的地方，那么室内定位尚未普及的主要原因是什么呢？本章将给出一个"简单的"答案，第3章将给出论据更充分的详细答案。如本章所述，主要原因并不是真正的技术问题，而是不同参与者各自感知到的需求。当这些需求转化为技术约束时，就没有更多的解决方案，这不是因为不可能，而是因为几乎不可能在成本、性能、易用性、技术可用性等方面找到一个可以接受的折中方案。因此，这个阶段的要旨是，室内定位有很多可能性，但必须注意不要积累太多的约束（从经济条件到物理条件）。我们应当专注于实际需求，以便为工业和研究提供真正的规范，除非问题实际上出在别处：室内定位的实用性降低了。当然，我们并不这么认为，这也是我撰写本书的原因。

关键词： 室内定位问题；感知需求；折中方案

室内定位是一个非常重要的课题，主要体现在服务的连续性方面。这引发了该领域内的大量理论和实验性工作，使用了从全球导航卫星系统（Global Navigation Satellite System，GNSS）到物理传感器网络或无线局域网（Wireless Local Area Network，WLAN）等技术。在所有这些技术中，基于GNSS的技术具有更好地利用卫星接收机的优势，被视为室外应用的"最佳"解决方案（即使目前在城市峡谷①环境中存在限制）。因此，卫星业界对高灵敏度全球定位系统（High Sensitivity GPS，HS-GPS）或辅助全球定位系统（Assisted GPS，A-GPS）等技术做了广泛的研究：结果虽然有意义，但未给出室内定位的最终答案。目前，伪卫星和转发器是有助于最终系统实现高精度和广泛覆盖的解决方案：正在进行的研究显示，这两种方法都取得了令人鼓舞的成果，但还远未成熟。由于大量部署了用于通信目的的无线局域网，人们目前正在利用无线局域网开展大量定位工作，以便找到一种方法，利用基于室内无线局域网（包括Wi-Fi和蓝牙）的定位来"补充"基于GNSS的室外系统。此外，在后面将要介绍的其他技术中，特别突出的是超宽带（Ultra Wide Band，UWB）技术，该技术基于雷达概念，目前用于近距离高数据率通信，由于其使用基于时间的方法，可视为室内定位的一种高精度候选技术。

需要牢记的重要之处是可用性和所需的精度。GNSS可覆盖全球，几乎永久可用。这非常好，但在室内环境中，这些系统不能提供同等的性能，问题如下：是否需要相同（或

---

① 城市峡谷是一种类似自然峡谷的都市环境，以街道切割稠密的建筑群形成。——编者注

更高）级别的精度？需要什么样的可用性？此外，GNSS的永久定位能力是否是强制性的？接下来的阶段表明，技术规范在室内定位系统中非常重要，尤其是几乎所有需求都可通过一种技术或另一种技术实现。当需要结合技术需求时，困难就会出现，如精度与简便性、终端成本、基础设施成本、自主模式等。用户需求也至关重要，尽管可以认为未来的应用肯定会有富有想象力的人提出，但是他们尚未成为定位技术方面的专家。因此，目前电信领域的大多数室内应用，如基于位置的服务（Location Based Services，LBS），并不需要永久的定位能力，而只需要按需定位并降低时延。精度显然取决于应用：对服务查找要求不高，而对导航用途则需要非常精确（几米以内）。这一需求在室内环境中应当更加严格，因为相关的场所通常较小。

2.1　室内定位概述

随着流动性的增强，人们对定位的需求激增。这不仅缘于汽车应用，而且缘于个人需求，因此需要为室内定位提供技术解决方案。对与电信相关的应用来说，这显得尤为重要，如美国的紧急呼叫E911[①]。欧盟提供了类似的紧急呼叫E112，但未对呼叫定位施加任何法律约束，要求运营商尽最大努力提供准确的位置[②]。因此，需要制定相关规范，特别是在GNSS未覆盖的区域。为了证实这一点，伽利略计划[③]纳入了一个特定的领域（局部元素），特别包括了室内领域。因此，室内定位显然是全球导航领域具有挑战性的技术之一。如果GNSS是全球定位的理想选择，在工作环境良好的地方（天空足够开阔）接收机可以获取足够多的卫星信号，那么在城市峡谷和室内环境中就存在着较大的应用可能。通常有两种方向：第一种方向依赖于使用卫星导航星座信号，以减少实现定位功能所需的不同电子系统的数量；第二种方向是在室内采用不同的技术，最终的系统将由室外的GNSS和室内新开发的技术集成。

2.1.1　基本问题：导航应用举例

下面以导航功能为例来说明当前系统的局限性。这时，可以提供引导应用，并且必须可以在不同的环境（室内和室外）下使用。我们将比较两种主要的定位技术：电信网络的单元识别和GNSS三边测量法。表2.1中小结了"导航"功能与服务连续性。

表2.1　"导航"功能与服务连续性

定位技术	Cell-Id	GNSS	定位技术	Cell-Id	GNSS
室内	是	否	导航功能	否	是
室外	是	是	服务连续性	否	否

由于GNSS覆盖范围不足，而Cell-Id方法的定位精度不足，因此所述的导航服务无法通过这两种技术实现。如果要向行人提供这种服务，那么这确实是一个问题（这只是对现实的简单描述，现实情况要复杂得多，第4章将对此进行解释）。相比之下，汽车领域在定位

---

① FCC规定，E911的后续通信应在67%的时间内具有50m的精度，在95%的时间内具有150m的精度。
② 关于E112的2002/22号指令。
③ 欧洲GNSS。

引擎的实际约束方面要简单得多：没有电力限制，位置只能在预定"轨道"（如道路）上，平台的"姿态"恒定等，使得基于GNSS的系统总体上令人满意。但是，当涉及行人时，情况就大不相同，行人是LBS和应用的典型目标。注意，一些车载GNSS系统增加了惯性技术和高级地图匹配，以克服GNSS覆盖范围不足的缺点。显然，从汽车导航直接转移到行人导航并非易事，但在这方面做了一些尝试，如惯性概念、特定地图匹配等。事实上，定位是所有与导航相关的应用、所有LBS和所有需要位置数据的应用的基础，它具备以下特点：

- 能在各类环境下使用（乡村、城市区域、室内等）。
- 提供的精度明显取决于应用。显然，许多应用不需要1m的精度，而在其他应用中这个精度却不够。
- 允许将服务的连续性作为一个基本概念。

2.1.2　感知需求

因此，定位规范在不同的应用中差别很大。此外，目前没有任何技术能够符合大量的规范。仅考虑三个需求——精度、室内和室外需求时，表2.2中显示了按主要领域分类的规范多样性。当然，我们知道其他需求也至关重要，如基础设施和终端成本等（深入分析见第4章）。

表2.2不是很"精确"：精度数字非常宽松，环境要求也不明确。遗憾的是，这就是现实：技术需求巨大，情况涵盖了广泛的可能性。此外，这只是实际复杂之处的一小部分。例如，对于表2.2中的任何领域，我们仍可进行细分。"旅游"领域就是这样一个例子：在这个领域中，许多应用已按基于位置的方式工作。导航可从一个相关点到下一个相关点。不难想象，如果定位引擎也在室内工作，就可立即扩展到博物馆参观甚至购物中心导航。当然，我们可将这个新功能视为一种改进（这也可以实现）。对于博物馆参观，技术需求可能是约为1m的精度，以及得出终端的绝对方向，以确定用户是面对还是背对某座雕塑。目前的方法只能粗略地处理定位问题，给出终端所在的"房间"。对当今并未真正使用定位功能的应用来说，这已足够。

表2.2　按主要领域分类的规范多样性

领　域	精　度	室　内	室　外
辅助	$\approx 100m$	非必要	必要
舒适性	$< 100m$	非必要	可用
位移	$1\sim100m$	可用	必要
游戏	$1\sim100m$	非必要	可用
健康	$1\sim100m$	重要	重要
服务	$1\sim100m$	可用	必要
旅游	$1\sim100m$	可用	可用
交通	$1\sim10m$	重要	必要
紧急情况	$1m$	必要	必要
...	...	...	...

现实问题是，我们可按这种方式来划分所有项，但目前还没有可与GNSS相媲美的室外技术。对于室外应用，GNSS具有出色的全局性能，可以满足各种需求。遗憾的是，室内技术并没有这样广泛的用途，室内应用的规范也不如室外应用的明确。这种复杂性无疑是当前LBS应用规模有限的原因。

当然，还有其他分类方法，如根据可提供服务的地点进行分类。表2.3就是这样一个汇总表。要再次强调的是，主要结论保持不变。为了确定正确的分类方法，人们已经做了许多研究工作，但并未简化初始问题，实际上也没有真正适合一组应用的规范。

第4章给出的初步分类表明，实际问题确实很复杂：看似简单，实则不然。因此，现在迫切需要用户、行业和研究机构共同进行深入讨论，以确定未来的发展方向。不做这些交流，而只在某些人的推动下取得进展，不一定是技术上的最优方式，也不一定是为了所有潜在用户的利益。

表2.3　按主要地点划分的规范

地　点	精　度	室　内	室　外
机场/车站	≈10m	必要	必要
乡村/山地	<100m	非必要	可用
购物中心	< 几米	必要	非必要
会议中心	< 几米	必要	非必要
仓库	≈1m	必要	可用
海洋/港口	1～100m	—	必要
博物馆	< 几米	可用	—
景点公园	≈10m	可用	可用
道路	≈10m	—	必要
车道	≈10m	—	必要
存储区	<10m	非必要	必要
...	...	...	...

2.1.3　多种可能的技术

本节初步分析可能采用的技术，给出需要做出的主要折中。所考虑的技术来自如下几个类别：

- 传感器网络（红外线传感器、超声波传感器、压力传感器等）。
- 移动通信网络（4G、5G等）。
- 附加传感器（里程计、加速度计、陀螺仪、磁力计等）。
- 无线局域网（蓝牙、Wi-Fi、UWB等）。
- 基于图像（模式匹配、图像处理等）。
- 基于GNSS（伪卫星、转发器等）。

"传感器网络"类别不仅包括红外线传感器、超声波传感器，而且包括分布在建筑内的压力传感器。这些技术的主要缺点是需要广泛部署大量基础设施，但有时可以实现更高的精度（几厘米）。然而，尽管已建立实际的实施方案，这种技术不再被视为大规模市场部署的真正候选技术。在某些条件下，这种技术可视为补充另一个系统的有意义的解决方案，如压力传感器的楼层确定。

在"移动通信网络"类别中，关于实现技术（见第10章）如到达时间差（Time Difference of Arrival，TDOA）、增强到达时间差（Enhanced Time Difference of Arrival，E-TDOA）甚至到达角（Angle of Arrival，AOA）等的可能性已做了很多讨论。众所周知，除了Cell-Id，其他技术都没有真正的精确定位潜力，因为就电信而言，Cell-Id是内置的功能，无须再做任何定位工作。不过，对所有其他技术来说，定位方法都有一个特定的强烈需求：从移动终端至少要有三个基站。但这当然不是移动网络的设置方式，因为在大城市中需要为大量的人提供高数据传输速率，所以需要很高的冗余度。

"附加传感器"类别中包括所有可以设想的在终端使用自主手段进行定位的设备。例如，行人导航模块（Pedestrian Navigation Module，PNM）使用GPS和惯性传感器组合，加上行人运动行为模型，最终实现在多种环境下的行人导航，原理如下：当GPS可用时，使用GPS；当GPS不可用时，切换到惯性导航。主要困难是，这种方法需要对行人运动精确建模，且受限于一定的持续时间。随着时间的推移，如果不重新校准，精度就会下降。

对于"无线局域网"类别，只要基础设施已被部署用于其他目的（移动互联网接入或无线通信），就可认为所需的基础设施是免费的。其实，从常用方法的角度，这并不是绝对正确的。如果采用该方法进行时间测量，就需要将时间参考能力升级到远高于当前WLAN在时间方面的能力水平。如果使用接收功率电平作为主要数据，就需要增加"接入点"的数量。接收信号强度（Received Signal Strength，RSS）方法包括建立特定地点各个基站的接收功率电平数据库。实际上，需要首先在整个区域设置一个在 X 方向和 Y 方向上步长为1m的网络（举例），然后进行各个基站的RSS测量。在第一种方法中，我们有兴趣了解可达到的精度与基站数量的关系。初步研究结果显示，至少需要3个基站才能实现3～4m的精度。实际上，在真实环境中需要更多的基站，如至少需要5个基站才能达到这样的精度。定位原理是搜索每个基站的数据库，找到对应的RSS测量值，并且考虑1～2dB的不确定性。这就为每个基站提供了可能的覆盖区域。然后，通过合并这些不同的区域，最终得到位置。这就引出了一些问题。如果真实环境发生变化，如新增了墙壁或者移动了桌子和橱柜，那么会发生什么？另一个难题是终端的方向和倾斜度：根据定义，移动终端是手持式的，其位置无法预测。这个位置对接收功率电平有着显著的影响。然后，数据库值的搜索可能导致人员走向错误区域。考虑所做的测量次数（通常为5个）时，这个问题并不重要，但仍然存在。因此，WLAN方法仍然需要升级，才能成为真正有价值的解决方案。此外，人们还研究了其他方法，如"符号WLAN"，这是一种增强的WLAN Cell-Id方法（见第8章）。

目前，摄像头已广泛用于移动终端，并且确实可以帮助实现定位。人们目前已经处理从图像与图像数据库的模式匹配到同步定位和制图（Simultaneous Localization and

Mapping，SLAM）等多个问题，其中后者使用连续图像来确定摄像头所沿道路。注意，这种方法非常高效，因为它还能在未知和未经校准的环境中确定路径。因为光极易被障碍物阻挡，所以光学技术的主要难题总与传播有关。

在"基于GNSS"类别中，最知名的技术是A-GNSS。如前所述，该技术在"深度"室内环境下工作不理想。另一种知名的技术使用了伪卫星：基本思路是构建一个由几颗卫星（如发生器）组成的本地低轨卫星星座。这是一个好思路，唯一的困难是伪卫星之间需要同步（第9章中将介绍这种技术目前在室内环境下实现的性能）。

另一种更通用的技术使用了"GNSS发射机"：一种廉价的本地组件，但它也可具有网络功能（如伽利略差分站）。转发器是一个简单的组件，其中包含一副用于收集GNSS信号的室外天线、一个微波放大器，以及一副用于传输信号的室内发射天线。有人部署了使用3个此类转发器的系统，各种室内配置的结果显示，系统的平均精度为1~2m。目前的结果是用单频L1标准GPS接收机得到的。伽利略和现代化GPS具有非常有趣的特点，如多个民用频率、导频音，以及比现有系统更复杂的代码和调制技术。室内定位可利用这些特点来进一步提高精度、可用性和完整性。主要困难在于环境造成的传播扰动，对新一代GNSS发射机同样如此。虽然这些问题没有光学技术那么棘手，但仍然值得关注。

类似于表2.2和表2.3，表2.4中列出了所有可实现的性能。由此可以看出，几乎所有类型的精度都可实现，但同样是其他标准决定最终方案的选择。

表2.4　按技术划分的规范

技　术	室　内	室　外
传感器网络	1~5m	不适用
射频识别	<1m	<1m
无线局域网	几米	不适用
超宽带	≈10cm	不适用
Cell-Id	500m~10km	100m~10km
E-OTD (2G)/TDOA (3G)	远大于200m	<100m
GNSS	不可用	≈5m
A-GNSS	10m至不可用	≈5m
伪卫星	≈10cm	≈5m
转发器	1~2m	≈5m
惯性导航	<1m（时间相关）	<1m（时间相关）
图像模式识别	1~2m	几米
SLAM	<1m	几米
…	…	…

2.1.4　关于"最佳"解决方案的讨论

科学界和工业界都认为，需要解决从室外到室内的定位连续性问题。要做到这一点，就应考虑用户必须面对的多种多样的环境。为了实现这一目标，人们开发了上述的许多技术，但对定位（特别是室内定位）方面的实际应用需要进行分析是很有意义的。如果从办公楼内部导航的角度来考虑，那么提出一个简化的WLAN定位系统就已足够。如果想在展览大厅中使用导航系统，那么二维转发器方法可能是准确的候选方案。最后，同样重要的是，火车站或航站楼中的引导系统可能会结合这两种技术，具体取决于用户（工作人员或客户）的特定需求。

根据定位类型（符号定位、相对定位或绝对定位）、覆盖范围（室内、室外或理想情况下两者兼有）、基础设施计算移动终端位置或在接收机上进行计算等标准，可对现有的各种室内定位系统进行多种分类。

人们已设想并应用了许多不同的系统，如条形码、磁性探测器、成像系统、红外系统、超声波系统或无线电系统等。无线电系统基于无线电波传播，使用了到达方向、飞行时间测量和接收功率电平等方法，具体包括4G/5G、红外线定位技术、GNSS等系统。

1. 局部或全球覆盖

覆盖范围的概念与下文讨论的基础设施类似。全球覆盖意味着无须本地组件，因此不会增加主系统的成本。对GNSS星座而言，这意味着无须本地元件即可在所有条件下提供定位服务。显然，情况并非如此，因为城市区域和室内区域覆盖不佳，所以需要本地组件。然而，GNSS的覆盖范围确实是全球性的。即使覆盖范围有一些限制，这种情况也应适用于4G或5G系统[1]。

当考虑室内定位时，多种可能的技术让这种区分相当引人注目。主要原因是人们希望免费或几乎免费地获得这种室内定位功能。因此，所有需要本地基础设施的技术注定要比不需要本地基础设施的技术"更不受欢迎"，即使以降低性能为代价。从这一点看，基于GNSS的技术，如HS-GNSS或A-GNSS，是非常有吸引力的方法[2]。这同样适用于基于惯性的定位，因为其在所有环境下都可运行，而无须任何校准或部署。另一方面，基于超宽带（UWB）、红外线或超声波的技术则是纯粹的本地系统，还需要进行大量的本地部署。当然，这些方法确实存在缺点。然而，这些缺点有时可通过所需基本元件的低成本和部署的简便性来弥补，对射频识别（Radio Frequency Identification，RFID）系统来说就是如此，因为标签的成本很低，但覆盖范围非常有限。在全球和近距离覆盖之间，有一些使用全球信号或接收机但仍需添加"增强"设备（如伪卫星或转发器）的技术。这些附加组件的覆盖范围显然是本地的。最后，有些系统即使需要本地部署（因此覆盖范围为本地），但在未来几年内将因其他用途而得到广泛应用。WLAN就是其中之一。室内系统的覆盖范围显然是本地的，但由于部署非常广泛，其实际覆盖范围即使不是全球性的，也远超本地。

2. 有无本地基础设施

根据上述的初步分析，科学界设想并制定了几个工作方向，这些方向基于本地地面基

---

① 当前的目的不是讨论地面系统和卫星系统各自的优缺点。
② 即使对于A-GNSS，也确实需要在基站端配置特定的设备。

础设施，旨在再现相当于室外的室内条件。上述条件通常是空间多样性和相似的功率电平。事实上，可以采用两种方法：有基础设施的方法或没有基础设施的方法。所谓的HS-GNSS就属于后一种方法，其思想是将卫星信号的探测电平降至-150dBm或-160dBm（室外接收功率电平通常为-130dBm）。虽然这种方法有了实际改进，但似乎并不是室内定位的最终方案。另一方面，也可将4G/5G技术视为"无新增基础设施"的技术：遗憾的是，它们无法为许多应用提供所需的精度。我们也可将WLAN视为"无新增基础设施"的解决方案，但通信部署同样不足以提供足够精确的定位。

因此，必须考虑对本地基础设施的需求。关键是找到尽可能"轻量"的基础设施，即最便宜或最容易部署的设施。系统的覆盖范围和复杂性也非常重要。

2.2　室内定位是下一个"经度问题"吗

因为历经数百年才解决的经度问题和室内定位问题之间存在一些相似性，所以我们都极度渴望有一个解决方案，但这种渴望似乎阻碍了我们退一步后从多个角度深入理解室内定位问题的全貌。除了这一点，这两个问题之间其实也存在许多不同之处。

经度问题的历史背景已在第1章中简要介绍。下面回到技术方面。当时，人们提出了许多理论，其中三个研究方向最重要：

- 地球磁场的变化。
- 从特定星体到月球距离的测量。
- 航海钟。

第一种方法基于观测到的地球磁场从一个点到另一个点有所变化。当时的想法是，通过绘制全球磁场图，将测量的当地磁场与测量地点直接对应起来。我们现在知道，这种方法并不正确。例如，磁北会随着时间的推移而变化。然而，尽管约翰·德·卡斯特罗早在16世纪初就此研究方向是错误的，但直到17世纪中叶之前，实验工作仍在继续，之后，它。1638年，数学家亨利·盖尔利班德发现，地球磁场随着时间的推移会产生较大的局部变化，即固定地点的变化量远大于定位所需的精度。此外，埃德蒙德·哈雷在1698年进行了一次测量，最终得出了这种方法无法确定经度的结论。注意，这种方法实际上早于安妮女王关于经度问题所提出的悬赏，但可能与之有关，因为当时没有可用或可预见的解决方案。此外，一些室内定位解决方案通过分析室内磁场的变化，特别是磁场的波动，采用了这种方法。第11章中将讨论这些技术。

第二种方法是17世纪末海上导航技术的逻辑演变。测量仪器已好到可以进行合格的导航，角分辨率也有所提高。伽利略和卡西尼已经证明，通过观测木星的卫星进行角度测量，可以找到相应的位置。尽管这在海上不适用，但后续的发展表明将测量转移到月球是可能的（17世纪和18世纪）：需要同时使用测量值和表格。遗憾的是，角度测量的精度不够

（2°～3°）。因此，新方法不断出现，精度也不断提高。现有表格参考的是从15颗著名恒星到月球的角距，六分仪的出现使得定位成为可能，但精度仍然不足，计算也很复杂。这种方法约在1767年首次使用，同时六分仪技术得到了改进（从1770年开始）。

第三种方法历经数十年才得以发展，但其最终产生的影响远不止导航领域：航海钟。哈里森时钟的历史非常有趣，是现代卫星导航的起点。虽然我们知道这个故事（见第1章），但是简要讨论一下技术是有益的。

约翰·哈里森于1693年出生于英国约克郡。他在1713年制造了第一座时钟，这座时钟的机械装置完全是木制的。他还与弟弟詹姆斯合作了一段时间，他们的第一个重要项目是一座不需要润滑的转塔时钟。1726年，哈里森和詹姆斯设计了两台精密时钟，想看看他们能将设计能力提升到什么程度。通过发明由黄铜线和钢线交替制成的钟摆杆，哈里森解决了钟摆长度随温度变化而变长或变短的问题，因为这个问题会使得时钟变慢或变快。以此方式，哈里森的时钟实现了每月误差仅1s的精度。合格的航海钟也要在各种不同的环境中表现出同样的精度。在此期间，由于无法与经度委员会会面，他联系了埃德蒙·哈雷，后者促成了与皇家学会成员乔治·格雷厄姆的会面。格雷厄姆愿意会见哈里森的原因可能与他早期的制表工作有关。

经过4次试验，哈里森最终完成了时钟H4（见图2.1），它与之前的计时器（图2.2中的时钟H1以及时钟H2和时钟H3）大不相同，因为其尺寸相当于一块大怀表。

图2.1　哈里森的时钟H4

哈里森的儿子威廉于1761年11月18日乘坐"德特福德"号船带着时钟H4航行至西印度群岛：到达牙买加时，该时钟仅慢了5.1s[①]。第二次试验是在1764年3月28日乘坐"鞑靼"号船前往巴巴多斯，到达巴巴多斯后，时钟的误差不到40s（航程持续了47天）。这两个结果被评为优秀，基本上足以为其赢得奖金。然而，这还不足以让经度委员会授予其该奖项。经度委员会要求哈里森向皇家天文学家公开他的整个设计，以便制造和测试这种时钟。

___

① 不过，目前尚不清楚比较方法及参考时钟的精度。

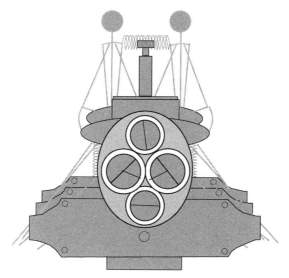

图2.2　哈里森的时钟H1

这是获得一半奖金的条件，另一半奖金可能在其他时钟于海上表现出类似的性能后颁发。哈里森最终同意公开时钟H4的内部机制，并且获得了一半奖金。很多有关发明创造的故事都与此非常相似，需要发明者付出巨大的努力来检验自己的成果。

时钟H1（1730—1735）是此前木制时钟的便携版。与钟摆时钟不同，它使用了弹簧，以便应对重力的影响（克服重力的影响是海上的第二个难题）。

时钟H2和时钟H3（1737—1759）未能成功解决经度问题。事实上，它们尽管做了许多创新，但仍未达到赢得奖金所需的精度。哈里森请求经度委员会追加资金，以便继续对其进行改进。当这个时期结束时，哈里森确信设计需要完全更新——于是就有了时钟H4。

室内定位与经度问题有相似之处，都有许多技术可供使用，且经过了测试和性能评估。关键在于，到目前为止，没有一种解决方案能够满足人们的期望（尽管这些期望本身还不够明确）。

2.3　室内定位问题简述

很多技术能够解决部分问题，但没有一种技术能够解决目前的全部问题。这主要是因为我们希望同时克服的限制因素种类繁多。如果这一初步分析是正确的，那么问题确实不在于技术，而在于很难界定各制约因素的相对重要性。

另一个困难在于室内定位并不是必需的。目前，室内定位还没有在代表性的规模上存在，但没有它，也没有太多活动是无法进行的。事实上，室内定位被视为一种没人真正愿意为之付费的"鸡肋"功能。此外，没有人尝试定义"最简规范"，这本可促成真正的工业（或商业）发展。不过，这样的工作对室内定位领域的各个群体都非常有用，但迄今为止还没有开展过。

　　本书的目的并不是单独建立室内定位的"最小约束集"或者组织室内定位社区，因为室内定位这项工作应该是集体行为，需要技术专家、工业家、用户、建筑管理者、土木工程师、服务运营商等各方的参与和合作才能完成。

参考文献

[1]　Boorstin D. J. (1983). *The Discoverers*. New York: Random House.

[2]　Bostrom C. O., Williams D. J. (1998). The Space Environment. *Johns Hopkins APL Technical Digest* 19 (1): 43-52.

[3]　Gardner A. C. (1958). *Navigation*. Bungay: Hodder and Stoughton Ltd.

[4]　Ifland P. (1998). *Taking the Stars, Celestial Navigation from Argonauts to Astronauts*. Newport News, VA/Malabar, FL: The Mariners' Museum/The Krieger Publishing Company.

[5]　Parkinson B. W., Spilker J. J. Jr. (1996). *Global Positioning System: Theory and Applications*. American Institute of Aeronautics and Astronautics.

[6]　Sobel D. (1996). *Longitude*. London: Fourth Estate Limited.

[7]　Eissfeller B., Gansch D., Muller S. et al. (2004). Indoor positioning using wireless LAN radio signals. *ION GNSS 17th International Technical Meeting of the Satellite Division*, Long Beach, CA (21-24 September 2004).

[8]　Gezici S., Tian Z., Giannakis G. B. et al. (2005). Localization via ultra-wideband radios – a look at positioning aspects of future sensor networks. *IEEE Signal Processing Magazine* 22 (4): 70-84.

[9]　Gillieron P. -Y., Merminod B. (2003). Personal navigation system for indoor applications. *11th IAIN World Congress*, Berlin, Germany.

[10]　Hightower J., Borriello G. (2001). Location systems for ubiquitous computing. *Computer* 34 (8): 57-66.

[11]　Koshima H., Hoshen J. (2000). Personal locator services emerge. *IEEE Spectrum* 37 (2): 41-48.

[12]　Krishnan P., Krishnakumar A. S., Ju, W. -H. et al. (2004). A system for LEASE: location estimation assisted by stationary emitters for indoor RF wireless networks. *IEEE INFOCOM 2004*.

[13]　Mattos P. G. (2003). "Assisted GPS without network cooperation using GPRS and the internet." *ION GPS/GNSS 2003*, Portland, OR (September 2003).

[14]　Pateli A., Fouskas K., Kourouthanassis P., et al. (2002). On the potential use of mobile positioning technologies in indoor environments. *15th Bled Electronic Commerce Conference*, Bled, Slovenia (June 2002).

[15]　Zagami J. M., Parl S. A., Bussgang J. J., et al. (1998). Providing universal location services using a wireless E911 location network. *IEEE Communications Magazine* 36 (2): 66-71.

[16]　Angrisani L., Arpaia P., Gatti D. (2017). Analysis of localization technologies for indoor environment. In: *2017 IEEE International Workshop on Measurement and Networking (M&N)*, Naples, 1-5. IEEE.

[17]　Klrkağac Y., Doğruel M. (2018). Performance criteria based comparative analysis of indoor localization technologies. In: *2018 26th Signal Processing and Communications Applications Conference (SIU)*, Izmir, 1-4. IEEE.

[18]　Melamed R. (2016). Indoor localization: challenges and opportunities. In: *2016 IEEE/ACM International Conference on Mobile Software Engineering and Systems (MOBILESoft)*, Austin, TX, 1-2. IEEE.

03 第3章
定位方法及其相关难题概述

摘要

本书中对"方法"和"技术"进行了语义上的区分。"技术"指实际的实现方式,而"方法"描述定位是如何实现的,即使用哪些测量和计算。实际上,方法是技术的基础。方法往往是在很久以前设计的,没有太多的演变,而技术则随着测量能力的发展而不断进化。

关键词:方法;技术;物理测量;位置计算;困难

本章专门介绍定位方法以及与这些方法的主要困难。困难通常由测量、与测量相关的误差及由此导致的定位精度问题引起。我们将依次描述角度测量、距离测量、多普勒测量、物理测量和图像测量的方法。本章末尾的一段专门讨论同时进行多种测量的方法。如后面介绍的那样,一种已知方法通常会导致各种方法,也就是说,已知类型的测量可分为不同的方法。

3.1 基于角度的定位方法

3.1.1 纯角度定位方法

最早的导航系统无疑是星星,葡萄牙人发现在南方无法使用北极星后,开始使用太阳进行导航。

在早期的航海活动中,灯塔的作用是向水手们发出警告,提醒他们注意某部分陆地。这以某种方式表征了海洋与陆地的分界线。有些灯塔可以识别,因此能够提供更多的信息。此外,这些航标多年来一直用于定位(通过基线交叉定位),且至今仍在使用。

基线交叉定位的基本思想是测量两个灯塔的罗盘方位,并利用这些角度在地图上画出相应的直线,进而计算观测点的位置。图3.1所示为罗盘方位法原理示意图。

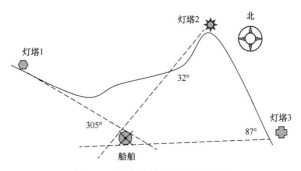

图 3.1 罗盘方位法原理示意图

当然，定位的精度很大程度上取决于罗盘方位的精度（以及地图的精度）。

3.1.2　三角测量定位方法

所用的性质如下：

一个三角形可由一条边和两个相邻的角完全定义[①]。

三角测量定位法的思路如下：首先，定义一条基线[②]，确定三角形的两个顶点和一条线段的长度（对应基线的那条线段）；然后，测量两个角度（见图3.2）：

- 从基线的第一个点（A）到测量点M的角度 α 。
- 从基线的第二个点（B）到测量点M的角度 β 。

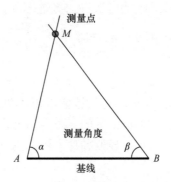

图3.2　三角测量定位方法示意图

应用上述规则，当已知基线和这两个角度时，就可完全确定三角形AMB，进而确定测量点 M 的位置。进一步考虑这种方法，若将线段MA作为新基线逐步进行三角测量，则可对整个国家进行三角测量。

注意，这种方法与罗盘方位法有着很大的不同，因为三角测量定位方法包括从两个已知点瞄准一个目标点（例中的测量点M），而罗盘方位法的方式几乎相反——在测量位置接收来自两个灯塔的信号。

3.2　基于距离的定位方法

3.2.1　基于已知环境的定位方法

在某些特定的环境中，已知障碍物的位置可使基于激光的复杂系统自我定位。假设在由多边形表示的封闭环境中，有一个由三束激光组成的系统，如图3.3所示。激光测距系统测量得到距离 d_1、d_2 和 d_3；即使光线不垂直于反射面，这些距离的测量精度也可达几毫

---

① 还有许多其他类似的性质，因此存在许多实现三角测量的其他方法。

② 常用的方法是将一根17m长的因瓦合金（镍铁合金）电缆作为第一条基线。因瓦合金稳定且膨胀系数极低，因此在各种天气条件下都能保持准确的基线长度值。

米[1]。已知封闭区域的形状后，就可通过计算来确定激光系统的位置与方向。这个例子是二维的，但是通过额外的测量，也可实现三维定位和定向。

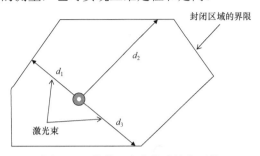

图3.3　可能的距离定位系统和环境

当然，主要困难是潜在的障碍物可能导致距离测量错误。在室内环境中，开门或开窗也会出现这种情况（开窗时并不总是如此）。一种可能的解决方案是让系统像无线电卫星系统一样指向天空，也就是指向天花板。在这种情况下，需要进行更多的测量，因为天空是一个完美的平面。可能这种方法在静态环境下是有意义的，因为物体和结构在这种环境中的位置是明确的。

3.2.2　雷达法

雷达原理是20世纪初发现的。典型的雷达测量与现代全球导航卫星系统（Global Navigation Satellite System，GNSS）进行的测量相同，即通过时间测量来提供距离信息，通过频率[2]测量来提供速度信息。虽然有许多不同类型的雷达，但这里只讨论一种简单的雷达，以便理解其基本原理。

发射机按已知的功率电平发射特征波。波在自由空间中传播，并被任何类型的目标（如最初应用场景中的飞机或导弹）反射到空间中的各个方向。目标对入射雷达波的再辐射特性是由目标雷达有效面积来确定的。它大致对应于辐射反射功率的方向和强度。如图3.4所示，接收机可放在任何位置，且可测量接收机接收到的反射信号的功率电平、时移和多普勒频率。得到已发射信号的主要特性后，便可计算出目标的距离和速度。

发射机和接收机位于不同地点的雷达称为双基地雷达，反之称为单基地雷达。下面讨论前者这种常见配置。许多技术点相对容易处理，如时间基准。双基地雷达原理如图3.5所示：信号是脉冲等时间间隔的重复。每个脉冲都由微波载波频率组成，以便利用高频的良好传播特性和天线的几何特性。通过测量发射波被接收机接收到的时间（假设接收机和发射机位于同一地点），可轻松得到雷达到目标的2倍距离。当然，接收到的信号比发射的信号要弱得多。传播方程[3]表明功率与距离的4次方成反比，即功率的降低随着距离的增加而迅速下降。通常情况下，典型的距离衰减会超过150dB。

---

① 注意，这是与超声波遥测系统的主要区别。

② 事实上是多普勒频移。

③ 该方程为 $P_r = \frac{P_e G^2 \lambda^2 \sigma}{(4\pi)^3 d^4 L}$，其中$P_e$为发射功率，$P_r$为接收功率，$G$为天线增益，$\lambda$为波长，$\sigma$为雷达等效截面积，$d$为雷达到目标的距离，$L$为路径上的所有可能损耗。

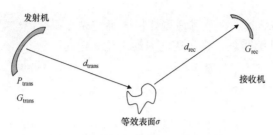

图3.4 发射机与接收机工作示意图

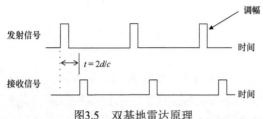

图3.5 双基地雷达原理

此外，如果目标（或雷达）正在移动，接收到的频率可能会因多普勒效应而发生变化。因此，通过测量发射频率和接收频率之间的移动，雷达就可计算目标相对于雷达的径向速度分量。值得注意的是，现代GNSS使用完全相同的方法来确定典型接收机的位置与速度。时间确定方法有所不同，但原理相同：通过时间测量来推导距离。事实上，对于单基地雷达，由于发射机和接收机同处一地（这与GNSS的情况不同），情况非常简单。时间和频率发生器都可用于比较接收到的信号。在这种情况下，可以提供非常准确的时钟和非常精确的频移测量。雷达的距离和速度测量质量非常高。

另一种雷达法是使用非调制的超短脉冲，这种雷达称为超宽带（Ultra Wide Band，UWB）雷达。这个名称与超短脉冲具有非常大的等效频谱相关。然而，要记住的是，UWB雷达基于时间原理而非频率原理。只要接收机能够检测到反射脉冲，超短脉冲就能实现非常精确的距离测量。主要优势之一是，考虑频谱时，带宽非常大，以至于某些频段的影响可以忽略不计（如果它们只影响带宽的一小部分）。因此，通过墙壁传输时的衰减比特定频率的衰减要小，并且采用时间脉冲方法（脉冲宽度决定了最大不可见的多径延迟）可以减少多径效应。

类似的概念必然会在UWB无线局域网（Wireless Local Area Network，WLAN）方法中应用。遗憾的是，尽管名称相同，但原理截然不同：时间基准不同于雷达。这意味着，为了确定飞行时间，需要额外的基础设施来进行同步（见第7章）。

3.2.3 双曲线定位法

双曲线系统是根据两个无线电台接收到的信号的时间差来进行定位的典型方法。假设已知两台发射机的确切位置，且它们是同步的，那么时间差将给出可能的位置，这些位置在以两个电台为焦点的双曲线上。接收机根据第一个时间差知道自己位于一条双曲线上，但这不足以确定具体的位置，还需要进行第二次测量。为此，使用与前两个电台同步的第三个电台，以前两个电台之一为参考，测量新的时间差。第二次测量产生一条新的双曲线，位置由两次时间差得到的两条双曲线的交点确定（见图1.2）。

3.2.4 移动通信网络

为了转发信息，GSM/UMTS/4G/5G移动网络需要访问一个记录有移动设备位置的数据库。实际上，位置是为接收机提供最大功率电平的基站（Base Station，BS）的标识。基站是相对较大的设施，其位置已知且固定。因此，用于识别终端所在通信小区的Cell-Id（见图3.6）就被嵌入网络。此外，该功能已在所有部署的网络中实现，因为这是必需的。因此，定位功能在所有大面积网络中都存在。这种定位的优点是，只要网络可用，可接收信号的地方（包括室内）就都能够定位；这种定位的缺点是，定位精度较低：结果的典型尺寸是通信单元尺寸本身。因此，在人口密集的城市区域，定位精度可能是100m，而在农村地区，定位精度可能是20km或30km。另一个困难是，在基站密度高的地方，移动设备关联的通信小区是接收信号最强的那个通信小区，而不一定是最近的那个通信小区。因此，即使移动终端附近有基站，精度可能也很容易降到几百米。

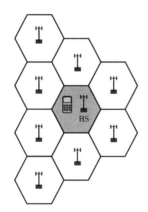

图3.6 Cell-Id概念（BS代表基站）

这种方法与无线电信号强度（Radio Signal Strength，RSS）测量非常类似，因为它也基于功率电平估计，但是只使用一个基站。这种方法的主要优点是只需要一个无线电可见的基站。

由于很难处理网络部署导致的不同精度的数据，多年来Cell-Id定位仅用于通信目的。

对于定位目的，这种时间提前方法当然可用来初步估算终端到基站的距离。虽然其分辨率通常为1比特长度（3.6μs），但仍比Cell-Id方法精确得多。结合Cell-Id和时间提前方法的图形表示如图3.7所示。

左侧的图形显示，结合这两种方法后的终端定位区域要比单独使用Cell-Id方法时的小。右侧的图形是在此基础上使用分区天线后的结果。在移动网络中，使用分区天线是相当常见的做法，目的是提高网络的容量和覆盖范围。

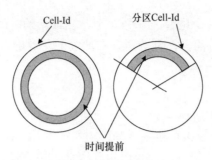

图3.7 结合Cell-Id和时间提前方法的图形表示：（左）单独使用
Cell-Id和时间提前方法；（右）结合使用分区天线

上述方法中的许多方法都可在终端或基站发起定位计算。

3.3 基于多普勒的定位方法

3.3.1 多普勒雷达法

20世纪初，人们发现了雷达的运行原理。典型的雷达测量方法与现代GNSS的测量方法相同，即通过时间测量来提供距离信息，并通过频率[①]测量来提供速度信息。虽然有许多不同类型的雷达，但下面只讨论一种简单的实现方式，以了解其基本原理。

此外，如果目标（或雷达）正在移动，那么接收到的频率可能会因多普勒频移而发生变化。因此，通过测量发射频率和接收频率之间的移动，雷达便可计算出目标相对于雷达的径向速度分量。值得注意的是，现代GNSS使用完全相同的方法来确定典型接收机的位置与速度。时间确定的方法有所不同，但原理相同：通过时间测量推导距离。事实上，对于单基地雷达，由于发射机和接收机同处一地（这与GNSS的情况不同），情况变得很简单。时间和频率发生器都可用于比较接收到的信号。在这种情况下，可以提供非常准确的时钟和非常精确的频移测量。雷达的距离和速度测量质量非常高。

3.3.2 多普勒定位方法

Argos系统（如COSPAS-SARSAT和DORIS系统）基于多普勒测量定位，如图3.8所示。需要记住的是，约翰·霍普金斯实验室应用物理系的成员对Sputnik的首次观测与其发射信号的多普勒频移有关。同样，要记住的是，第一代导航卫星系统如TRANSIT、PARUS和TSIKADA，也基于多普勒频移。在本例中，情况有所不同：传输由Argos信标完成，接收组合是卫星（见图3.9中的说明）。

当卫星经过距发射机最近的点时，接收到的频率的多普勒频移为零。在这种情况下，信标位于一个半径未知且垂直于卫星轨道的圆上。该圆与地表的交点形成一条可能的位置线。注意，这条线在最近点处与卫星的地球轨迹垂直。

---

① 事实上是多普勒频移。

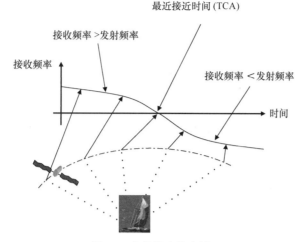

图3.8　多普勒定位方法I

为了能够更准确地确定信标的位置，我们利用了典型的多普勒频移与时间曲线的斜率。事实上，由这个斜率可以确定卫星轨道与信标位置之间的夹角。因此，根据卫星的最近位置和多普勒曲线的斜率，可为用户提供两个点（地球轨迹的两侧各一个点，且垂直于轨迹）。去除一个点的方法是等待另一颗轨道不同的卫星经过。

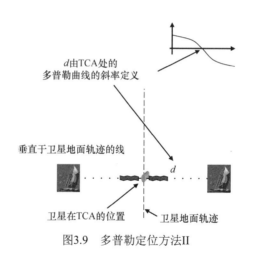

图3.9　多普勒定位方法II

3.4　基于物理量的定位方法

3.4.1　光照度测量

由于室内定位问题确实是一大挑战，研究人员探索了许多独特的解决方案。其中，测量周围的光量是一种不寻常的指纹识别应用方法。该方法基于在特定的条件下观测某个已知参数（这里为光量）的变化。校准后，在整个区域进行测量，建立一个数据库。然后，通过即时光量测量，可在数据库中进行模式识别，进而确定位置。这种通用方法很容易扩展到许多物理参数，如温度或无线电功率电平，它们可以是局域生成的（如无线局域网），也可以是区域生成的（如电视信号）。

3.4.2　局域网

WLAN（无线局域网）和WPAN（无线个域网）已被广泛部署。这些网络是为本地通信目的设计的，通常安装在室内环境中。由于全球定位系统（如GPS和GLONASS）在室内工作不佳或者精度不高，因此需要室内定位解决方案。主要问题是，未来的应用对服务的连续性肯定有很高的要求。目前，这种连续性尚未实现，主要原因是室内覆盖率差、定位系统性能不佳。

一般来说，选择用于WLAN定位的方法基于接收信号强度（Received Signal Strength，RSS），下面将重点介绍。尽管如此，一些基于WLAN的系统已提出使用无线电信号的飞行时间方法[①]。例如，日立公司的AirLocation是一个基于网络的定位系统，它在基站网络中包含一个非常精确的时钟，能够进行精确的时间测量。

信号强度测量不是新概念，早在18世纪初，人们就曾考虑利用地球磁场的强度来解决经度问题。该方法的主要困难是，很少有位置显示出相同的功率电平（在当前情形下），因此，若需要精确定位，则需要一台以上具有无线电可见性的发射机（基站）。然而，该方法的基本思想是，绘制接收到的无线电信号强度的地图，典型结果如图3.10所示。

5	9	5	5	6	10,5							
6	10	9	7	5,5	5							
9,5	10	6,5	8,5	6	7	9,5	8	11,5	12,5	7,5	9,5	7,5
7,5	10	9,5	10,5	5	7,5	10	10	10,5	7,5	9,5	9	10,5
5,5	11,5	7	9,5	8	6	11,5	9	7,5	10	12	12,5	8
8	10,5	10,5	8	8	10,5	10,5	8,5	13	11,5	12,5	10	14,5
9,5	6,5	8,5	9,5	10,5	14,5	14,5	13,5	13	10	13,5	12	12,5
11	9,5	12,5	10	11,5	12,5	14	2	19,5	16,5	12,5	10	11
9,5	9	10,5	12	11	13	17,5	14,5	13,5	14,5	9	10,5	
12	9	8	10	11,5	5,5	11	16	16,5	15,5	13	12	11
9,5	8	10,5	6,5	8	14,5	11	13,5	13	13	14	9,5	12,5
3,5	0,5	1,5	1,5	9,5	11,5	13,5	13,5	14,5	13,5	9	10	9
1,5	3	2	4	0,5	16,5	10,5	10,5	10,5	12	11,5	10,5	7
0,5	3	1,5	5,5	2,5	7,5	11,5	7,5					
0	2,5	1	3,5	2	10	12,5	11					
0	0	1,5		0,5	7,5	10,5						
0	0	0		6,5	9,5	11,5						
0	0	0	0	2,5	0,5	6,5						
				12	5	2,5						
				0	2,5	1,5						

图3.10　典型的RSS地图（向北和向东的步长为1m——蓝牙技术，单位为dB）

在该情形（使用RSS指示器的蓝牙系统）下，这些值表示相对于特征值的功率电平

[①] 事实上是通过比较到达基站的时间来确定到达时间差的。

（单位为dB）。由图可以看出，许多不同位置的特征是，接收信号强度指示（Received Signal Strength Indicator，RSSI）的值为10。因此，如果只使用一个基站，那么得到的精度较低，或者说可能的位置数量较多。此外，由于室内传播方案的复杂性，这些位置可能会分散在整个区域内。当不需要高定位精度时，这是一种简单的定位方法。

当需要高定位精度时[①]，需要使用多个基站。考虑多个基站时，原理是找到数据库中包含所有基站数值的最近位置。这是移动设备最可能的位置。事实上，人们尝试并提出了许多不同的算法，这些算法都是从第一阶段建立数据库开始的，这就包括了测量活动。然后，有两种方法可供选择：一种方法是模式匹配方法，即找到数据库中最接近的元素；另一种方法是基于传播的方法，它提取室内无线电波传播的模型，即接收到的信号强度与移动设备到基站的距离之间的一些数学关系。人们已对更复杂的方法进行了评估（如定义可能的轨迹），并且取得了较好的结果。像定义可能的轨迹这样的方法已经得到了评估，并且效果不错。实际上，如果可以接受对"结果位置"的约束有所增加，那么定位的准确性可以非常高；主要的难点仍然是如何能够轻松地将这种方法应用到一个新的地方。

根据一些代表性的研究，可以了解目前基于WLAN定位系统的主要趋势。由此，可提出以下几点意见：

- 模式匹配方法在精度方面给出了相当不错的结果。
- 基于传播模型的定位方法似乎不太准确。
- 精度值的范围相当大。
- 测量分布表现出相当大的误差范围（通常约为10dB）。
- 移动终端相对于基站的方向是一个值得关注的参数。
- 系统中使用的接入点数量对结果有着直接的影响。
- 使用复杂的最近邻搜索算法并未带来性能改进。
- 使用特定的轨迹可在保持于这些轨迹上时显著提高精度。
- 更复杂的基础设施可能会简化校准阶段（几乎总是需要）并提高定位过程的效率。

根据这一初步分析，可以设想另一种方法：符号定位，即以房间和走廊的形式定位。符号定位的原理曾用于红外系统，在本例中可再次运用。

3.4.3　姿态和航向参考系

惯性系统包括利用任何运动惯性的方法。例如，如果以恒定速度直线运动的物体发生弯曲，就会出现一个力F，并产生相应的加速度a，二者通过简单公式$F = ma$相关联，其中m是物体的质量。如果只加速运动，也会出现相同的情况。由于加速度是速度的一阶导数，因此可用来定义速度随时间的变化。然后，可以进行二次积分，得到位移。陀螺效应也是加速度的结果，但表现出与加速度计不同的灵敏度误差，因此可以组合使用以减小测量误差。经扩展后，惯性系统中已包括其他物理测量，如气压计和磁力计：前者可以帮助

---

① 一般而言，由于室内空间比室外空间小，所需的典型精度约是楼层高度的三分之一到二分之一。这样，就可确定楼层。1m是一个典型的跟踪值。注意，目前很少有研究涉及完整的三维WLAN方法。

确定室内的楼层高度，后者可以帮助确定移动终端的绝对方向。

注意，惯性系统是允许将第一代导航系统安装到汽车中的技术。在GPS正式可用的几个月前，第一代汽车导航系统已经上市。要实现这一目标而不依赖GPS[①]，就需要能够"跟随"汽车运动的自主传感器，即惯性传感器。如今，GNSS接收机因其高精度而广泛用于打造最佳系统，但在很长的一段时间内，GPS主要用于动态校准惯性系统。在汽车导航系统中使用的主要传感器有加速度计、陀螺仪和里程表。其他传感器如气压计或磁力计则可用于室内或行人导航。

值得注意的是，惯性系统是航位推算的现代版本。在古代，"测程器"用于实现比天文定位更连续的导航。如今，当GNSS信号不可用时，如在某些环境下，特别是在室内，仍然需要连续定位。基本需求是实时确定速度向量，即速度的大小和方向。由于物理测量以特定的速率进行，因此会引入误差：目前，系统的测量速率通常为100Hz。误差的积分（误差之累加）最终会随着时间的推移而导致定位不准确。

个人惯性设备在行人导航领域的实现比在汽车中的实现更复杂，原因主要是需要更大范畴的物理测量以及移动终端的姿态不恒定[②]。例如，假设有一部配备GNSS接收机和惯性系统的手机，当GNSS信号不可用（如在室内）时，可以进行航位推算。作为移动终端，手机会受到许多细小但剧烈运动的影响，如旋转、手部抖动甚至掉落。所有这些运动都必须由惯性系统分析，且不应导致误差累积。遗憾的是，由于基本原理是积分，因此所有误差都会累加：这些运动频繁发生，导致误差可能很大。此外，行人移动终端还面临着其他困难，譬如非常缓慢和"犹豫"的运动。例如，当一个人缓慢地从一条腿移动到另一条腿时，无论是否发生实际位移，产生的信号几乎都是相同的。在这种情况下，主要问题不是误差，而是对运动的解读。因此，尽管已经实现了一些值得注意的应用，但尚未实现惯性系统在行人移动终端的广泛部署。

1. 加速度计

加速度是速度的变化率。加速度计既用于测量振动和冲击（可视为突变加速度），又用于测量物体的加速度。在后一种情况下，可用传感器来确定速度（积分）、位置（双重积分）或行驶距离（对模值进行积分）。加速度计还可用于确定物体相对于参考水平面的姿态。

最常见的加速度计使用压电效应[③]。加速度计由一个连接到压电元件的质块组成（见图3.11）。出现加速度时，质块对压电晶体施加力，导致晶体两侧出现电荷，进而极化金属表面而产生电压。由于电输出信号是力的函数，因此可以测量加速度。

基于加速度计进行的定位的主要误差来自积分过程（测量误差会累积）。

---

① GPS于1995年宣布投入使用。
② 在汽车内，水平面应大致保持不变。
③ 压电效应由皮埃尔和雅克·居里于1880年发现，是指当某些晶体（称为压电晶体）受到机械应力的作用时，其侧面出现极性相反的电荷。

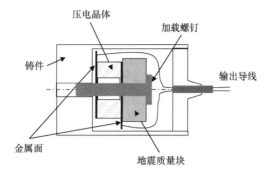

图3.11　压电加速度计（使用纳米技术的现代版本）

2．陀螺仪

陀螺仪的输出是其轴角的变化速率，用于测量移动终端的方向变化。也可使用三维加速度计来实现这一目的，但陀螺仪的误差偏差稍有不同：使用加速度计确定速度，使用陀螺仪确定角度，还可互相补偿传感器的偏差。

尽管可用的技术有多种，但下面只简要介绍陀螺仪的工作原理。陀螺仪由一个绕轴高速旋转的转子组成，转子的自由度为1°或2°。陀螺仪工作的基本原理是，垂直于转轴施加的力矩[①]将产生垂直于转轴和力矩方向的位移。为了精确确定移动设备在运动中的相对方向变化，同样需要使用三维陀螺仪。图3.12所示为单轴陀螺仪的原理。

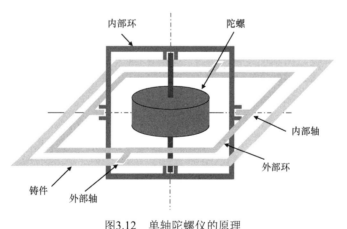

图3.12　单轴陀螺仪的原理

3．里程表

尽管可以使用加速度计来获取位移（行驶的相对距离），但需要对测量结果进行双重积分。这显然不是一种非常高效的方法，因为误差和偏差会不断累积。在可能的情况下，譬如在汽车系统中，最好使用里程表来直接测量位移。在汽车系统中，这只是一个可以计算车轮旋转次数并将其转换为线性距离的传感器。需要时，也可在给定车轴的车轮上实施

---

① 力矩是指作用在陀螺仪上的力与该力到陀螺仪中心的距离的乘积。

差分方法，以确定位移的方向。

对于室内应用，同样的原理适用于滚动物体。对行人而言，情况则不同，因为不方便使用车轮。同样，可以使用加速度计来计算步数，然后将其转换为距离。

4．磁力计

由于加速度计、陀螺仪和里程表主要是相对传感器，因此可能需要绝对传感器来实现绝对定位，如GNSS定位。前面说过，通过设计加速度计来实现倾斜仪，可以定义移动设备的水平度。这是绝对传感器的第一种方法，因为它不需要任何先前的姿态即可实现。另一个重要的参数是移动设备的绝对方位[1]：在需要探索周围环境的应用中，这个功能必不可少。例如，在博物馆中，电子导览应充分利用该功能知道游客在看什么这个事实。如果一个人想要在起步时确定方向，那么这也很重要。使用当前的GNSS接收机，需要在这些信息相关联之前开始移动。

磁力计对地球磁场敏感，因此在世界各地都是可用的，而无须做任何校准。主方向是磁北，它与地理北不同。磁北与地理北之差称为磁偏角，由克里斯托弗·哥伦布在前往"印度"[2]的航行中通过实验发现。

3.5 基于图像的定位方法

相机不传输信号，因此在某种意义上是一种无源光学系统。场景被捕捉并形成可处理的图像。因此，与电信系统不同，这种系统不会饱和，且是静默的。然而，相机和目标之间可能存在障碍物，在这种情况下，使用多台相机或在不同时间拍摄多张照片的系统可以达到要求。

对于定位目的，目标是识别图像中的特定形状。特定形状可以是标记物，也可以是自然形状，如建筑、道路、门或特定的地标（教堂、体育场、交通系统等）。在对环境有一定了解的情况下，可从一个或多个视图中提取相机的位置。注意，对于室内的特征环境（如窗户、门、天花板和墙角），位置计算非常有效。与基于GNSS的绝对定位相比，这种定位是"高度相对"的。

人们还开发了其他一些方法，如同步定位与地图构建（Simultaneous Localization And Mapping，SLAM），它通过定义从一幅图像到下一幅图像的相对位移来识别连续图像中的相同模式。一般来说，图像需要校准，而校准是定位误差的来源之一。图像模糊也是潜在的误差来源。

另一种值得关注的方法是使用图像中的可见标记，这有助于图像的地理参考。根据标

---

① 注意，GNSS信号不提供此信息，除非处于无源模式下。
② 原文如此，实际上哥伦布并未抵达印度，但他认为并声称自己到达了印度，故此处使用了引号。——编者注

记地理参考的方式，可以实现相对定位或绝对定位。必须对图像进行数学变换才能确定像素的位置。注意，系统的复杂性不同，精度和定位模式也有所不同（一部或多部相机、一幅或多幅图像等），详见第8章中的介绍。

3.6　ILS、MLS、VOR和DME

在一些特定的领域，如民用航空领域，很快就出现了对专用系统的需求，以便为飞机提供引导和着陆进场辅助。地面定位系统的精度和可靠性还不够高。主要系统包括：

- 航高频全向信标（VHF Omni-Directional Radio Range，VOR）。
- 测距设备（Distance Measuring Equipment，DME）。
- 仪表着陆系统（Instrument Landing System，ILS）。
- 微波着陆系统（Microwave Landing System，MLS）。

VOR系统是一个旋转无线电信标，其发射频率为108～118kHz，信号由两个30Hz的信令调制，这两个信令的相位差给出相对于某个方向（通常是磁北）的方位角。若这个方向变为VOR站的方向，则当飞机位于发射机的航线上时，相位差为零。理论上，通过三个这样的VOR站就可以计算出位置，但VOR通常用于对准目的。

为了确定飞机与站点的距离，使用了DME系统，其工作频段为962～1213MHz，并基于飞机对DME站进行询问。然后，站点回答所有询问：飞机应该找到与其请求相对应的响应。注意，每台发射机都有特定的脉冲序列。

组合使用VOR和DME系统，可提供飞机的极坐标，定位精度通常为几百米。

这种精度不足以满足着陆阶段的需求。因此，人们开发了ILS这种系统。它通过两个曲面相交的方式来定义一条光滑的直线着陆轨迹。它需要两个无线电信标：第一个信标确定跑道上的基准线（航向信标），第二个信标用于下降（下滑道）。系统还配有两个或三个垂直辐射的无线电标记，作为跑道前的定位点。跑道基准无线电信标使用的频段为108～112kHz，下降无线电信标使用的频段为328～335MHz。

所有这些测向系统[①]的精度都是有限的，因为所用的频率会受到多径干扰的影响。然而，MLS也使用旋转无线电信标原理，但该系统处于微波频段（5GHz）。运行模式始终是无线电信标，但辐射图案相当窄（1°～3°），空域从右到左依次扫描，然后扫描回来。知道扫描图案后，接收机就可通过分析两个连续MLS波束之间的时延来确定角度。因此，与ILS不同，角度是以连续模式提供的。着陆路径是相对于预先定义的最佳路径计算的，该路径可以是任何一种所需的形式（不一定是直线，见图3.13）。由于需要装备的站点数和相应的成本，这种组件尚未广泛部署[②]。

---

① 测量角度的事实。
② 以及卫星导航系统的出现。

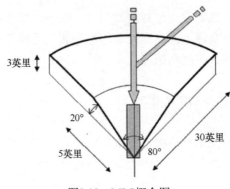

图3.13   MLS概念图

3.7   小结

表3.1中小结了这些方法在主要领域的规范，内容虽然并不详尽，但是提供了关于这些方法实施时可能遇到的困难。

表3.1   主要领域的规范

方 法	主要特点	可能遇到的困难
基于角度		
纯角度	罗盘方位法	须是视线
三角测量	利用三角形性质	须避免反射路径
基于距离		
基于已知环境	精确测量	障碍
雷达	回程时间	视线
双曲线	不需要接收机同步	定位精度对噪声的敏感度
移动网络	室内可用性	精度非常差
基于多普勒		
多普勒雷达	极精确测量	视线
多普勒定位	几何方法	应避免反射路径
物理量		
光量	测量简单	校准复杂
本地电信网络	室内可用性高	可靠性有限
惯性导航		
加速度计	独立于环境	需要经常校准
陀螺仪	精确传感器	校准
里程表	测量简单	相关噪声
磁力计	定位和定向	可靠性
基于图像		
图像匹配	提供图像传感器	需要参考海量数据库
图像处理	强大的工具	障碍物与校准

参考文献

[1] Cafferi J. (2000). *Wireless Location in CDMA Cellular Radio Systems*. Kluwer Academic Publishers.

[2] Cafferi J. J., Stüber G. L. (1998). Overview of radiolocation in CDMA cellular systems. *IEEE Communications Magazine* 36 (4): 38-45.

[3] Duffett-Smith P. J., Tarlow B. (2005). E-GPS: indoor mobile phone positioning on GSM and W-CDMA. *ION GNSS 2005*, Long Beach, CA (September 2005).

[4] Kaplan E. D., Hegarty C. (2017). *Understanding GPS: Principles and Applications*, 3e. Artech House.

[5] Küpper A. (2005). *Location Based Services – Fundamentals and Operation*. Chichester: Wiley.

[6] Ladetto Q., Merminod B. (2003). Digital magnetic compass and gyroscope integration for pedestrian navigation. *GPS/GNSS 2003*, Portland, USA (September 2003).

[7] Parkinson B. W., Spilker J. J. Jr. (1996). *Global Positioning System: Theory and Applications*. American Institute of Aeronautics and Astronautics.

[8] Patwari N., Ash J. N., Kyperountas S. et al. (2005). Locating the nodes – cooperative localization in wireless sensor networks. *IEEE Signal Processing Magazine* 22 (4): 54-69.

[9] Shankar P. M. (2002). *Introduction to Wireless Systems*. Wiley.

[10] SnapTrack. Location technologies for GSM, GPRS and UMTS networks. White Paper.

[11] Yazdi N., Ayazi F., Najafi K. (1998). Micromachined inertial sensors. *Proceedings of the IEEE* 86 (8): 1640-1659.

[12] Wirola L., Laine T. A., Syrjöinne J. (2010). Mass-market requirements for indoor positioning and indoor navigation. In: *2010 International Conference on Indoor Positioning and Indoor Navigation*, Zurich, 1-7. IEEE.

[13] Deng Z., Yu Y., Yuan X. et al. (2013). Situation and development tendency of indoor positioning. *China Communications* 10 (3): 42-55.

[14] Bozkurt S., Yazici A., Günal S., et al. (2015). A survey on RF mapping for indoor positioning. In: *2015 23nd Signal Processing and Communications Applications Conference (SIU)*, Malatya, 2066-2069. IEEE.

[15] Al-Ammar M. A., Alhadhrami S., Al-Salman A. (2014). Comparative survey of indoor positioning technologies, techniques, and algorithms. In: *2014 International Conference on Cyberworlds*, Santander, 245-252. IEEE.

[16] Mainetti L., Patrono L., Sergi I. (2014). A survey on indoor positioning systems. In: *2014 22nd International Conference on Software, Telecommunications and Computer Networks (SoftCOM)*, Split, 111-120. IEEE.

[17] Liu H., Darabi H., Banerjee P., et al. (2007). Survey of wireless indoor positioning techniques and systems. *IEEE Transactions on Systems, Man, and Cybernetics, Part C (Applications and Reviews)* 37 (6): 1067-1080.

[18] Macagnano D., Destino G., Abreu G. (2014). Indoor positioning: a key enabling technology for IoT applications. In: *2014 IEEE World Forum on Internet of Things (WF-IoT)*, Seoul, 117-118. IEEE.

[19] Abdat M., Wan T., Supramaniam S. (2010). Survey on indoor wireless positioning techniques: Towards adaptive systems. In: *2010 International Conference on Distributed Frameworks for Multimedia Applications*, Yogyakarta, 1-5. IEEE.

[20] Witrisal K., Hinteregger S., Kulmer J. et al. (2016). High-accuracy positioning for indoor applications: RFID, UWB, 5G, and beyond. In: *2016 IEEE International Conference on RFID (RFID)*, Orlando, FL, 1-7. IEEE.

[21] Zhang D., Xia F., Yang Z. et al. (2010). Localization technologies for indoor human tracking. In: *2010 5th International Conference on Future Information Technology*, Busan, 1-6. IEEE.

[22] Yassin A., Nasser Y., Awad M. et al. (2017). Recent advances in indoor localization: a survey on theoretical approaches and applications. *IEEE Communications Surveys & Tutorials* 19 (2): 1327-1346.

[23] Yan J., Tiberius C. C. J. M., Janssen G. J. M. et al. (2013). Review of range-based positioning algorithms. *IEEE Aerospace and Electronic Systems Magazine* 28 (8): 2-27.

[24] Harle R. (2013). A survey of indoor inertial positioning systems for pedestrians. *IEEE Communications Surveys & Tutorials* 15 (3): 1281-1293.

04 第4章
各种室内技术的分类方法

摘要

处理室内定位问题时，真正的挑战在于涉及多个参数，这些参数既影响技术分类，又影响技术的性能评估。从纯粹使用相关参数到纯粹使用技术参数，它们组合了许多本不可能交织的约束。本章的目的是尝试重新确定最重要的参数，以尽可能简单的方式解读这一复杂性。要知道，问题确实复杂，因为众多参数的相对重要性很大程度上取决于定位系统的具体用途。

关键词：室内参数；分类；技术；性能

4.1　概述

4.2节介绍在描述室内定位系统的特征时应考虑的各个参数。每个参数都会简要描述，更全面的讨论则留在4.3节中进行。4.4节初步给出所选技术的细节。4.5节依次列出一系列表格，这些表格按照用于进行参数分类的四个类别排列。4.6节根据一到两个参数，给出对技术进行分类的几种可能性。4.7节根据所谓的"覆盖范围"参数，描述本书其余部分采用的分类方法。

4.2　需要考虑的参数

描述技术特征时，虽然可以考虑众多的参数，但以下分为四类的20个参数最为关键。

- 与系统硬件相关的参数：
  - 基础设施复杂度
  - 基础设施成熟度
  - 基础设施估算成本
  - 终端复杂度
  - 终端成熟度
  - 终端成本
- 与系统类型和性能相关的参数：
  - 定位类型
  - 精度

- 可靠性
- 覆盖范围
- 定位模式
- 定位室内外过渡的可行性
- 与系统实际实施相关的参数：
  - 智能手机上的可用性
  - 环境敏感度
  - 是否需要校准
  - 校准复杂度
- 与系统物理方面相关的参数：
  - 所进行的物理测量类型
  - 所用的信号处理算法
  - 位置的计算方法
  - 与测量相关的物理量

这个列表看起来很是冗长，但确实与实际室内环境的复杂性相关。此外，对于给定的参数，必须详细处理，以应对任何实际情况。

另一个重要的参数是能耗，这是基础设施和终端所需的参数。然而，这个参数与定位方法并无直接关系，它会随着技术进步而迅速变化，且非常难以准确估算。因此，尽管我们在讨论中不会忽略这个参数，但不会直接处理它。

4.3 关于这些参数的讨论

所有这些参数都可能具有不同的含义。本节描述所用的"标准"定义及可能的选项。在适用的情况下，会向读者提供一些实际例子以帮助理解。注意，对每个参数考虑的不同层级（可能的选择）的顺序，是从约束性较小到约束性较大的。

4.3.1   与系统硬件相关的参数

- *基础设施复杂度*。如前几章中讨论的那样，本地部署基础设施的需求是一个重要的参数。当然，任何"无须基础设施"的技术都是有利的，但是，迄今为止，这类解决方案尚未展示出足够良好的整体性能。我们将该参数分为六个级别：无、低、中、高、很高、新。前五个级别很容易理解。最后一个级别表示需要进行研究来充分定义基础设施。在这种情况下，我们并不认为其复杂度很高，而是因为目前还无法对其进行排序。

- *基础设施成熟度*。第二个与基础设施相关的参数是成熟度。考虑的级别包括无、现有、整合、开发、研究、新。前两个级别很清楚。级别"整合"意味着仅需少量的工作即可整合现有的组件或功能。级别"开发"表示需要做更多的工作。级别"研究"和"新"意味着基础设施尚未达到工业水平。同样，这并不意味着难以达到该水平，而是因为目前还不可用。级别"新"还意味着几乎从零开始设计。

- 基础设施成本。这确实是一个估算成本。所考虑的级别简单，且对技术的意义也是值得商榷的：它们反映的是作者的看法。

- 终端复杂度。该参数与智能手机相关，特别是选择"现有"级别时。然而，该参数更准确，且直接与技术相关。

- 终端成熟度。该参数类似于基础设施的成熟度。

- 终端成本。对该参数的介绍与基础设施的相同。

4.3.2　与系统类型和性能相关的参数

- 定位类型。这是一项基本参数。有些技术非常有效，但仅限于定位或导航。典型的情形是用于定向的磁力计，或用于确定高度的微气压计。因此，可以有五个级别：例如，"定向"或"高度"适用于前面提到的两种技术，而"相对"则适用于那些基于初始位置来提供位置的系统；相反，"绝对"是指像全球定位系统（Global Positioning System，GPS）那样，可在绝对参考系中为用户提供完整坐标集的系统。最后一个级别是"符号"，它与那些基于区域而非坐标来提供定位的技术相关。这类系统可能是通过仅定义你所在的房间或走廊来告诉你的位置的，但没有更精确的定位。

- 精度。这项参数极其关键，必须与参数"可靠性"相关联。下面以GPS接收机为例加以说明：它的精度是多少？针对嵌入智能手机的典型接收机，有些人的答案是"几米"。然而，当它位于室内，如位于地下停车场中时，会发生什么？实际上，它不再为你提供任何位置。因此，精度本身不是一个充分的指标，而必须与另一个参数结合，涉及定位的可用性或可靠性。然而，该参数存在，并且非常重要。精度的可用值很多，从几厘米到数百米。注意，这些值体现的是相应技术在室内应用时的表现。因此，对于GPS，可能会导致较差的值。

- 可靠性。这可能是人们最需要了解的参数之一。事实上，人们常常忘记定位应该伴随一个与可靠性相关的指标。没有这些信息，几乎不可能设计出一个有用的系统，因为人们永远不知道定位是否正确。这个参数从"很高"到"低"，共分四个级别。令人惊讶的是，几乎只有全球导航卫星系统（Global Navigation Satellite System，GNSS）实现了这一指标。当需要融合各个系统时，这个参数也很有价值：如果不指定可靠性，那么如何正确选择算法？

- 覆盖范围。当某人计划部署一个定位系统时，首先要问的一个问题是确定系统的覆盖范围，即需要覆盖的区域大小。在室内，这个区域的大小可以是几平方米到几万平方米（如大购物中心）。因此，了解某项技术的覆盖范围对评估所需工作、解决方案的成本等至关重要。

- **定位模式**。该参数与实际实现定位的方式有关。可以考虑许多不同的方面：对GPS而言，模式设为"连续"，原因是信号在任何地方几乎都应是可接收的。因此，定位在时间和空间上都是连续的（室内的情况并非如此）。另一方面，基于近场通信（Near Field Communication，NFC）标签的技术需要用户执行特定的操作来进行定位。同样，本章中的表格及参数不是为了比较哪项技术更好，而是为了使用相关参数来描述每项技术，以便为系统的部署提供有用的指导。两个中间级别如下："离散"，表示定位只在需要时可用或者偶尔可用；"几乎连续"，表示系统固有的服务中断仅影响时间或空间（或两者）的一小部分。

- **定位室内外过渡的可行性**。能否简单地同时或不可能同时在室外和室内使用这项技术？这种可行性分为五个级别，从"已存在"到"不可能"，中间级别依次为"容易""中"和"困难"。

4.3.3　与系统实际实施相关的参数

在这个阶段，问题并不像本章开始时介绍的那么简单。下面进一步介绍实际实施的潜在困难。

- **在智能手机上的可用性**。在讨论任何面向大众市场（甚至现在的专业市场）的终端系统时，智能手机如今绝对不可忽视。显然，问题在于传感器要纳入标准封装，至少应具有非常小的尺寸（因为市场趋势是提供越来越薄的手机）。得益于纳米技术，微机电系统（Micro-Electro Mechanical System，MEMS，如磁力计或加速度计）已经小到可以集成到所有智能手机中。GPS比较特殊，因为集成GPS需要开发一些专用天线。市场压力如此之大，除非能带来真正的商业优势，否则引入新传感器并不容易。针对该参数，共考虑了七个级别，从"不适用"（考虑到该技术没有意义）到"几乎不可能"（考虑到技术难度）。中间的五个级别如下："现有""近期""容易""未来"和"困难"。

- **环境敏感度**。许多解决方案在环境条件可控时表现得相当良好（如精度方面），但在"正常"环境下却几乎无法使用。在一些基于光学的方法中，光束到目标必须有完全清晰的视距（Line Of Sight，LOS），中间存在任何物体都意味着无法正确测量。因此，技术对部署环境的敏感度非常重要。五个级别分别是"无影响""低""中""高"和"很高"。

- **是否需要校准**。有些技术需要对系统本身或环境进行校准，有时需要同时校准系统和环境。这种校准可能要耗费大量的时间，如指纹识别方法在 X 方向和 Y 方向上常以1m的步长进行校准。当校准与否还与环境变化有关时，就会出现额外的困难，导致需要反复校准，有时甚至需要持续校准。明确的五个级别是"否""一次""多次""经常"和"持续"。

- **校准复杂度**。校准复杂度概念也很重要。系统设计者试图找到不需要人为操作即可自动校准的方法，但这并不总是可行的。我们设定了四个级别，从"无"到"繁重"，中间级别包括"简单"和"中"。出现了许多不同的情况：有时，需要通过了解不同发射机的发射功率来校准基础设施，如校准传播模型。在这种情况下，可以设想收集测量数据，以自动校准这些传输功率的变化。有时，情况要复杂得多，例如需要定期对加速度计进行校准。还可利用其他"传感器"来实现自动校准。因此，要再次强调的是，这个参数不能单独使用。室内定位问题的复杂性确实在迅速增加。

4.3.4　与系统物理方面相关的参数

与系统物理方面相关的参数更具技术性，虽然可能不是首选的定位系统指定参数，但常用于分类。

- 进行的物理测量类型。这是一种描述技术特征的经典方式：测量类型。事实上，它对性能有极大的影响，并且可直接将"精度""可靠性"或"环境敏感度"等参数与硬件联系起来。例如，当系统基于时间测量时，人们知道提出有关传播模型的一些假设，因此对环境条件（如墙壁）有一定的依赖性。考虑的八个级别是"时间""距离""角度""相位""频率""物理""图像"和"融合"。重要的是，要理解我们讨论的是实际物理测量，而不是定位计算的方法（这是另一个参数）。例如，GPS进行时间测量，然后将其转换为定位距离，但物理测量实际上是基于时间的。"角度"和"相位"参数实际上是不同的，虽然角度可通过相位测量（如电磁信号）确定，但也可由角度传感器（如码盘）确定，因此后者是机械传感器。我们选择使用"频率"而非"多普勒"参数，将测量保持在物理层面上。此外，一些雷达中使用纯频率差来实现距离估算（但仍是频率测量）。"图像"是指系统使用图像或多幅图像，而不管采用哪种方法（图像处理或图像分析，二者稍有不同）。"物理"表示测量物理量，要么是惯性值、功率值，要么是气压值。在当前的讨论范围内，我们不对这些量进行区分。参数"融合"表示没有额外数据源时无法实现定位。对有线网络（如互联网）来说，这尤期典型。

- 使用的信号处理算法。当做进一步研究时，处理测量数据的方法是接下来需要考虑的参数。我们将考虑以下七个级别："传播建模""相互关系""分类""检测""模式识别""图像匹配"和"综合使用"。随后，我们将强调方法的多样性，从纯物理方法（如传播建模）到数据科学方法（如分类或相关性），再到数据分析（如模式识别）。涉及领域的多样性反映了定位技术的吸引力，这是非常有趣的一点。特别值得一提的是"分类"，因为它表明一些方法是为了提取"类别"来实现定位的。这些方法在研究传感器融合时特别有意义。"组合使用"意味着需要同时使用提到的几种方法。

- 位置的计算方法。得到测量数据并且处理信号后，就需要计算位置。根据可用数据的类型，可以进行各种数学运算。几何计算是主要方法，它要么是二维计算，要么是三维计算。有时可以使用解析解，有时则不可使用解析解，但因为必须考虑测量和处理误差，当前的方法几乎总是采用数值求解方法。前六个级别与几何计算有关："∩球体""∩双曲线""∩圆""∩直线""∩直线+距离"和"∩平面+距离"。对几何形状的简单相交，不需要具体说明（尽管计算双曲线的交点并不总是那么简单）。但是，有时测量的数据类型并不相同。例如，局部雷达可以测量两个相位，以确定到达角和距离。在这种情况下，计算结合了直线交点（使用了两个角度）和距离（两条线与一个球体的交点）。下一个级别是"点定位"，适用于定位以一个缩小的圆形区域提供给用户时：通常属于极低范围的技术（如基于NFC的方法），显示出离散定位，要么是时间上的，要么是空间上的。当需要计算采用惯性数据的终端轨迹时，需要更复杂的数学函数。对于加速度测量，需要进行一次积分以得到速度，进行两次积分以得到行进距离，对应于级别"数学函数（∫, ∬, ∭, …）"。级别"矩阵计算"常用于基于图像处理或分析的技术。图像被处理为矩阵，且有许多变换可用于定位目的。最后一个级别是"区域确定"，用于位置计算实际上是在确定一个最可能存在的区域时使用，即"符号"方法的情形。

- 与测量相关的物理量。最后一个参数是测量中涉及的物理领域。许多系统使用电磁波，电磁波存在于无线电、微波或光谱中。其他系统则使用机械波，如超声波系统。因此，"电磁波"和"机械波"是前两个级别。第三个级别是"图像传感器"；第四个级别是"物理传感器"，对应于"已实现物理测量类型"参数列表中的等效值。最后两个级别分别是"电子"和"光电子"，仅用于两种非常特殊的技术：经纬仪和有线网络。这仅意味着它是一种能够进行测量的电子或光电设备。

4.4 所涵盖的技术

本节考虑了四十种技术，范围从传统的基于GNSS的方法到特定的经纬仪，以及Wi-Fi或Li-Fi。以下是对每种技术的简要说明。

- 加速度计。这种传感器如今几乎存在于所有智能手机中。然而，今天嵌入智能手机的这些传感器的性能不足以进行长时间定位。有一些能够进行定位的加速度计，但成本较高。

- 条形码。如今，这些标签广泛用于许多产品的物流用途。读码器的位置通常是固定的，扫描条形码意味着产品在扫描时位于该位置，因此也是一种定位。

- BLE。蓝牙技术在过去几年间已演变成一种更简单的传输方案，能够快速连接，降低能耗，称为低功耗蓝牙（Bluetooth Low Energy，BLE）。虽然可用BLE实现多种定位方法，但是最常见的一种是基于建立覆盖区域的地图。可用的测量值是接收信号强度，即接收功率电平。主要困难是这些测量高度依赖于接收机的环境（包括人体和建筑）。

- 非接触卡。一种实现"定点定位"的方式，意味着定位是在特定时间和空间进行的。卡片读取时位于读取器所在的位置，通常非常准确和可靠，但不是连续的。

- Cospas Sarsat Argos。该系统用于搜索、救援和群体跟踪。它使用多普勒测量，以非永久性方式为用户提供位置。

- 信用卡。与非接触卡类似，信用卡（或借记卡）也可用于定位。在法庭审判中，这常被视为证据。同样，读取器要么是有线连接的，要么与附近的基站相连，可在特定时间提供卡片的大致位置。

- GNSS。卫星定位系统在室外广泛使用，在今天这种环境中几乎没有竞争对手。问题在于，它们需要视野内至少有三到四颗卫星，且信号强度足够，同时还需要所谓的LOS信号，即从卫星到接收机的直接路径。在室内，这种情况不太可能经常发生。此外，这种情况通常发生在接收机位于窗户附近的时候。在这种情况下，天空的视野是"局部的"，仅能看到一部分，导致卫星与接收机之间的几何条件不佳，因此定位结果可能非常不准确（通常确实会显示在建筑外）。在表格中，"GNSS"一行专用于全球导航卫星系统（见第11章）。

- GSM/3/4/5G。21世纪初期，人们进行了许多研究，提出了一些潜在的方法，通常可以实现室内外100m的定位精度。这类性能在信号传播条件非常好的情况下可以实现，但在城市区域几乎从未达到这种条件。遗憾的是，这意味着该技术在GNSS表现出色的地方也能提供良好的性能，因此降低了它的吸引力。另一方面，GSM/3/4/5G信号在室内可用，而GNSS信号在室内则不可用。目前研究仍在进行，主要集中在使用统计分析方法来提出最佳的可能位置估计。在研究环境中，研究工作表明该方法具有相当好的精度——通常小于10m。然而，从研究到产业化，可能发生很多变化。在后面的表格中，考虑了移动通信网络中最常用的定位方式：Cell-Id。定位是通过考虑"基站"覆盖的区域来确定的。因此，之前关于移动网络在城市区域吸引力低的讨论被颠覆，因为在城市区域部署了大量"微蜂窝"基站，以满足数据传输率和大量用户的需求，进而缩小上述区域的大小，提高定位精度。关于这一点的完整讨论，见第10章。

- 陀螺仪。这种方法同样适用于加速度计。有些陀螺仪性能出色，但本书的目的是为大众提供持续的定位服务，因此重点关注的是陀螺仪（目前主要指智能手机上的陀螺仪）的大规模使用。

- 高精度GNSS。当前几乎所有GNSS接收机都是所谓的高灵敏度或辅助GNSS。它们要么采用旨在提高灵敏度的信号处理技术，要么从移动网络获取额外的辅助数据，以减少首次定位所需的时间。接收机还可同时实现高灵敏度和辅助GNSS，详见第11章。

- 图像标记。图像处理或分析是非常有效的定位方式。实际上，即使是在完全未知的环境中，也可确定摄像机的位置（通过相对定位）。另一种方法是在图像上可见的环境中分布所谓的标记。标记的特定属性（如大小、位置、形状等）有助于确定摄像机或图像中任何像素的位置。这种方法可通过单幅图像实现，但是有一些限制（见第8章）；也可通过多幅图像实现，但要求这些图像要么是同时拍摄的，要么是连续拍摄的。

- 图像识别。原理是将图像与数据库中的图像进行比较，并分析它们间的相似度。这种方法需要庞大的数据库，但现在已可实现，且性能还取决于拍摄对象的特异性。例如，对于埃菲尔铁塔，识别算法肯定相当快速且准确；而对于伦敦郊区的普通房子，算法识别起来则很困难。注意，给出的位置是数据库中对象的特征位置。因此，这种方法主要应用于固定不动的物体。

- 图像相对位移。不管有没有标记，当摄像机移动时，拍摄的连续图像都可用于确定摄像机的轨迹。在这种情况下，如果有标记，那么轨迹可按绝对方式给出；如果在连续图像中有显著特征，那么摄像机可按相对方式重建其轨迹。实际上，在第二种情况下，需要找到一个大致对应显著特征实际尺寸的缩放因子，遗憾的是，这些尺寸是未知的。

- 图像SLAM（同步定位与地图构建）。这种技术的原理是图像相对位移，但复杂性增加，因为它需要在移动的同时重建环境并确定摄像头的位置，以致增大了复杂性。因此，只要沿着路径移动，就会得到该路径的地图。与图像相对位移相同的问题也会出现：需要一个缩放因子，并且必须在连续图像中存在相同的特定形态。不过，第二个限制在室内并不是大问题，因为移动速度通常相当缓慢。

- 室内GNSS。让GNSS接收机在室内工作并不是新想法。这个概念基于本地发射机，称为伪卫星（PL），它们发射与卫星相似的信号。伪卫星可以安装在建筑顶部。主要的技术难点是伪卫星之间所需的同步、近远效应（某些情况下无法检测到某颗伪卫星，因为另一颗伪卫星使其变"模糊"了），以及需要以非常低的功率发射信号，以免干扰卫星传输的室外信号。由于最后这个原因，许多国家出台了法规来禁止或限制PL的部署。室内GNSS有许多不同的方法，详细内容将在第9章中介绍。定位性能可以非常好，但主要是在传播环境较好的情况下，如在大型大厅、展览中心或仓库中。当然，另一个缺点是需要本地基础设施。

- 红外线。光波有多种实现定位的方法。文献中常见的红外信号定位方法基于安装在天花板上的接收机，这样就可检测到房间内的任何信号。一旦发射机进入房间，就会被检测到。只要每台发射机都有自己的标识符，就可被定位到房间内。注意，这时称其为"符号定位"，即位置以区域而非坐标的形式提供。

- 激光。激光可用于测量距离，精度可达几毫米，测量范围可达几百米。这种仪器称为测距仪。通过进行几次这样的测量并了解周围环境的形状，可以非常准确地确定你的位置。这类测量也会用在下一种技术——经纬仪中，经纬仪常被测量人员使用，它能够准确地确定任何地点的相对位置。激光测距仪和一些电子编码轮的组合可以非常准确地确定两个角度（仰角和方位角），以及从经纬仪到视线内任何物体的距离。

- 激光雷达。激光雷达的全称是光探测和测距，是雷达的光学等效物。激光雷达有多种应用，但在我们的例子中，通常的使用方式是对环境进行三维成像（见第6章）。对于室内定位，实际上是将问题反过来处理：通过激光雷达的测量来了解环境，即建筑的形状，进而反推激光雷达所在的位置。这当然是一种非常复杂且昂贵的方法，且不针对大众市场，但值得一提。

- Li-Fi。光波的Wi-Fi等效物，主要思想是使用能够传输调制信号的灯泡，同时发出可见光。这种信号人眼不可见，但可被适当的接收机检测和处理。目前的实现方式还允许智能手机摄像头检测Li-Fi。注意，要在白天使用Li-Fi，灯泡就需要始终"开启"。这听起来可能很奇怪，但实际上这与Wi-Fi是一样的：要使用Wi-Fi，就必须使其处于开启状态。

- 光线利用。假设你了解建筑的布局：灯光和窗户的位置。通过分析光的亮度，可以帮助确定你在房间中的大致位置：靠近窗户、门口、走廊等。当然，为了确定更精确的位置，还需要额外的数据，但这种方法可以提供有用的信息。

- LoRa。LoRa网络是为物联网用途而部署的。由于无线电信号是从已知位置传输的，因此可以提取定位数据。根据网络的密度和使用的功率电平，定位结果有很大的差异，但同样取决于接收机所处的环境。与许多无线电系统一样，有多种定位方法（从基站识别到基于时间的测量），但这些方法所需的工作量是不同的。LoRa报告的定位精度通常优于100m，具体取决于部署的天线数量。

- 磁力计。这是惯性系统中的第三种传感器，是一种测量磁场强度的电子罗盘。有多种技术可用，但大众市场的定位方法主要基于两种技术：第一种技术是利用地磁场来确定移动的绝对方向，第二种技术是对给定区域的磁场进行测绘。后一种方法称为"指纹识别"（类似于Wi-Fi技术），常用于精度不高的定位，见第11章。

- NFC。近场通信基于发射机（常称"读卡器"）和接收机（常称"标签"）之间的磁场耦合。标签可以是无源的（无嵌入电源），也可以是有源的（常带有电池）。当读卡器靠近标签时，将进行数据交换。定位时，通常传输固定部分（可以是读卡器或标签）的位置信息。由于传输范围非常短（无源标签为几厘米，有源标签可达1m），定位效果相当好，但在时间和空间上不连续。

- 气压。移动终端有时会配备气压计。它能进行两种测量：气压随时间的变化和对海拔高度的粗略估计。在第一种情况下，由于气压变化缓慢，通常需较长的时间（"正常"情况下为几小时）。因此，若使用气压计几分钟甚至几十分钟，就能察觉到海拔高度的变化，因为气压取决于海拔高度。目前的微型气压计通常能够检测到1m的海拔高度变化。因此，在初始化过程中，当你进入建筑时，就可以确定到达的楼层（假设在入口进行校准）。

- 二维码。这些二维条形码正在迅速发展。尽管如此，二维码也是一种有趣的定位方式。在这种情况下，与NFC或条形码一样，定位在时间和空间上都不连续，但二维码只要提供位置信息，就是一种准确且可靠的方法。二维码和NFC的主要区别是，你需要"打开"相机，且可通过涂鸦使代码无法读取：这在NFC上也可实现，但要稍微困难一些。

- 雷达。雷达指无线电探测和测距，是一种出色的传感器，可以识别目标。测距功能用于定位，一个很大的优势是它通常（但并非总是）在没有目标配合的情况下进行信号的往返传输，因此由同一个时钟管理传输和接收，大大降低了同步过程的复杂性。第7章中将详细介绍雷达，但有不同的方法实现雷达定位：距离测量是基础，但也可以测量到达角，信号特征非常多样，从脉冲信号到频率的啁啾变化，或是多普勒效应，具体取决于目标。

- 无线电433/868/…MHz。ISM（工业、科学和医疗）无线电频段在许多国家是免费使用的，因此有大量设备使用这些频段。与Wi-Fi发射机不同，这些传输的完整数据库尚未建立，原因可能是系统变化太快。因此，将此类信号转换为位置并不容易。然而，结合数字地图，可以得知终端是否在正确的区域内。实际上，这些设备的无线电范围并不大，且主要部署在人口稠密地区：接收到这些信号就意味着你离文明地区不远。

- AM（调幅）/FM（调频）无线电。与ISM频段的主要区别是，发射机的位置是已知的。此外，发射机的功率很高，导致覆盖范围更大。这在定位时并不总是优势，但至少可以确保在室内也能接收到信号。通常，信号中包含数字签名，告诉你电台的名称。因此，使用将信号频率与电台名称对应的表格，可大致确定你的全球位置。当然，这显然不能保证提供准确的室内定位。

- RFID。RFID指射频识别，已被设计用于短距离无线数据交换。因此，这是一种允许本地和短距离区域ID定位的技术。然而，人们已提出其他一些方法来提高传输范围及进行距离测量（见第7章）。

- Sigfox。与LoRa一样，这两个网络原理上非常接近。868MHz频段带来了一些限制，但网络管理者表示可以实现精度优于1000m的定位。第10章中将讨论这个结论，但这是一个值得关注的利用低功耗系统实现定位的想法。

- 机会无线电信号。使用这项技术，我们再次改变了定位的理念。它不再是专用于定位的系统，而使用了所有可用的无线电信号（这里是"无线电信号"，也可是光信号或声音信号）。这个过程基于推断而不直接使用测量值。我们正在进入"软件传感器"世界，其原理是使用任何检测到的信号来实现定位。第11章中将讨论这些方法。

- 声呐。声呐是基于声波的雷达或激光雷达的等效技术。声波实际上是机械波，不同于基于电磁波的雷达或激光雷达，声波的主要优点是波速较低（在空气中通常为340m/s，在水中约为1500m/s）。这种低速极大地减少了与同步相关的限制：1ms约等于无线电波的1ns，但1ns的漂移更容易实现。因此，距离测量可以轻松达到几厘米的精度。主要问题仍然是对环境高度敏感，因为提供的距离是从发射机到传播方向上遇到的首个障碍物的距离。遗憾的是，波束的指向性要比无线电或光信号的更大。

- 声音。前面关于声呐中声波的描述在这里仍适用，但我们所指的定位方式稍有不同。这里的想法是利用所谓的机会声音：如果你能听到扬声器的声音，那么说明你就在其附近。声音越大，表明离得越近（这个论断并不明显，但我们暂时这样考虑）。如果你知道商场中这些扬声器的位置，就能大致了解你可能的位置。其他声音也可使用，如花店的特定广告信息。

- 经纬仪。这些测量仪器通常由土木工程师或测地专家使用。它们由两个非常精确的角度测量装置组成，用于确定从经纬仪到任何给定点的视向。经纬仪和目标点之间的距离通过激光测距仪获得。因此，基于已知的经纬仪位置，可以非常准确地计算出视点的位置（实际上，两个角和一个距离足以实现三维定位）。这是土木工程师可以非常准确地（精确到厘米级）测量任何特定室内点位置的方法。之所以在这里提到经纬仪，是因为它通常用于验证室内定位系统的精度。

- 电视。使用电视信号进行定位的原理与其他机会信号的类似。对于室内定位，其有效性尚未真正得到证明，性能可能较差。之所以在此提及，是因为几年前有些公司提出了这种方法。

- 超声波。基于声音的物理特性，超声波具有与雷达类似的优缺点，如传播速度低或无法穿透障碍物。然而，当前智能手机的扬声器能够检测到此类信号，使得超声波能够用于近距离检测系统。此外，在环境条件合适的情况下，距离测量的精度可以达到很高的水平。

- 超宽带（UWB）。超宽带技术于20世纪60年代由雷达操作员发明，目的是"看穿"障碍物。超宽带技术的核心思想是生成一个宽频带信号，假设任何障碍物都对应于特定频带的带阻。如果UWB信号的频带足够宽，那么只有部分信号被阻挡，仍然可以检测到目标。此外，当前的UWB技术制造基于低成本纳米技术。电信领域因此将UWB视为一种低成本、低功耗局域系统的潜在方法，并且数据传输率很高。如前所述，雷达是一种进行距离测量的好方法，希望UWB信号能够穿透墙壁等障碍物。UWB被视为室内定位的潜在候选技术。主要困难仍是发射机和接收机之间存在同步问题（但人们已提出一些巧妙的方法，见第7章），且有限的传输功率通常不足以真正穿透室内的墙壁。

- Wi-Fi。毫无疑问，这是一种广为人知并且部署广泛的定位系统，有时既可用于室内又可用于室外。人们已经提出、试验并部署了许多技术，涵盖了从当前最常用的指纹识别到通过同步接入点网络实现飞行时间测量。指纹识别依然是目前最有效的方法，主要是因为在这种无线局域网中，唯一实际可用的测量值是接收功率电平。此外，该数值很大程度于取决于局部环境，细微的变化可能因为传播条件变化而在接收功率上产生巨大差异。因此，除了需要对环境进行初步校准以生成初始指纹，当环境可能发生变化时，还需要不时地更新校准。校准的频率不仅取决于所需的可靠性，而且取决于环境的可变性。此外，与所有基于无线电的技术一样，人群的存在会因为在一定程度上阻挡信号而产生干扰。由于必须考虑这一点，实施的复杂性便增大了。最终的定位精度还取决于部署的接入点数量：可以认为定位的需求略高于电信需求。

- 有线网络。每个人都注意到，在网上搜索几分钟后，会弹出一些与你的搜索相对应的广告，但与你的实际地址有关。这要归功于你的计算机的互联网协议（Internet Protocol，IP）地址的地理定位。虽然你的计算机IP地址和你的具体位置之间没有直接联系，但可由你留下的各种痕迹（如创建账户时输入的邮政地址）逐渐匹配。

- WLAN（无线局域网）符号定位。在Cell-Id方法和（与三边测量或三角测量相关联的）纯粹距离或角度测量之间存在一种机会。"WLAN符号定位"是一种改进的Cell-Id方法，它保留了Cell-Id方法的简便性，同时在不降低可靠性的情况下增加了区域确定性。第8章中将全面介绍这种方法的主要理念，它基于一个简单的论断：如果接收到的功率电平很高，就意味着你离发射机很近。其他所有论断都可能不正确：例如，当你靠近但由于障碍物导致信号电平很低时，就属于这种情况。因此，使用接收功率的阈值，可以轻松定义可能存在的连续区域。接收到多台发射机的信号后，求这些区域的交集就可提供估计位置。注意，这些区域不能彼此排斥，否则会降低该方法的效率。符号定位的特点是，定位信息现在按区域的形式提供，而不再按坐标的形式提供。当然，这种符号方法也可使用其他技术实现，而不仅限于WLAN。

虽然综合这些内容并不容易，但我们还是给出了一个小结。注意，这个小结还需要讨论，而不是最终的结论。此外，当一种特定的技术有多种选择时，我们选择了我们认为最常实施的那种（要再次强调的是，这一点是有争议的）。

4.5 各种技术的技术特点总表

如前所述，术语"技术"事实上是一种方法的实际应用。因此，技术应视为用于实现室内定位的"系统"。下面的多个表格中考虑了约40种这类技术，从非常本地化的NFC到已经广泛部署但效率不高的GNSS技术。

注意，所有参数的取值均有待商榷，因为反映的是作者的观点。尽管如此，有些值总是正确的，而在某些情况下确实需要进行讨论。

为参数赋值并非易事，但为了能够运行所开发的工具，帮助确定满足给定部署约束的最佳技术，需要为所有参数赋值。下面举例说明上述工具的使用方法。

在表格中，应考虑以下几点：

- 这些数值涉及在编写报告时所考虑的技术的室内性能特点。
- 这些值作为平均值提供（详见专门讨论该技术的章节）。
- 注意，表中的每个陈述都需要限定（这也是"室内问题"的一部分，比乍看起来复杂得多）。
- 其他值也能很容易地分配。因此，必须将单元格中的值视为可能值之一。

为了便于阅读表格，表4.1至表4.4采用了4.2节中的分类方法。表4.1涉及技术与基础设施和终端特征之间的联系，表4.2涉及性能参数，表4.3涉及实际实施参数，表4.4涉及物理方面。

技术列表按对应的字母顺序排列。

表4.1　室内定位技术硬件表

技　　术	基础设施复杂度	基础设施成熟度	基础设施成本	终端复杂度	终端成熟度	终端成本
加速度计	无	无	零	中	硬件开发	中
条形码	无	现有	低	低	软件开发	低
BLE	低	现有	低	无	软件开发	零
非接触卡	无	现有	零	无	现有	低
Cospas Sarsat Argos	无	无	零	高	现有	中
信用卡	无	现有	零	无	现有	低
GNSS	无	无	零	无	现有	零
GSM/3/4/5G	无	现有	零	无	现有	低
陀螺仪	无	无	零	中	硬件开发	中
高精度GNSS	高	无	零	高	现有	很高
图像标记	低	无	零	低	软件开发	零
图像识别	无	无	零	低	软件开发	零
图像相对位移	无	无	零	低	软件开发	零
图像SLAM	无	无	零	低	软件开发	零
室内GNSS	中	研究	中	低	软件开发	零
红外线	中	开发	中	中	整合	中
激光	无	无	零	中	现有	中
激光雷达	无	无	零	高	现有	很高
Li-Fi	中	开发	中	中	整合	中
光照机会	无	研究	零	低	软件开发	低
LoRa	无	现有	零	低	整合	低
磁力计	无	无	零	低	现有	低
NFC	低	现有	低	低	软件开发	低
气压	无	无	零	低	现有	低
二维码	无	现有	低	低	软件开发	低
雷达	中	研究	中	高	研究	中
无线电433/868/...MHz	无	无	零	低	整合	低
无线电AM/FM	无	无	零	低	整合	低
RFID	低	现有	低	低	软件开发	低
Sigfox	无	现有	零	低	整合	低
机会无线电信号	无	现有	零	中	整合	中
声呐	无	无	零	低	整合	低
声音	无	无	零	低	整合	低
经纬仪	无	无	零	很高	现有	很高
电视	无	现有	零	中	整合	中
超声波	高	现有	中	中	整合	低
超宽带（UWB）	低	开发	高	中	整合	中
Wi-Fi	低	现有	低	无	软件开发	零
有线网络	无	现有	零	无	现有	零
WLAN符号定位	无	现有	零	无	软件开发	零

表4.2　类型和性能表

技　术	定位类型	精　度	可靠性	范　围	定位模式	室内外过渡
加速度计	相对	$f(t)$	中	屏蔽	连续	已存在
条形码	绝对	分米	很高	近距离	需要用户操作	容易
BLE	绝对	几米	中	建筑	几乎连续	容易
非接触卡	绝对	几厘米	很高	近距离	离散	不可能
Cospas Sarsat Argos	绝对	>100m	中	全球	连续	容易
信用卡	绝对	几厘米	很高	近距离	离散	不可能
GNSS	绝对	100m	低	全球	连续	容易
GSM/3/4/5G	绝对	>100m	低	城市	连续	中
陀螺仪	相对	$f(t)$	中	建筑	连续	已存在
高精度GNSS	绝对	100m	低	城市	连续	困难
图像标记	绝对	<1m	中	近距离	几乎连续	容易
图像识别	绝对	几分米	中	近距离	几乎连续	容易
图像相对位移	相对	<1m	中	建筑	几乎连续	中
图像SLAM	相对	<1m	中	建筑	几乎连续	中
室内GNSS	绝对	几分米	中	建筑	连续	容易
红外线	符号	几米	高	房间	几乎连续	容易
激光	绝对	不到1cm	很高	房间	几乎连续	困难
激光雷达	绝对	不到1cm	很高	房间	几乎连续	困难
Li-Fi	符号	几米	低	房间	几乎连续	容易
光照机会	相对	100m	低	房间	几乎连续	中
LoRa	绝对	>100m	低	城市	连续	容易
磁力计	方向	几度	中	全球	连续	已存在
NFC	绝对	几厘米	很高	近距离	需要用户操作	容易
气压	相对	1m	高	全球	连续	容易
二维码	绝对	分米级	很高	近距离	需要用户操作	容易
雷达	绝对	几厘米	中	多个房间	连续	容易
无线电433/868/... MHz	绝对	>100m	低	区县	连续	中
无线电AM/FM	绝对	>100m	低	区县	连续	中
RFID	绝对	分米级	高	近距离	离散	容易
Sigfox	绝对	>100m	低	城市	连续	容易
机会无线电信号	绝对	>100m	低	全球	几乎连续	中
声呐	相对	几厘米	中	房间	连续	容易
声音	相对	>100m	低	建筑	连续	困难
经纬仪	绝对	几厘米	很高	建筑	连续	困难
电视	绝对	>100m	低	区县	连续	中
超声波	绝对	几分米	低	房间	连续	容易
超宽带（UWB）	绝对	几厘米	中	多个房间	连续	容易
Wi-Fi	绝对	几米	中	建筑	连续	容易
有线网络	绝对	一个地址	中	全球	离散	不可能
WLAN符号定位	符号	分米	很高	建筑	连续	容易

表4.3　真实实现参数表

技　术	智能手机	环境敏感度	是否需要校准	校准复杂度
加速度计	现有	无影响	经常	中
条形码	现有	低	否	无
BLE	现有	高	多次	中
非接触卡	近期	无影响	否	无
Cospas Sarsat Argos	几乎不可能	高	否	无
信用卡	不适用	无影响	否	无
GNSS	现有	很高	否	无
GSM/3/4/5G	现有	高	否	无
陀螺仪	现有	无影响	经常	中
高精度GNSS	未来	很高	一次	简单
图像标记	现有	很高	一次	中
图像识别	现有	很高	否	无
图像相对位移	现有	高	多次	中
图像SLAM	现有	高	多次	中
室内GNSS	现有	高	否	无
红外线	近期	很高	否	无
激光	未来	很高	否	无
激光雷达	几乎不可能	很高	一次	中
Li-Fi	近期	很高	否	无
光照机会	近期	很高	经常	简单
LoRa	容易	高	否	无
磁力计	现有	中	多次	简单
NFC	现有	无影响	否	无
气压	容易	无影响	多次	简单
二维码	现有	低	否	无
雷达	困难	高	否	无
无线电433/868/…MHz	容易	高	否	无
无线电AM/FM	容易	高	否	无
RFID	容易	低	否	无
Sigfox	容易	高	否	无
机会无线电信号	近期	高	否	无
声呐	困难	很高	否	无
声音	现有	高	经常	简单
经纬仪	几乎不可能	很高	一次	中
电视	未来	高	否	无
超声波	容易	很高	否	无
超宽带（UWB）	近期	高	否	无
Wi-Fi	现有	高	多次	中
有线网络	不适用	无影响	否	无
WLAN符号定位	现有	低	否	无

表4.4 室内定位技术的物理特性表

技 术	测量类型	信号处理	位置计算	使用的物理特性
加速度计	物理	检测	数学函数（∫, ∫∫, ∫∫∫, …）	物理传感器
条形码	图像	模式识别	位置点定位	图像传感器
BLE	物理	图像匹配	数学函数（∫, ∫∫, ∫∫∫, …）	电磁波
非接触卡	物理	检测	位置点定位	电磁波
Cospas Sarsat Argos	频率	综合	∩直线	电磁波
信用卡	物理	检测	位置点定位	电子
GNSS	时间	综合	∩球体	电磁波
GSM/3/4/5G	距离	传播建模	∩圆	电磁波
陀螺仪	物理	检测	数学函数（∫, ∫∫, ∫∫∫, …）	物理传感器
高精度GNSS	相位	综合	∩球体	电磁波
图像标记	图像	综合	矩阵计算	图像传感器
图像识别	图像	模式识别	位置点定位	图像传感器
图像相对位移	图像	综合	数学函数（∫, ∫∫, ∫∫∫, …）	图像传感器
图像SLAM	图像	综合	数学函数（∫, ∫∫, ∫∫∫, …）	图像传感器
室内GNSS	相位	相互关系	∩双曲线	电磁波
红外线	物理	检测	区域确定	电磁波
激光	相位	传播建模	∩球体	电磁波
激光雷达	时间	相互关系	∩平面+距离	电磁波
Li-Fi	物理	检测	位置点定位	电磁波
光照机会	物理	分类	区域确定	电磁波
LoRa	距离	传播建模	∩圆	电磁波
磁力计	物理	检测	数学函数（∫, ∫∫, ∫∫∫, …）	物理传感器
NFC	物理	检测	位置点定位	电磁波
气压	物理	检测	区域确定	物理传感器
二维码	图像	模式识别	位置点定位	图像传感器
雷达	相位	综合	∩平面+∩距离	电磁波
无线电433/868/...MHz	物理	传播建模	∩圆	电磁波
无线电AM/FM	物理	传播建模	∩圆	电磁波
RFID	物理	检测	位置点定位	电磁波
Sigfox	距离	传播建模	∩圆	电磁波
机会无线电信号	物理	传播建模	∩圆	电磁波
声呐	时间	检测	∩平面+∩距离	物理传感器
声音	物理	检测	∩圆	物理传感器
经纬仪	角度	综合	∩平面+∩距离	光电元件
电视	物理	传播建模	∩圆	电磁波
超声波	时间	传播建模	∩球体	机械波
超宽带（UWB）	时间	综合	∩球体	电磁波
Wi-Fi	物理	图像匹配	数学函数（∫, ∫∫, ∫∫∫, …）	电磁波
有线网络	融合	相互关系	区域确定	电子
WLAN符号定位	物理	传播建模	区域确定	电磁波

4.6　借助技术特点表格选择技术

我们的研究小组在矿业电信研究所开发了一个简单的工具，用于在给定的约束条件下快速选择合适的技术。确实，它可能是许多定位工程师寻找实现系统最佳方向的工具，或者适合研究人员确定如何改进"科学"方面的研究。然而，它不能为全球室内定位问题提供解决方案，因为它只是一个在给定自身约束和分类方式下帮助你的辅助工具。

为对所有技术分别按照特定的标准进行分类，我们提供了三个表格：精度（见表4.5）、定位类型（见表4.6）和覆盖范围（见表4.7）。在每个表格中，技术按所考虑参数的递增顺序分类。

表4.5　按"精度"分类的技术

技　术	定位类型	精　度	可靠性	覆盖范围	环境敏感度	定位模式
激光	绝对	<1cm	很高	房间	很高	几乎连续
激光雷达	绝对	<1cm	很高	房间	很高	几乎连续
非接触卡	绝对	几厘米	很高	近距离	无影响	离散
信用卡	绝对	几厘米	很高	近距离	无影响	离散
NFC	绝对	几厘米	很高	近距离	无影响	需要用户操作
雷达	绝对	几厘米	中	多个房间	高	连续
声呐	相对	几厘米	中	房间	很高	连续
经纬仪	绝对	几厘米	很高	建筑	很高	连续
超宽带（UWB）	绝对	几厘米	中	多个房间	高	连续
条形码	绝对	分米级	很高	近距离	低	需要用户操作
二维码	绝对	分米级	很高	近距离	低	需要用户操作
RFID	绝对	分米级	高	近距离	低	离散
室内GNSS	绝对	几分米	中	建筑	高	连续
超声波	绝对	几分米	低	房间	很高	连续
图像标记	绝对	<1m	中	近距离	很高	几乎连续
图像相对位移	相对	<1m	中	建筑	高	几乎连续
图像SLAM	相对	<1m	中	建筑	高	几乎连续
气压	相对	1m	高	全球	无影响	连续
BLE	绝对	几米	中	建筑	高	几乎连续
红外线	符号	几米	高	房间	很高	几乎连续
Li-Fi	符号	几米	低	房间	很高	几乎连续
Wi-Fi	绝对	几米	中	建筑	高	连续
WLAN符号定位	符号	分米	很高	建筑	低	连续
图像识别	绝对	几分米	中	近距离	很高	几乎连续
GNSS	绝对	100m	低	全球	很高	连续
高精度GNSS	绝对	100m	低	城市	很高	连续
光照机会	相对	100m	低	房间	很高	几乎连续
Cospas Sarsat Argos	绝对	>100m	中	全球	高	连续
GSM/3/4/5G	绝对	>100m	低	城市	高	连续

（续表）

技　术	定位类型	精　　度	可靠性	覆盖范围	环境敏感度	定位模式
LoRa	绝对	>100m	低	城市	高	连续
无线电433/868/...MHz	绝对	>100m	低	区县	高	连续
无线电AM/FM	绝对	>100m	低	区县	高	连续
Sigfox	绝对	>100m	低	城市	高	连续
Signaux无线电机会	绝对	>100m	低	全球	高	几乎连续
声音	相对	>100m	低	建筑	高	连续
电视	绝对	>100m	低	区县	高	连续
加速度计	相对	$f(t)$	中	屏蔽	无影响	连续
陀螺仪	相对	$f(t)$	中	建筑	无影响	连续
磁力计	方向	几度	中	全球	中	连续
有线网络	绝对	一个地址	中	全球	无影响	离散

表4.6　按"定位类型"分类的技术

技　术	定位类型	精　　度	可靠性	覆盖范围	环境敏感度	定位模式
条形码	绝对	分米级	很高	近距离	低	需要用户操作
NFC	绝对	几厘米	很高	近距离	无影响	需要用户操作
二维码	绝对	分米级	很高	近距离	低	需要用户操作
非接触卡	绝对	几厘米	很高	近距离	无影响	离散
信用卡	绝对	几厘米	很高	近距离	无影响	离散
RFID	绝对	分米级	高	近距离	低	离散
有线网络	绝对	一个地址	中	全球	无影响	离散
BLE	绝对	几米	中	建筑	高	几乎连续
图像标记	绝对	<1m	中	近距离	很高	几乎连续
图像识别	绝对	几分米	中	近距离	很高	几乎连续
图像相对位移	相对	<1m	中	建筑	高	几乎连续
图像SLAM	相对	<1m	中	建筑	高	几乎连续
红外线	符号	几米	高	房间	很高	几乎连续
激光	绝对	<1cm	很高	房间	很高	几乎连续
激光雷达	绝对	<1cm	很高	房间	很高	几乎连续
Li-Fi	符号	几米	低	房间	很高	几乎连续
光照机会	相对	100m	低	房间	很高	几乎连续
Signaux无线电机会	绝对	>100m	低	全球	高	几乎连续
加速度计	相对	$f(t)$	中	屏蔽	无影响	连续
Cospas Sarsat Argos	绝对	>100m	中	全球	高	连续
GNSS	绝对	100m	低	全球	很高	连续
GSM/3/4/5G	绝对	>100m	低	城市	高	连续
陀螺仪	相对	$f(t)$	中	建筑	无影响	连续
高精度GNSS	绝对	100m	低	城市	很高	连续
室内GNSS	绝对	几分米	中	建筑	高	连续
LoRa	绝对	>100m	低	城市	高	连续
磁力计	方向	几度	中	全球	中	连续
气压	相对	1m	高	全球	无影响	连续

（续表）

技　　术	定位类型	精　度	可靠性	覆盖范围	环境敏感度	定位模式
雷达	绝对	几厘米	中	多个房间	高	连续
无线电433/868/···MHz	绝对	>100m	低	区县	高	连续
无线电AM/FM	绝对	>100m	低	区县	高	连续
Sigfox	绝对	>100m	低	城市	高	连续
声呐	相对	几厘米	中	房间	很高	连续
声音	相对	>100m	低	建筑	高	连续
经纬仪	绝对	几厘米	很高	建筑	很高	连续
电视	绝对	>100m	低	区县	高	连续
超声波	绝对	几分米	低	房间	很高	连续
超宽带（UWB）	绝对	几厘米	中	多个房间	高	连续
Wi-Fi	绝对	几米	中	建筑	高	连续
WLAN符号定位	符号	分米	很高	建筑	低	连续

表4.7　按"覆盖范围"分类的技术

技　　术	定位类型	精　度	可靠性	覆盖范围	环境敏感度	定位模式
Cospas Sarsat Argos	绝对	>100m	中	全球	高	连续
GNSS	绝对	100m	低	全球	很高	连续
磁力计	方向	几度	中	全球	中	连续
气压	相对	1m	高	全球	无影响	连续
Signaux无线电机会	绝对	>100m	低	全球	高	几乎连续
有线网络	绝对	一个地址	中	全球	无影响	离散
无线电433/868/...MHz	绝对	>100m	低	区县	高	连续
无线电AM/FM	绝对	>100m	低	区县	高	连续
电视	绝对	>100m	低	区县	高	连续
GSM/3/4/5G	绝对	>100m	低	城市	高	连续
高精度GNSS	绝对	100m	低	城市	很高	连续
LoRa	绝对	>100m	低	城市	高	连续
Sigfox	绝对	>100m	低	城市	高	连续
加速度计	相对	$f(t)$	中	屏蔽	无影响	连续
BLE	绝对	几米	中	建筑	高	几乎连续
陀螺仪	相对	$f(t)$	中	建筑	无影响	连续
图像相对位移	相对	<1m	中	建筑	高	几乎连续
图像SLAM	相对	<1m	中	建筑	高	几乎连续
室内GNSS	绝对	几分米	中	建筑	高	连续
声音	相对	>100m	低	建筑	高	连续
经纬仪	绝对	几厘米	很高	建筑	很高	连续
Wi-Fi	绝对	几米	中	建筑	高	连续
WLAN符号定位	符号	分米	很高	建筑	低	连续
雷达	绝对	几厘米	中	多个房间	高	连续
超宽带（UWB）	绝对	几厘米	中	多个房间	高	连续
红外线	符号	几米	高	房间	很高	几乎连续
激光	绝对	<1cm	很高	房间	很高	几乎连续

（续表）

技　术	定位类型	精　度	可靠性	覆盖范围	环境敏感度	定位模式
激光雷达	绝对	< 1cm	很高	房间	很高	几乎连续
Li-Fi	符号	几米	低	房间	很高	几乎连续
光照机会	相对	100m	低	房间	很高	几乎连续
声呐	相对	几厘米	中	房间	很高	连续
超声波	绝对	几分米	低	房间	很高	连续
条形码	绝对	分米级	很高	近距离	低	需要用户操作
非接触卡	绝对	几厘米	很高	近距离	无影响	离散
信用卡	绝对	几厘米	很高	近距离	无影响	离散
图像标记	绝对	< 1m	中	近距离	很高	几乎连续
图像识别	绝对	几分米	中	近距离	很高	几乎连续
NFC	绝对	几厘米	很高	近距离	无影响	需要用户操作
二维码	绝对	分米级	很高	近距离	低	需要用户操作
RFID	绝对	分米级	高	近距离	低	离散

　　每个表格中保留6个参数（定位类型、精度、可靠性、覆盖范围、环境敏感度和定位模式）。注意，当参数值相同时，我们按其对应英文的字母顺序排列参数。

　　不出所料，根据所选参数的不同，排序结果完全改变。此外，所有技术完全混在一起，这意味着没有一种"最佳技术"显得特别突出。我们认为这些表格初步解释了找到良好室内定位方法的困难：所有因素都交织在一起。这也是支持"融合"或"统计"方法的另一个理由，这些方法将组合不同层次的各种技术或使用历史数据和结果来估算当前位置。所有这些技术将在特定的章节（第12章）中讨论。

　　我们的选择工具还能够指定约束或约束集。例如，可以选择列出所有精度优于1m的技术。为了进一步描述多重约束的影响，我们选择组合三个参数：精度、定位模式和覆盖范围，并将其修改为当前所需的值，即"几米""连续"和"建筑"。这意味着我们关注的是那些定位精度优于几米、运行方式为连续（连续定位）和覆盖范围优于建筑的技术。表4.8至表4.11中显示了给定组合的结果。

表4.8　精度优于几米且定位模式为"连续"的技术

技　术	定位类型	精　度	可　靠　性	覆盖范围	环境敏感度	定位模式
加速度计	相对	$f(t)$	中	屏蔽	无影响	连续
陀螺仪	相对	$f(t)$	中	建筑	无影响	连续
磁力计	方向	几度	中	全球	中	连续
雷达	绝对	几厘米	中	多个房间	高	连续
声呐	相对	几厘米	中	房间	很高	连续
经纬仪	绝对	几厘米	很高	建筑	很高	连续
超宽带（UWB）	绝对	几厘米	中	多个房间	高	连续
室内GNSS	绝对	几分米	中	建筑	高	连续
超声波	绝对	几分米	低	房间	很高	连续
气压	相对	1m	高	全球	无影响	连续
Wi-Fi	绝对	几米	中	建筑	高	连续

表4.9 精度优于几米且覆盖范围为"建筑"的技术

技　　术	定位类型	精　　度	可 靠 性	覆盖范围	环境敏感度	定位模式
磁力计	方向	几度	中	全球	中	连续
有线网络	绝对	一个地址	中	全球	无影响	离散
气压	相对	1m	高	全球	无影响	连续
加速度计	相对	$f(t)$	中	屏蔽	无影响	连续
陀螺仪	相对	$f(t)$	中	建筑	无影响	连续
经纬仪	绝对	几厘米	很高	建筑	很高	连续
室内GNSS	绝对	几分米	中	建筑	高	连续
图像相对位移	相对	<1m	中	建筑	高	几乎连续
图像SLAM	相对	<1m	中	建筑	高	几乎连续
BLE	绝对	几米	中	建筑	高	几乎连续
Wi-Fi	绝对	几米	中	建筑	高	连续

表4.10 覆盖范围为"建筑"且定位模式为"连续"的技术

技　　术	定位类型	精　　度	可 靠 性	覆盖范围	环境敏感度	定位模式
Cospas Sarsat Argos	绝对	>100m	中	全球	高	连续
GNSS	绝对	100m	低	全球	很高	连续
磁力计	方向	几度	中	全球	中	连续
气压	相对	1m	高	全球	无影响	连续
无线电433/868/...MHz	绝对	>100m	低	区县	高	连续
无线电AM/FM	绝对	>100m	低	区县	高	连续
电视	绝对	>100m	低	区县	高	连续
GSM/3/4/5G	绝对	>100m	低	城市	高	连续
高精度GNSS	绝对	100m	低	城市	很高	连续
LoRa	绝对	>100m	低	城市	高	连续
Sigfox	绝对	>100m	低	城市	高	连续
加速度计	相对	$f(t)$	中	屏蔽	无影响	连续
陀螺仪	相对	$f(t)$	中	建筑	无影响	连续
室内GNSS	绝对	几分米	中	建筑	高	连续
声音	相对	>100m	低	建筑	高	连续
经纬仪	绝对	几厘米	很高	建筑	很高	连续
Wi-Fi	绝对	几米	中	建筑	高	连续
WLAN符号定位	符号	分米	很高	建筑	低	连续

表4.11 精度优于几米、定位模式为"连续"且覆盖范围为"建筑"的技术

技　　术	定位类型	精　　度	可 靠 性	覆盖范围	环境敏感度	定位模式
磁力计	方向	几度	中	全球	中	连续
气压	相对	1m	高	全球	无影响	连续
加速度计	相对	$f(t)$	中	屏蔽	无影响	连续
陀螺仪	相对	$f(t)$	中	建筑	无影响	连续
经纬仪	绝对	几厘米	很高	建筑	很高	连续
室内GNSS	绝对	几分米	中	建筑	高	连续
Wi-Fi	绝对	几米	中	建筑	高	连续

仔细观察表4.8发现，所产生的技术并不都属于同一类别。如果一些技术确实可以成为定位系统，那么另一些则不能单独成为真正的候选定位系统。因此，需要进一步分析：例如惯性传感器需要校准（根据其质量的不同，校准频率也不同）。同样，气压传感器只能用于测量高度，因此只能作为其他系统的补充。

在不考虑融合方法的情况下，室内GNSS、基于图像的技术和无线局域网成为主要的候选技术。可以看出，如果增加定位的高可靠性需求，就会自动导致"没有真正可用的解决方案"。

当不强制要求精度时，选择范围会扩大，但产生的大多数技术的精度都很差。虽然我们同意该参数的相对重要性（更偏重可靠性），但在室内超过100m的定位精度的实用性是有限的（这一点仍可讨论）。从这些表中可以看出，即使仅考虑技术标准，实际可能的选择范围也会大幅度减少。加入技术成熟度等技术方面的因素、更具约束性的成本因素或当前智能手机的可用性因素时，选择范围仅限于一两种可能的技术，而这些技术通常并不完全令人满意，且通常需要降低对其他参数的要求。

因此，当前的工作方向（如融合和统计方法）似乎是正确的。事实上，如在第12章中说明的那样，事情并没有这么简单：处理这些方法时，会出现新的约束条件，与我们试图解决的问题同样复杂（甚至更复杂）。因此，增加复杂度并不必然产生更好的系统。

还有其他的可能方案。我认为，用户（广义上的用户）和技术人员之间的讨论不够充分。因此，真正的基本需求尚未确定。一切都寄希望于"科学"为我们提供解决方案。问题是，GPS的出现确实如此：没人提出需求，但它却出现了。对于室内定位技术，每个人都想拥有，但目前还无法实现。在室内，传播问题（及其他问题）非常突出，通常会导致可靠性或精度下降。然而，我们到底需要什么？如前几章所述，得知我们所处的房间就已足够：从技术角度看，这种方法与我们追求1m精度的方法完全不同。很多时候，"需求"实际上是用户对其认为在技术上应该做到的事情的一种诠释。这可能是当前问题的一部分：规格并不真正基于需求，而基于技术需求（未在需求和规格之间进行第一阶段的技术转换）。因此，当"技术"人员涉足该领域并且最终面对阻碍时，他们并不真正知道是应该正视它还是绕过它。通常，所用的方法是选择最容易推进的途径，但这种方法尚未被证明能够提供最佳解决方案。

4.7　本书其余部分的选定方式

我们需要决定如何在本书的剩余部分介绍各种技术及其性能。如果基于技术考虑进行章节分类，如信号处理方法，然后是定位计算方式，这种方法虽然可行，但对想为特定应用或环境选择潜在候选技术的读者来说，结构可能会显得复杂。

考虑"覆盖范围"参数（见表4.12）时，应注意表中所列的数值并非绝对值，原因如下：一方面，两个类别之间的界限并不十分明确；另一方面，特定技术往往有不同的体现形式。在表中，我们选择了最常用的实现方式，因此可能引发讨论（将在后续章节中讨论）。例如，考虑表4.12中的Li-Fi，其工作方式是基于检测终端"看见"的特定灯泡所产生的光调制。所以，其范围应该是"房间大小"，最多是"整个建筑"。然而，我们选择了"建筑"，因为这样的系统的实施显然不打算限制在单一房间内（尽管也有可能），而是覆盖整个建筑。但是，对于UWB，我们采取了相反的方式，填写的是"多个房间"，考虑到一个基本系统的局部部署，尽管它也可能覆盖整个建筑。可以再次讨论的原因如下：就Li-Fi而言，一个灯泡即可实现房间覆盖。因此，"房间"覆盖并不能代表整个系统本身，而只能代表系统的一个基本部分，UWB的特性（精度、定位模式等）是与由多台发射机组成的系统和全局管理方法相关联的。正如所见，仅填写表格也不是一件简单的事情。

采用类似的方法，我们考虑了接下来几章中的两个其他潜在候选参数：精度和可靠性。编制以"精度"为排序标准的表格时，会出现另一个列表。同样重要的是，要注意参数值的解释。并非所有参数值都处于同一水平。例如，NFC的"几厘米"是真实的，因为不可能检测到更远的距离。这与"声呐"技术不同，在"声呐"技术中，由于传播和障碍物不可避免地产生噪声信号，因此"几厘米"被视为最佳值。此外，"精度"与"覆盖范围"一样，界限并不明确，应该说是模糊的。表4.13中显示了得到的分类结果。

尽管不能单独使用"可靠性"参数，但它可能是最重要的参数之一。表4.14是选择该参数作为主要分类标准的结果。其优势是只有4个等级，因此减少了相应的章数。遗憾的是，相应的章中会包含多种方法和技术，而数量太多则不便于全面讨论。同样，为各种技术指定的值也是可以讨论的。为"高精度GNSS"赋予"低"值是因为信号几乎从未在室内可用，而为"超声波"技术赋予"低"值是因为环境中可能存在障碍物。因此，这两个"低"值不完全属于同一类型。

表4.12 按"覆盖范围"分类的技术

技术	定位类型	精度	可靠性	覆盖范围	环境敏感度	是否需要校准	定位模式	方法	信号处理	位置计算
Cospas Sarsat Argos	绝对	>100m	中	全球	高	否	连续	频率	综合	∩直线
GNSS	绝对	100m	低	全球	很高	否	连续	时间	综合	∩球体
高精度GNSS	绝对	100m	低	全球	很高	一次	连续	相位	综合	∩球体
磁力计	方向	几度	中	全球	中	多次	连续	物理	检测	数学函数(I, II, III, ...)
气压	相对	1m	高	全球	无影响	多次	连续	物理	检测	区域确定
Signaux无线电机会	绝对	>100m	低	全球	高	否	几乎连续	物理	传播建模	∩圆
有线网络	绝对	一个地址	中	全球	无影响	否	离散	融合	相互关系	区域确定
无线电AM/FM	绝对	>100m	低	区县	高	否	连续	物理	传播建模	∩圆
电视	绝对	>100m	低	区县	高	否	连续	物理	传播建模	∩圆
GSM/3/4/5G	绝对	>100m	低	城市	高	否	连续	距离	传播建模	∩圆
LoRa	绝对	>100m	低	城市	高	否	连续	距离	传播建模	∩圆

（续表）

技　术	定位类型	精度	可靠性	覆盖范围	环境敏感度	是否需要校准	定位模式	方法	信号处理	位置计算
Sigfox	绝对	>100m	低	城市	高	否	连续	距离	传播建模	∩圆
无线电433/868/…MHz	绝对	>100m	低	屏蔽	高	否	连续	物理	传播建模	∩圆
加速度计	相对	$f(t)$	中	屏蔽	无影响	经常	连续	物理	检测	数学函数（∫,∬,∭,…）
BLE	绝对	几米	中	建筑	高	多次	几乎连续	物理	图像匹配	数学函数（∫,∬,∭,…）
陀螺仪	相对	$f(t)$	中	建筑	无影响	经常	连续	物理	检测	数学函数（∫,∬,∭,…）
图像相对位移	相对	<1m	中	建筑	高	多次	几乎连续	图像	综合	数学函数（∫,∬,∭,…）
图像SLAM	相对	<1m	中	建筑	高	多次	几乎连续	图像	综合	数学函数（∫,∬,∭,…）
室内GNSS	绝对	几分米	中	建筑	高	否	连续	相位	相互关系	∩双曲线
Li-Fi	符号	几米	低	建筑	很高	否	几乎连续	物理	检测	位置点定位
光照机会	相对	100m	低	建筑	很高	经常	几乎连续	物理	分类	区域确定
声音	相对	>100m	中	建筑	高	经常	连续	物理	检测	∩圆
经纬仪	绝对	几厘米	很高	建筑	很高	一次	连续	角度	综合	∩平面+∩距离
Wi-Fi	绝对	几米	中	建筑	高	多次	连续	物理	图像匹配	数学函数（∫,∬,∭,…）
WLAN符号定位	符号	分米	很高	建筑	低	否	连续	物理	传播建模	区域确定
雷达	绝对	几厘米	中	多个房间	高	否	连续	相位	综合	∩平面+距离
RFID	绝对	分米级	高	多个房间	低	否	离散	物理	检测	位置点定位
超宽带（UWB）	绝对	几厘米	中	多个房间	高	否	连续	时间	综合	∩球体
图像标记	绝对	<1m	中	房间	很高	一次	几乎连续	图像	综合	矩阵计算
红外线	符号	几米	高	房间	很高	否	几乎连续	物理	检测	区域确定
激光	绝对	<1cm	很高	房间	很高	否	几乎连续	相位	传播建模	∩球体
激光雷达	绝对	<1cm	很高	房间	很高	一次	几乎连续	时间	相互关系	∩平面+∩距离
声呐	相对	几厘米	中	房间	很高	否	连续	时间	检测	∩平面+∩距离
超声波	绝对	几分米	低	房间	很高	否	连续	时间	传播建模	∩球体
条形码	绝对	直径	很高	近距离	低	否	需要用户操作	图像	模式识别	位置点定位
非接触卡	绝对	几厘米	很高	近距离	无影响	否	离散	物理	检测	位置点定位
信用卡	绝对	几厘米	很高	近距离	无影响	否	离散	物理	检测	位置点定位
图像识别	绝对	几分米	中	近距离	很高	否	几乎连续	图像	模式识别	位置点定位
NFC	绝对	几厘米	很高	近距离	无影响	否	需要用户操作	物理	检测	位置点定位
二维码	绝对定位	分米级	很高	近距离	低	否	需要用户操作	图像	模式识别	位置点定位

表4.13　按"精度"分类的技术

技　术	定位类型	精度	可靠性	覆盖范围	环境敏感度	是否需校准	定位模式	方法	信号处理	位置计算
加速度计	相对	$f(t)$	中	屏蔽	无影响	经常	连续	物理	检测	数学函数（∫,∬,∭,…）
陀螺仪	相对	$f(t)$	中	建筑	无影响	经常	连续	物理	检测	数学函数（∫,∬,∭,…）

（续表）

技 术	定位类型	精度	可靠性	覆盖范围	环境敏感度	是否需要校准	定位模式	方法	信号处理	位置计算
磁力计	方向	几度	中	全球	中	多次	连续	物理	检测	数学函数（∫，∫∫，∫∫∫，…）
有线网络	绝对	一个地址	中	全球	无影响	否	离散	融合	相互关系	区域确定
激光	绝对	<1cm	很高	房间	很高	否	几乎连续	相位	传播建模	∩球体
激光雷达	绝对	<1cm	很高	房间	很高	一次	几乎连续	时间	相互关系	∩平面+∩距离
非接触卡	绝对	几厘米	很高	近距离	无影响	否	离散	物理	检测	位置点定位
信用卡	绝对	几厘米	很高	近距离	无影响	否	离散	物理	检测	位置点定位
NFC	绝对	几厘米	很高	近距离	无影响	否	需要用户操作	物理	检测	位置点定位
雷达	绝对	几厘米	中	多个房间	高	否	连续	相位	综合	∩平面+∩距离
声呐	相对	几厘米	中	房间	很高	否	连续	时间	检测	∩平面+∩距离
经纬仪	绝对	几厘米	很高	建筑	很高	一次	连续	角度	综合	∩平面+∩距离
超宽带（UWB）	绝对	几厘米	中	几个房间	高	否	连续	时间	综合	∩球体
条形码	绝对	分米级	很高	近距离	低	否	需要用户操作	图像	模式识别	位置点定位
二维码	绝对	分米级	很高	近距离	低	否	需要用户操作	图像	模式识别	位置点定位
RFID	绝对	分米级	高	多个房间	低	否	离散	物理	检测	位置点定位
室内GNSS	绝对	几分米	中	建筑	高	否	连续	相位	相互关系	∩双曲线
超声波	绝对	几分米	低	房间	很高	否	连续	时间	传播建模	∩球体
图像标记	绝对	<1m	中	房间	很高	一次	几乎连续	图像	综合	矩阵计算
图像相对位移	相对	<1m	中	建筑	高	多次	几乎连续	图像	综合	数学函数（∫，∫∫，∫∫∫，…）
图像SLAM	相对	<1m	中	建筑	高	多次	几乎连续	图像	综合	数学函数（∫，∫∫，∫∫∫，…）
气压	相对	1m	高	全球	无影响	多次	连续	物理	检测	区域确定
BLE	绝对	几米	中	建筑	高	多次	几乎连续	物理	图像匹配	数学函数（∫，∫∫，∫∫∫，…）
红外线	符号	几米	高	房间	很高	否	几乎连续	物理	检测	区域确定
Lifi	符号	几米	低	建筑	很高	否	几乎连续	物理	检测	位置点定位
Wi-Fi	绝对	几米	中	建筑	高	多次	连续	物理	图像匹配	数学函数（∫，∫∫，∫∫∫，…）
WLAN符号定位	符号	分米	很高	建筑	低	否	连续	物理	传播建模	区域确定
图像识别	绝对	几分米	中	近距离	很高	否	几乎连续	图像	模式识别	位置点定位
GNSS	绝对	100m	低	全球	很高	否	连续	时间	综合	∩球体
高精度GNSS	绝对	100m	低	全球	很高	一次	连续	相位	综合	∩球体
光照机会	相对	100m	低	建筑	很高	经常	几乎连续	物理	分类	区域确定
Cospas Sarsat Argos	绝对	>100m	中	全球	高	否	连续	频率	综合	∩直线
GSM/3/4/5G	绝对	>100m	低	城市	高	否	连续	距离	传播建模	∩圆
LoRa	绝对	>100m	低	城市	高	否	连续	距离	传播建模	∩圆
无线电433/868/… MHz	绝对	>100m	低	屏蔽	高	否	连续	物理	传播建模	∩圆
无线电AM/FM	绝对	>100m	低	区县	高	否	连续	物理	传播建模	∩圆
Sigfox	绝对	>100m	低	城市	高	否	连续	距离	传播建模	∩圆
Signaux无线电机会	绝对	>100m	低	全球	高	否	几乎连续	物理	传播建模	∩圆
声音	相对	>100m	低	建筑	高	经常	连续	物理	检测	∩圆
电视	绝对	>100m	低	区县	高	否	连续	物理	传播建模	∩圆

表4.14 按"可靠性"分类的技术

技　术	定位类型	精度	可靠性	覆盖范围	环境敏感度	是否需要校准	定位模式	方法	信号处理	位置计算
条形码	绝对	分米级	很高	近距离	低	否	需要用户操作	图像	模式识别	位置点定位
非接触卡	绝对	几厘米	很高	近距离	无影响	否	离散	物理	检测	位置点定位
信用卡	绝对	几厘米	很高	近距离	无影响	否	离散	物理	检测	位置点定位
激光	绝对	<1cm	很高	房间	很高	否	几乎连续	相位	传播建模	∩球体
激光雷达	绝对	<1cm	很高	房间	很高	一次	几乎连续	时间	相互关系	∩平面+∩距离
NFC	绝对	几厘米	很高	近距离	无影响	否	需要用户操作	物理	检测	位置点定位
二维码	绝对	分米级	很高	近距离	低	否	需要用户操作	图像	模式识别	位置点定位
经纬仪	绝对	几厘米	很高	建筑	很高	一次	连续	角度	综合	∩平面+∩距离
WLAN符号定位	符号	分米	很高	建筑	低	否	连续	物理	传播建模	区域确定
红外线	符号	几米	高	房间	很高	否	几乎连续	物理	检测	区域确定
气压	相对	1m	高	全球	无影响	多次	连续	物理	检测	区域确定
RFID	绝对	直径	高	多个房间	低	否	离散	物理	检测	位置点定位
加速度计	相对	$f(t)$	中	屏蔽	无影响	经常	连续	物理	检测	数学函数 $(\int, \int\!\int, \int\!\int\!\int, \cdots)$
BLE	绝对	几米	中	建筑	高	多次	几乎连续	物理	图像匹配	数学函数 $(\int, \int\!\int, \int\!\int\!\int, \cdots)$
Cospas Sarsat Argos	绝对	>100m	中	全球	高	否	连续	频率	综合	∩直线
陀螺仪	相对	$f(t)$	中	建筑	无影响	经常	连续	物理	检测	数学函数 $(\int, \int\!\int, \int\!\int\!\int, \cdots)$
图像标记	绝对	<1m	中	房间	很高	一次	几乎连续	图像	综合	矩阵计算
图像识别	绝对	几分米	中	近距离	很高	否	几乎连续	图像	模式识别	位置点定位
图像相对位移	相对	<1m	中	建筑	高	多次	几乎连续	图像	综合	数学函数 $(\int, \int\!\int, \int\!\int\!\int, \cdots)$
图像SLAM	相对	<1m	中	建筑	高	多次	几乎连续	图像	综合	数学函数 $(\int, \int\!\int, \int\!\int\!\int, \cdots)$
室内GNSS	绝对	几分米	中	建筑	高	否	连续	相位	相互关系	∩双曲线
磁力计	方向	几度	中	全球	中	多次	连续	物理	检测	数学函数 $(\int, \int\!\int, \int\!\int\!\int, \cdots)$
雷达	绝对	几厘米	中	多个房间	高	否	连续	相位	综合	∩平面+∩距离
声呐	相对	几厘米	中	房间	很高	否	连续	时间	检测	∩平面+∩距离
超宽带（UWB）	绝对	几厘米	中	多个房间	高	否	连续	时间	综合	∩球体
Wi-Fi	绝对	几米	中	建筑	高	多次	连续	物理	图像匹配	数学函数 $(\int, \int\!\int, \int\!\int\!\int, \cdots)$
有线网络	绝对	一个地址	中	全球	无影响	否	离散	融合	相互关系	区域确定
GNSS	绝对	100m	低	全球	很高	否	连续	时间	综合	∩球体
GSM/3/4/5G	绝对	>100m	低	城市	高	否	连续	距离	传播建模	∩圆
高精度GNSS	绝对	100m	低	全球	很高	一次	连续	相位	综合	∩球体
Li-Fi	符号	几米	低	建筑	很高	否	几乎连续	物理	检测	位置点定位
光照机会	相对	100m	低	建筑	很高	经常	几乎连续	物理	分类	区域确定
LoRa	绝对	>100m	低	城市	高	否	连续	距离	传播建模	∩圆

（续表）

技　术	定位类型	精度	可靠性	覆盖范围	环境敏感度	是否需要校准	定位模式	方法	信号处理	位置计算
无线电433/868/…MHz	绝对	>100m	低	屏蔽	高	否	连续	物理	传播建模	∩圆
无线电AM/FM	绝对	>100m	低	区县	高	否	连续	物理	传播建模	∩圆
Sigfox	绝对	>100m	低	城市	高	否	连续	距离	传播建模	∩圆
Signaux无线电机会	绝对	>100m	低	全球	高	否	几乎连续	物理	传播建模	∩圆
声音	相对	>100m	低	建筑	高	经常	连续	物理	检测	∩圆
电视	绝对	>100m	低	区县	高	否	连续	物理	传播建模	∩圆
超声波	绝对	几分米	低	房间	很高	否	连续	时间	传播建模	∩球体

　　我们在书中最终选择保留"覆盖范围"参数作为首要的分类标准。此外，我们将从"近距离"覆盖范围开始，逆向介绍那些具有"全球"覆盖范围的技术。第二个分类标准与所用的技术有关。

　　因此，后面各章的内容安排如下：

- 第5章："近距离"相关技术。
- 第6章："房间"相关技术。
- 第7章："多个房间"相关技术。
- 第8章："建筑"相关技术。
- 第9章：室内GNSS"建筑"相关技术的特定案例。
- 第10章："街区""城市"和"区县"相关技术。
- 第11章："全球"相关技术。

　　虽然这些章中会讨论融合和统计方法，但第12章中将详细地讨论这些方法。

参考文献

[1] Blaunstein N., Christodoulou C. G. (2014). Indoor radio propagation. In: *Radio Propagation and Adaptive Antennas for Wireless Communication Networks* (ed. N. Blaunstein and C. Christodoulou), 302-334. Wiley.

[2] Frattasi S., Rosa F. D. (2016). Indoor positioning in WLAN. In: *Mobile Positioning and Tracking: From Conventional to Cooperative Techniques* (ed. S. Frattasi and F. Della Rosa), 261-282. Wiley.

[3] Zekavat R., Michael Buehrer R. (2012). Smart antennas for direction-of-arrival indoor positioning applications. In: *Handbook of Position Location: Theory, Practice and Advances* (ed. S.A.R. Zekavat and R.M. Buehrer), 319-358. Wiley.

[4] Kavehrad M., Sakib Chowdhury M. I., Zhou Z. (2015). Indoor positioning methods using VLC LEDs. In: *Short Range Optical Wireless: Theory and Applications* (ed. M. Kavehrad, S. Chowdhury, Z. Zhou), 225-262. Wiley.

[5] Frattasi S., Rosa F. D. (2016). Ultra-wideband positioning and tracking. In: *Mobile Positioning and Tracking: From Conventional to Cooperative Techniques* (ed. S. Frattasi and F. Della Rosa), 225-260. Wiley.

[6] Zekavat R., Michael Buehrer R. (2012). Remote sensing technologies for indoor applications. In: *Handbook*

of Position Location: Theory, Practice and Advances (ed. S.A.R. Zekavat and R.M. Buehrer), Wiley.

[7] Frattasi S., Rosa F. D. (2016). Error mitigation techniques. In: *Mobile Positioning and Tracking: From Conventional to Cooperative Techniques* (ed. S. Frattasi and F. Della Rosa), 163-188. Wiley.

[8] Kavehrad M., Sakib Chowdhury M. I., Zhou Z. (2015). Analyses of indoor optical wireless channels based on channel impulse responses. In: *Short Range Optical Wireless: Theory and Applications* (ed. M. Kavehrad, S. Chowdhury, Z. Zhou), 67-110. Wiley. Edited by Mohsen Kavehrad, Sakib Chowdhury and Zhou Zhou.

[9] Geng H. (2017). Beacon technology with IoT and big data. In: *Internet of Things and Data Analytics Handbook* (ed. H. Geng), 267-282. Wiley.

[10] Song H., Srinivasan R., Sookoor, T., et al. (2017). Smart lighting. In: *Smart Cities: Foundations, Principles, and Applications* (ed. H. Song, R. Srinivasan, T. Sookoor, et al.), 697-724. Wiley.

[11] Blaunstein N., Christodoulou C. G. (2014). Adaptive antennas for wireless networks. In: *Radio Propagation and Adaptive Antennas for Wireless Communication Networks* (ed. N. Blaunstein and C. Christodoulou), 216-279. Wiley.

[12] Harle R. (2013). A survey of indoor inertial positioning systems for pedestrians. *IEEE Communications Surveys and Tutorials* 15 (3): 1281-1293.

[13] He S., Gary Chan S. -H. (2016). Wi-Fi fingerprint-based indoor positioning: recent advances and comparisons. *IEEE Communications Surveys and Tutorials* 18 (1): 466-490.

[14] Jimenez Ruiz A. R., Seco Granja F., Prieto Honorato J. C., et al. (2012). Accurate pedestrian indoor navigation by tightly coupling foot-mounted IMU and RFID measurements. *IEEE Transactions on Instrumentation and Measurement* 61 (1): 178-189.

[15] Kim H., Kim D., Yang S. et al. (2013). An indoor visible light communication positioning system using a RF carrier allocation technique. *Journal of Lightwave Technology* 31 (1): 134-144.

[16] Conti A., Guerra M., Dardari D. et al. (2012). Network experimentation for cooperative localization. *IEEE Journal on Selected Areas in Communications* 30 (2): 467-475.

[17] Faragher R., Harle R. (2015). Location fingerprinting with Bluetooth low energy beacons. *IEEE Journal on Selected Areas in Communications* 33 (11): 2418-2428.

[18] Yang C., Shao H. (2015). Wi-Fi-based indoor positioning. *IEEE Communications Magazine* 53 (3): 150-157.

[19] Zhang C., Kuhn M. J., Merkl B. C. et al. (2010). Real-time noncoherent UWB positioning radar with millimeter range accuracy: theory and experiment. *IEEE Transactions on Microwave Theory and Techniques* 58 (1): 9-20.

[20] Yang S., Dessai P., Verma M., et al. (2013). FreeLoc: calibration-free crowd sourced indoor localization. In: *2013 Proceedings IEEE INFOCOM*, 2481-2489. Turin: IEEE.

[21] Wang G., Gu C., Inoue T., et al. (2014). A hybrid FMCW-interferometry radar for indoor precise positioning and versatile life activity monitoring. *IEEE Transactions on Microwave Theory and Techniques* 62 (11): 2812-2822.

[22] Yassin A., Nasser Y., Awad M. et al. (2017). Recent advances in indoor localization: a survey on theoretical approaches and applications. *IEEE Communications Surveys and Tutorials* 19 (2): 1327-1346.

[23] Lee S., Kim B., Kim H. et al. (2011). Inertial sensor-based indoor pedestrian localization with minimum 802.15.4a configuration. *IEEE Transactions on Industrial Informatics* 7 (3): 455-466.

[24] Sheinker A., Ginzburg B., Salomonski N. et al. (2013). Localization in 3-D Using beacons of low frequency magnetic field. *IEEE Transactions on Instrumentation and Measurement* 62 (12): 3194-3201.

[25] Moghtadaiee V., Dempster A. G., Lim S. (2011). Indoor localization using FM radio signals: a

fingerprinting approach. In: *2011 International Conference on Indoor Positioning and Indoor Navigation*, 1-7. Guimaraes: IEEE.

[26] Angermann M., Frassl M., Doniec M. et al. (2012). Characterization of the indoor magnetic field for applications in localization and mapping. In: *2012 International Conference on Indoor Positioning and Indoor Navigation (IPIN)*, 1-9. Sydney, NSW: IEEE.

[27] Panta K., Armstrong J. (2012). Indoor localisation using white LEDs. *Electronics Letters* 48 (4): 228-230.

[28] Matic A., Papliatseyeu A., Osmani V., et al. (2010). Tuning to your position: FM radio based indoor localization with spontaneous recalibration. In: *2010 IEEE International Conference on Pervasive Computing and Communications (PerCom)*, 153-161. Mannheim: IEEE.

05 第5章
近距离技术：方法、性能与限制

摘要

近距离技术的优缺点都很明显。例如，极短距离需要大量的传感器或执行器来提供足够的覆盖范围。然而，相应地，定位精度必然相当高。主要问题在于，定位在时间上或空间上往往是不连续的。不过，在某些情况下，如需要自主性且不希望被任何基础设施持续"跟踪"时，这类技术的应用是非常有意义的。

关键词：近距离；极短距离；覆盖范围；精度；限制

根据第4章所述的分类，主要的近距离技术如表5.1所示。注意，本章最后一节提出了一个稍有不同的观点，并且讨论了其他可能被视为"近距离"但在其他章节中讨论的技术。

表5.1   主要的近距离技术

技　术	定位类型	精度	可靠性	覆盖范围	环境敏感度	是否需要校准	定位模式	方法	信号处理	位置计算
条形码	绝对	直径	很高	近距离	低	否	需要用户操作	图像	模式识别	位置点定位
非接触卡	绝对	几厘米	很高	近距离	无影响	否	离散	物理	检测	位置点定位
信用卡	绝对	几厘米	很高	近距离	无影响	否	离散	物理	检测	位置点定位
图像识别	绝对	几分米	中	近距离	很高	否	几乎连续	图像	模式识别	位置点定位
NFC	绝对	几厘米	很高	近距离	无影响	否	需要用户操作	物理	检测	位置点定位
二维码	绝对	直径	很高	近距离	低	否	需要用户操作	图像	模式识别	位置点定位

5.1   条形码

条形码是由一系列不同宽度的垂线和空格组成的一维代码，它可将一串数字或字母数字字符转换成条形码。不同的编码技术可以生成相同字符串的不同形式。

例如，可以使用条形码（见图5.1）编码字符串"Indoor Positioning"（字符串随机选择）：使用Code-128格式编码，或使用GS1-128格式编码（UCC/EAN-128）。它们看起来相似，但实际上并不相同（见图5.2）。

Indoor Positioning

图5.1   使用Code-128格式编码的字符串"Indoor Positioning"

Indoor Positioning

图5.2　使用GS1-128格式编码的字符串"Indoor Positioning"

条形码有许多其他形式，广泛用于不同的领域。一种众所周知的形式是食品包装上的条形码（ISBN 13）：我们都遇到过这种代码（见图5.3）。

9 781234 567897

图5.3　使用ISBN 13格式编码的数字"9781234567897"

条形码在定位中的使用已有多种设想。第一种方法显而易见，但很少实际应用，即简单地对位置进行编码。只需读取代码，就能推断出位置。这需要一个动作（读取代码），而且只在执行读取时才能得到位置。

第二种方法是在工业环境中开发的，即在装配线上定位代码读取器。在这种情况下，读取器读取其前面的代码部分，进而提供位置。此类代码的长度可达数千米。条形码在这种情况下是一个条带，呈现为一系列线条和垂直空隙，读取器将读取这些内容（见图5.4）。

图5.4　Leuze电子公司的BPS 300i系统。来源：Leuze电子公司

就消费者定位系统而言，常规方法是将条形码放在用户可以轻松接触到的位置。用户只需使用智能手机扫描条形码，检索代码并将其转换为位置。然后，就可能出现两种典型情况：一种情况是分析数据库，使代码与位置对应；另一种情况是代码可直接转换成位置（例如，代码可以直接表示经度、纬度和可能的海拔高度等任何地理格式的位置）。图5.5所示是这种方法的简化表示。

图5.5　条形码定位系统在建筑中的典型部署

第4章介绍了这项技术的各个参数，如表5.2所示。

表5.2　条形码的主要参数汇总

基础设施复杂度	基础设施成熟度	基础设施成本	终端复杂度	终端成熟度	终端成本	智能手机	校准复杂度
无	现有	低	低	软件开发	低	现有	无
定位类型	精　　度	可　靠　性	覆盖范围	环境敏感度	定位模式	室内外过渡	是否需要校准
绝对	直径	很高	近距离	低	需要用户操作	容易	否

基础设施复杂度。这个参数设为"无"，因为用于大众市场定位的部署相当简单、方便。然而，这并不意味着它是免费的，只是基础设施成本较低。

终端成熟度。要在智能手机上实现这一功能，就要有一个应用能根据读取的代码提供位置信息。这没有难度。

终端成本。智能手机上已有条形码读取应用，它们能够使用随时可用的摄像头。

校准复杂度。唯一的限制是条形码一旦安装，就不能移至其他地方。大多数定位系统的基础设施组件都存在相同的问题。目前的主要问题是，这些组件必须设置在每个人都能接触到的位置。

精度。报告的分米值通常是读卡器能够检测到条形码的覆盖范围。当然，该值也取决于条形码的大小：如果条形码高达1m，就可在更远的地方检测到条形码。

可靠性。实际上非常好，因为一旦读卡器能够"看到"条形码，就能实现完美的检测，除非条形码被损坏或被光学修改（如在原本没有黑线的地方添加黑线）。

覆盖范围。显然，不在视线范围内是不可能的。然而，这里的覆盖范围应与单个条形码相关，因为可以在大面积内分布大量这类条形码来提供定位系统（见图5.4）。因此，"覆盖范围"参数应始终谨慎考虑。

环境敏感度。"低"值是可以商榷的，因为不可能在视线之外实现。事实上，除了与可见光有关的干扰（阻碍光传播的障碍物），它对主要的电磁干扰不敏感。

室内外过渡。在室内或室外安装条形码绝对没有困难。

5.2 非接触卡和信用卡

非接触卡是一种智能卡，它内置了无线通信系统，使用时无须插入读卡器，只需靠近即可（见图5.6）。为了确保交易安全并避免非自愿支付，操作距离非常很短（约为几厘米）。这样的设计使得用户必须主动进行交易，从而确保了交易的自愿性。

图5.6 非接触支付原理

信用卡及现有的非接触卡已成为许多人日常生活的一部分。为了确保交易的安全性和可追溯性，这些交易不仅有时间戳，而且有地理定位。实际上，必须连接每个读卡终端，以验证和确认交易（这样就可记录交易时间），还具有地理定位功能。读卡终端的位置与用户位置之间的对应关系可让我们可在空间和时间上"跟踪"用户。然而，定位在时间和空间上都是不连续的（除非买家正在疯狂购物）。第4章介绍了这种技术的各个参数。表5.3中解释了可能存疑的参数，其中上面几行参数与非接触卡相关，下面几行参数与信用卡相关。如见到的那样，它们非常相似，唯一的区别是在智能手机上的可用性。目前，在一些国家，非接触卡已可通过近场通信（NFC）支付来实现。

表5.3 非接触卡和信用卡的主要参数汇总

基础设施复杂度	基础设施成熟度	基础设施成本	终端复杂度	终端成熟度	终端成本	智能手机	校准复杂度
无	现有	零	无	现有	低	近期	无
无	现有	零	无	现有	低	不适用	无
定位类型	精度	可靠性	覆盖范围	环境敏感度	定位模式	室内外过渡	是否需要校准
绝对	几厘米	很高	近距离	无影响	离散	不可能	否
绝对	几厘米	很高	近距离	无影响	离散	不可能	否

基础设施和终端参数。这并不复杂，因为这种系统有着许多完全不同的用途，且在短期内不太可能迅速消失。最坏的情况是，它将被一个新系统取代，而这个新系统在确保交易安全性方面具有相同的特征，因此在定位（时间和地点）方面也具有相同的特征。此外，该系统始终是最新的，因为它必须定期更新，以满足客户的需求。

智能手机。当前的发展方向是使智能手机实现无缝非接触支付。然而，NFC似乎还是首选技术（大多数非接触卡使用这种技术）。

校准。通过终端位置数据库和网络连接进行时间同步来实现。

精度和可靠性。与条形码的精度和可靠性相同。为满足所需的保密性和安全性需求，甚至缩小了覆盖范围。

5.3　图像识别

图像识别的基本方法是使用相机捕捉图像，并与包含大量记录的图像数据库进行比较。从专业摄影师、记者、艺术家那里，或者从互联网上发布照片的人那里，很容易获取这种数据库。关键是要为每张照片关联一个位置，其精度可以是任意的（最好指定精度，但这并不是强制性的）。定位过程如下：

- 拍摄一张照片。
- 启动图像识别定位处理工具。
- 工具基于图像处理技术搜索数据库以识别最佳匹配（或多个最佳匹配）。
- 提供最佳位置估计。

本书不讨论图像处理技术，但很明显，图像的获取是一个基本过程，对最终的定位质量有着很大的影响。例如，图像分辨率和数字化过程中使用的编码方法是重要的参数。相机的光学设置、照明条件和信号中的噪声也同样重要。

从数字图像中可以获得的一些典型特征，其中包括全局图像的平均值，如亮度、颜色、清晰度或对比度。可在图像上执行一些特定的操作：要么直接对每个像素执行操作，要么对一组像素执行操作，要么对图像的更大部分甚至整个图像执行操作。例如，可通过二元运算来修改图像的动态特性，如对像素进行加法、组合、差分等操作。然后，可通过分析图像中对象或场景的边界（观察对比度变化）来检测轮廓。在图像层面，可以分析任何参数的分布：亮度、灰度级、各种直方图等，进而提取一些类别，或者进行分割（从图像中提取基本元素的方法），或者进行骨架化处理（在不丢失对象拓扑或几何信息的情况下缩小其尺寸）。例如，分类可作为图像识别的初步方法，以减小用于查找图像的数据库尺寸。第5章和第6章中还将介绍一些与图像分析相关的其他方法，通过这些方法可以计算像素之间的距离。滤波也是图像处理中的一个重要功能：降噪、平滑、检测等，都可能受益于滤波。

当图像中显示有著名地标［如埃菲尔铁塔，见图5.7(a)］时，这种定位技术非常有效；但是，当无法识别出显著特征［见图5.7(b)］时，情况则要复杂得多。

(a)　　　　　　　　　　　　　　　　　　　(b)

图5.7　(a)埃菲尔铁塔；(b)某处的乡村道路

第4章中介绍了这种技术的各个参数。表5.4对其中的一些参数进行了评价。

表5.4　图像识别的主要参数汇总

基础设施复杂度	基础设施成熟度	基础设施成本	终端复杂度	终端成熟度	终端成本	智能手机	校准复杂度
无	无	零	低	软件开发	零	现有	无
定位类型	精　度	可　靠　性	覆盖范围	环境敏感度	定位模式	室内外过渡	是否需要校准
绝对	几分米	中	近距离	很高	几乎连续	容易	否

基础设施和终端参数。由于摄像头很容易获得，因此所有这些参数都不复杂。事实上，复杂性已转移到服务器、相关数据库和匹配算法上。这种技术需要以某种方式访问上述数据库。

智能手机。目前不存在问题。

校准复杂度。实际上没有校准需求，但需要大型数据库，这可视为一种校准。

定位类型。因为参考图像（数据库中的图像）可能与数据库中的绝对位置相关联，所以定位也是同一类型的。

精度。同样，精度完全取决于在数据库中输入的与图像相关的参数。然而，这略显复杂：除非将所用摄像头的特性和方向都纳入定位过程，否则无法确定摄像头的真实位置（见图5.8）。一般来说，当使用这种技术时，精度并不是最重要的参数。

可靠性。可靠性与识别算法的效率有关。覆盖范围包括从对埃菲尔铁塔的"极佳"识别，到在沙漠或海上没有岸边可见物的情况下的"零"识别。

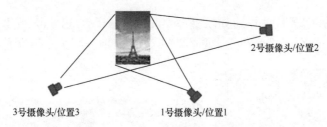

图5.8 位置不确定性的简单表示

覆盖范围。选择的是"近距离"技术，因为这是这种技术的经典使用方式，如在纪念碑或街道标志前。

环境敏感度。与所有光学技术一样，障碍物是主要限制因素。如果图像中只有纪念碑的一部分可见，识别过程的效率就会降低。此外，在未记录参考图像的地方，这种方法无法提供任何位置（或者至少无法提供可接受的位置）。

室内外过渡。无论是在室内还是在室外，均无影响。

定位类型。当为游客提供位置提示时，在"旅游"区域可视为"几乎连续"。在其他环境下，可能会视为"离散"。

5.4 近场通信

近场通信技术在许多方面与条形码或非接触卡非常相似，至少在使用方式上如此。值得注意的是，非接触卡通常使用NFC技术。NFC技术基于标签和读卡器的配对。标签可以是有源的（有电源），也可是无源的（无电源）。区别在于读卡器检测标签的覆盖范围。最常用的是无源标签。标签和读卡器之间的信息传输通过磁耦合在极短的距离内完成，如图5.9所示。标签天线捕获的辐射电磁场为标签提供电源，使其激活，并传输其标识符及可能的附加信息。只要读卡器在合适的覆盖范围内，标签就会被持续供电。

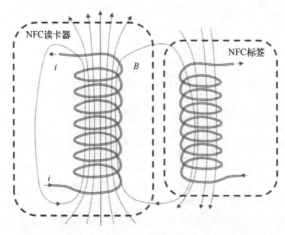

图5.9 标签和读卡器之间的典型无源NFC电磁耦合

基于NFC的定位系统的核心思想是将标签或读卡器与固定位置（如建筑墙壁、地面或门）关联。一般来说，为了节省能量，我们倾向于在这些位置安装无源标签（见图5.10）。于是，用户只需将读卡器（目前，多款智能手机已配备此功能，尤其是由于非接触支付的发展）靠近标签，即可获取标签的唯一标识符。这个标识符可以直接转换成位置。位置应以最合适的格式（坐标形式）提供，以让用户"理解"其在建筑中的位置。室外最常用的格式是地址或兼容全球定位系统（GPS）的格式。

 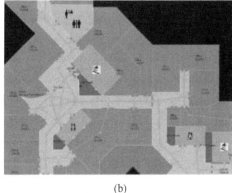

(a) (b)

图5.10 (a)固定在墙壁上的无源标签，通过智能手机读取；(b)相关的室内地图

注意，包含导航和地图功能的完整定位系统需要比上述定位过程复杂得多的步骤。特别地，室内地图并不容易获得，尤其是导航方面的室内地图。这些内容将在第13章中详细讨论。

第4章中介绍了这种技术的各个参数，如表5.5所示。

表5.5 NFC的主要参数汇总

基础设施复杂度	基础设施成熟度	基础设施成本	终端复杂度	终端成熟度	终端成本	智能手机	校准复杂度
低	现有	低	低	软件开发	低	现有	无
定位类型	精 度	可 靠 性	覆盖范围	环境敏感度	定位模式	室内外过渡	是否需要校准
绝对	几厘米	很高	近距离	无影响	需要用户操作	容易	否

基础设施复杂度。NFC系统非常简单，只需在需要覆盖的区域内散布NFC标签即可。标签的数量并不关键，应根据实际导航需求进行调整。不过，仍然需要部署标签。

基础设施成熟度。NFC无源标签的优势是不需要电源，即不需要布线，而且这是一项成熟的技术。标签的寿命通常为15～20年（不需要维护）。

基础设施成本。标签种类繁多，价格会因内存的大小而有所不同。

终端复杂度、成熟度和成本。目前的许多智能手机都支持NFC，不久的将来，几乎所有智能手机都会配备NFC功能，因为其集成成本很低，且"移动支付"正在迅速普及。

校准复杂度。通常不需要校准，但标签在相关地图上的正确位置是一个关键方面。

定位类型、精度和可靠性。这种非常简单的定位方法展示了一些非常有趣的特点。定位可按任何类型的格式给出：相对于全球坐标系的绝对位置、相对于特定建筑的相对位置、符号化位置、语义位置等。只要标签在地图中被正确标注，精度就很高。此外，该系统的可靠性也很高。

覆盖范围。"覆盖范围"一词的潜在歧义在这里显而易见。从传感器的基本覆盖范围来看，确实是"近距离"，用户需要非常靠近标签。然而，通过在环境中分布尽可能多的标签，可实现很大覆盖范围。

环境敏感度。标签的读取需要用户的特定操作，用户需要非常靠近标签。因此，除了用户的有意移动，多个用户不能在同一位置同时读取标签。

室内外过渡。与条形码类似，NFC标签的部署不受室内或室外的限制。

5.5 二维码

快速响应码通常是一种二维条形码。图5.11显示了多种不同格式的二维码。

图5.11 均表示"Indoor Positioning"的几种二维码示例：(a)二维码；(b)数据矩阵码；(c)点码

与条形码相比，这种码的优势之一是更加紧凑，因此可被更快地读取。它还可在相同的面积上存储更多的数据。此外，许多应用可轻松地使用智能手机或摄像头读取二维码的内容。二维码的主要用途如下（列表并不详尽）：

- 连接到网站。
- 连接到Wi-Fi接入点。
- 触发拨打电话或发送短信（SMS）的动作。
- 发送电子邮件。
- 交换数据，如地址或虚拟名片。
- 交换各类数据，通常是短数据（特别是地理数据，如在地图上定位会议地点）。
- 更新日程等。

具体的标准化已经出现，且生成二维码的成本极低。使用许多软件能够轻松地创建自己的二维码。此外，还可生成包含大量数据的二维码：这些二维码的读取更复杂，因为对比度和亮度条件变得很重要。这样的一个例子如图5.12(a)所示。

另外两个非常有趣的功能如下所示：

1. 有一些错误校正策略，即使二维码的一部分被损坏，也能恢复其内容。因此，可在二维码中包含徽标［见图5.12(b)］。

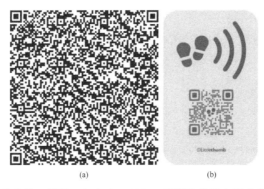

图5.12　(a)较大的二维码；(b)包含NFC和二维码的信用卡格式定位无源标签

2. 某些读卡器（主要是摄像头）能够在较差的亮度和对比度条件下进行读取，因此可直接在一些部件上进行标记，如点码或矩阵码（见图5.13）。

图5.13　工业物流中直接标记零部件

第4章中介绍了在定位范围内考虑的各个参数，这些参数与条形码的参数基本相似。主要思想是，简单地在一个区域内分布代表特定位置的二维码。对比解码后的二维码，就可知道二维码的位置，进而知道自己的位置（见表5.6）。

表5.6　二维码的主要参数汇总

基础设施复杂度	基础设施成熟度	基础设施成本	终端复杂度	终端成熟度	终端成本	智能手机	校准复杂度
无	现有	低	低	软件开发	低	现有	无
定位类型	精　度	可靠性	覆盖范围	环境敏感度	定位模式	室内外过渡	是否需要校准
绝对	分米级	很高	近距离	低	需要用户操作	容易	否

基础设施复杂度、成熟度和成本。二维码本身的价格很低，但在定位系统中，由于需要某种程度的"加固"，其成本有所增加。二维码必须具备抗冲击性和耐久性，但这种成本仍然相对较低。安装及与地图集成的费用才是最大的投资。此外，破坏系统相对容易，只需让二维码无法被读取即可。解决方案之一是，将二维码放到难以触及的地方，且使用特定的读取设备。使用带摄像头的眼镜也能够满足需求，但这些设备目前尚未普及。这种方法的优势将更明显，因为二维码的使用可同时为多个用户提供服务，且可自动化。实际上，许多涉及图像处理的研究可在复杂图像中检测出二维码，且性能良好。

终端复杂度、成熟度和成本。所有现代移动终端都包含摄像头和处理能力，因此足以处理任何二维码。

校准复杂度。严格意义上无校准，但必须在地图上正确定位二维码，这是系统提供可接受定位的必要条件。因此，需要复杂的测绘工具（见第13章）。

定位类型。定位类型完全取决于用于定义二维码位置的坐标系，这种坐标系实际上可以是任何想要的坐标系。最简单和最有效的坐标系可能是GNSS使用的世界坐标系。

精度。只要二维码在地图上定位正确且未被移动，精度就很高。

可靠性。关于可靠性的说明与关于"精度"的说明相似。此外，即使二维码被破坏，也不会危及定位系统，因为只会使其中的一个二维码变得无法使用，用户可通过另一个二维码来定位。

环境敏感度。如前所述，在拥挤的地方读取二维码更困难。在这种情况下，需要部署足够数量的二维码，以免产生拥塞。

室内外过渡。这是这类系统的一个很大优势。过渡非常简单。然而，由于室外已被GNSS很好地覆盖，实际系统应该主要局限于室内及其周边区域。

5.6 关于其他技术的讨论

不同技术覆盖范围的边界并不明确。本书中常用"覆盖范围"参数来描述技术的单位性能，但在设计完整的定位系统时，必须从整体上进行考虑。

参考文献

[1] Zhou C., Liu X. (2016). The study of applying the AGV navigation system based on two dimensional bar code. In: *2016 International Conference on Industrial Informatics – Computing Technology, Intelligent Technology, Industrial Information Integration (ICIICII)*, Wuhan, 206-209. IEEE.

[2] Li Z., Huang J. (2018). Study on the use of Q-R codes as landmarks for indoor positioning: preliminary results. In: *2018 IEEE/ION Position, Location and Navigation Symposium (PLANS)*, Monterey, CA, 1270-1276. IEEE.

[3] Razak S. F. A., Liew C. L., Lee C. P., et al. (2015). Interactive android-based indoor parking lot vehicle locator using QR-code. In: *2015 IEEE Student Conference on Research and Development (SCOReD)*, Kuala Lumpur, 261-265. IEEE.

[4] Lei F. (2011). Design of QR code-based Mall shopping guide system. In: *International Conference on Information Science and Technology*, Nanjing, 450-453. IEEE.

[5] Tang S., Tok B., Hanneghan M. (2015). Passive indoor positioning system (PIPS) using near field communication (NFC) technology. In: *2015 International Conference on Developments of E-Systems Engineering (DeSE)*, Dubai, 150-155. IEEE.

[6] Kim K., Jeong S., Kim, W. et al. (2017). Design of small mobile robot remotely controlled by an android operating system via bluetooth and NFC communication. In: *2017 14th International Conference on Ubiquitous Robots and Ambient Intelligence (URAI)*, Jeju, 913-915. IEEE.

[7] Edwan E., Bourimi M., Joram N., et al. (2014). NFC/INS integrated navigation system: the promising combination for pedestrians' indoor navigation. In: *2014 International Symposium on Fundamentals of Electrical Engineering (ISFEE)*, Bucharest, 1-5. IEEE.

[8] Bonzani N., Kang E., Yu C., et al. (2015). Smart guide: mid-scale NFC navigation system. In: *2015 IEEE MIT Undergraduate Research Technology Conference (URTC)*, Cambridge, MA, 1-4. IEEE.

[9] Ozdenizci B., Ok K., Coskun V., et al. (2011). Development of an indoor navigation system using NFC technology. In: *2011 Fourth International Conference on Information and Computing*, Phuket Island, 11-14. IEEE.

[10] Nandwani A., Edwards R., Coulton P. (2012). Contactless check-ins using implied locations: a NFC solution simplifying business to consumer interaction in location based services. In: *2012 IEEE International Conference on Electronics Design, Systems and Applications (ICEDSA)*, Kuala Lumpur, 39-44. IEEE.

[11] Cai-mei H., Zhi-kun H., Yue-feng Y. et al. (2014). Design of reverse search car system for large parking lot based on NFC technology. In: *The 26th Chinese Control and Decision Conference (2014 CCDC)*, Changsha, 5054-5056. IEEE.

[12] Kim M. S., Lee D. H., Kim K. N. J. (2013). A study on the NFC-based mobile parking management system. In: *2013 International Conference on Information Science and Applications (ICISA)*, Suwon, 1–5. IEEE.

[13] Huang J. C., Lin Y., Yu J. K. et al. (2015). A wearable NFC wristband to locate dementia patients through a participatory sensing system. In: *2015 International Conference on Healthcare Informatics*, Dallas, TX, 208-212. IEEE.

[14] Hiramoto M., Ogawa T., Haseyama M. (2004). A novel image recognition method based on feature-extraction vector scheme. In: *2004 International Conference on Image Processing, 2004. ICIP '04*, Singapore, vol. 5, 3049-3052. IEEE.

[15] Huang Y., Jiang H., Yang J. (2008). Research on genetic algorithm based on tabu search for landmark image recognition. In: *2008 7th World Congress on Intelligent Control and Automation*, Chongqing, 9270-9275. IEEE.

[16] Greenspan H., Porat M., Zeevi Y. Y. (1992). Projection-based approach to image analysis: pattern recognition and representation in the position-orientation space. *IEEE Transactions on Pattern Analysis and Machine Intelligence* 14 (11): 1105-1110.

[17] Lee J. A., Yow K. C. (2007). Image recognition for mobile applications. In: *2007 IEEE International Conference on Image Processing*, San Antonio, TX, VI-177-VI-180. IEEE.

[18] Gao H., Chen X., Ren Z. (2002). Algorithm design for a position tracking sensor based on pattern

recognition. In: *IEEE 2002 28th Annual Conference of the Industrial Electronics Society. IECON 02*, Sevilla, vol. 3, 2173-2178. IEEE.

[19] Yamada K., Takeuchi T., Goto T., et al. (2016). Image recognition for automatic traveling wheelchair. In: *2016 IEEE 5th Global Conference on Consumer Electronics*, Kyoto, 1-2. IEEE.

[20] Tsai C., Hsu K. (2016). An application of using Bluetooth indoor positioning, image recognition and augmented reality. In: *2016 IEEE 13th International Conference on e-Business Engineering (ICEBE)*, Macau, 276-281. IEEE.

06 第6章
房间限定技术：挑战与可靠性

摘要

有些技术无法"穿透"墙壁，因此仅限于封闭区域内使用。这些技术主要包括基于光和基于声音的技术。因此，本章介绍图像、激光雷达（Light Detection And Ranging, LIDAR）和超声波技术。注意，这并不意味着这些技术的测量距离短，如激光在室内可传输几百米的距离。

关键词： 房间范围；图像；激光雷达；声音；墙壁

根据第4章中描述的分类，表6.1中给出了主要的"房间内"技术。

表6.1 主要的"房间内"技术

技 术	定位类型	精 度	可靠性	覆盖范围	环境敏感度	是否需要校准	定位模式	方 法	信号处理	位置计算
图像标记	绝对	<1m	中	房间	很高	一次	几乎连续	图像	综合	矩阵计算
红外线	符号	几米	高	房间	很高	否	几乎连续	物理	检测	区域确定
激光	绝对	<1cm	很高	房间	很高	否	几乎连续	相位	传播建模	∩球体
激光雷达	绝对	<1cm	很高	房间	很高	一次	几乎连续	时间	相互关系	∩平面+距离
声呐	相对	几厘米	中	房间	很高	否	连续	时间	检测	∩平面+距离
超声波	绝对	几分米	低	房间	很高	否	连续	时间	传播建模	∩球体

6.1 图像标记

许多图像处理技术可用于识别物体在环境中的位置。若在图像中检测到已知位置的"标记"，则可以实现绝对定位；若检测到相对于图像参考点的位置，则可以实现相对定位。使用标记通常可以提高系统的效率，如在位置估计和相机校准时。机器人定位还会采用特定的标记。人们研究了各种方法，如使用两台相机或者从不同的位置拍摄包含相同标记的两幅图像。使用带有无源标记的单幅图像也是一种研究方法，这正是本节的基本思路。这种情况下的困难是投影平面的不确定性。假设我们知道图像中可见标记的确切位置，这些标记可以是相对坐标系中的标记，也可以是绝对坐标系中的标记。于是，我们所要做的就是确定当前图像中任何点的实际位置。然而，由于处理的是单幅图像，我们没有办法找出图像中任何点的实际位置，因为在不知道对象所在投影平面的情况下，投影的可能性是不计其数的。实际上，涉及的几何数学变换是同形变换，它可将图像平面（照片本身）变换到投影平面（物理现实）。

因此，基本思路是找出物理点的三维坐标与图像中二维平面坐标之间的转换关系。我们知道，这时需要考虑引入一个比例因子，因为现实世界中的许多点在图像中会重叠在同一个像素上。因此，必须以某种方式指定要处理的真实地理平面。原理是拍摄包含地理参考标记的照片，这些标记可帮助我们找到图像中任何点的坐标。

然而，需要注意一些使用上的限制。如前所述，单幅图像的"地理参考"必须在给定的平面内给出，如给定地面以上的高度。实际上，要将一个 N 维空间转换为另一个 N 维空间，需要 $N+2$ 个参考点。在我们的例子中，为了简化数学描述，处理二维空间需要考虑4个参考点。然而，我们实现的是图像与地理平面之间的一种对应关系（通过两种所谓的"投影"转换，即从一个 $N+1$ 维空间到一个 N 维空间）。因此，参考点不能仅用一对数字（经度和纬度）来表示，还要考虑希望进行投影的地理平面的高度。在我们的例子中，这个高度特指移动终端的高度。考虑到行人会在室内环境中移动，可以认为终端（通常是智能手机）被握在手中，具有基本确定的高度（根据人的年龄和身高，这个高度为1～1.5m；我们可以取1.3m的平均身高，以使相关误差最小）。因此，标记可放在这个高度。于是，要考虑的投影平面在图像中就由4个像素定义，如图6.1所示。

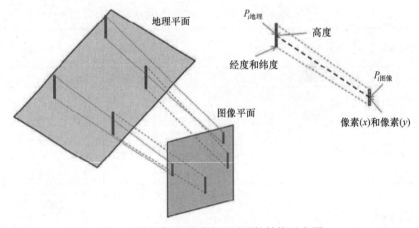

图6.1　从图像平面到地理平面的转换示意图

实现这一目标的主要步骤如下：

1．计算所考虑标记的转换矩阵（从图像平面到地理平面）。
2．根据步骤1中得到的矩阵，计算移动终端在地理平面中的二维位置。

现在的关键问题是如何将图像像素坐标转换为地理坐标。一种可能的方法是使用一个"中间"坐标系，在该坐标中计算图像坐标和地理坐标。这实际上是一个三维坐标系，因为图像平面和地理平面都是现实三维世界的投影。然而，这两个平面是由具有不同参数的投影获得的。为了匹配这两个平面，我们将它们转换为中间坐标系（通过两个不同的变换矩阵）。然后，通过简单的矩阵计算，根据这个中间参考坐标系就能将坐标从一个坐标系转换到另一个坐标系。

我们将这个中间参考坐标系称为 Int_{RF}，图像坐标系和地理坐标系分别称为 Im_{RF} 和 Geo_{RF}。为了定义图像（或地理）变换矩阵，我们需要选择 4 个已知坐标的点，假设它们是 P_1 到 P_4。当仅用一幅图像时，会出现一个非常强的约束，即图像和地理坐标之间的匹配只能在二维平面上进行（从图像平面到实际的地理平面）。这表明 4 个标记必须位于同一平面上。

从平面到中间参考坐标系的转换所涉及的数学问题，可通过求解以下方程来实现，其中的未知变量是三个转换参数 λ、μ 和 v：

$$\begin{bmatrix} u_1 & u_2 & u_3 \\ v_1 & v_2 & v_3 \\ 1 & 1 & 1 \end{bmatrix} \begin{bmatrix} \lambda \\ \mu \\ \tau \end{bmatrix} = \begin{bmatrix} u_4 \\ v_4 \\ 1 \end{bmatrix} \tag{6.1}$$

式中，(u_i, v_i) 是点 P_i 的坐标。最后一行中的"1"表示当所考虑的点位于同一平面上时，中间参考坐标系是三维的。引入矩阵 $\boldsymbol{M}$，可将式（6.1）写为

$$\boldsymbol{M} = \begin{bmatrix} \lambda u_1 & \mu u_2 & \tau u_3 \\ \lambda v_1 & \mu v_2 & \tau v_3 \\ \lambda & \mu & \tau \end{bmatrix}, \quad \begin{bmatrix} u_4 \\ v_4 \\ 1 \end{bmatrix} = \boldsymbol{M} \begin{bmatrix} 1 \\ 1 \\ 1 \end{bmatrix} \tag{6.2}$$

考虑矩阵 $\boldsymbol{M}$［见式（6.2）］，让图像中的点 P_1、P_2 和 P_3 分别与中间参考坐标系 Int_{RF} 中的点 $(1, 0, 0)$, $(0, 1, 0)$ 和 $(0, 0, 1)$ 匹配。注意，点 P_4 现在对应于点 $(1, 1, 1)$，如式（6.2）所示。

式（6.1）或式（6.2）的求解并不复杂，结果是

$$\lambda = \frac{[(v_2 - v_3)(v_3 u_4 - u_3 v_4) - (v_4 - v_3)(v_3 u_2 - u_3 v_2)]}{[(v_2 - v_3)(v_3 u_1 - u_3 v_1) - (v_1 - v_3)(v_3 u_2 - u_3 v_2)]}$$

$$\mu = \frac{1}{(v_2 - v_3)}[(v_4 - v_3) - (v_1 - v_3)\lambda]$$

$$\tau = 1 - \mu - \lambda$$

现在，若给定平面坐标，则可由下式求得任何点在中间参考坐标系中的坐标：

$$\begin{bmatrix} x_i \\ y_i \\ z_i \end{bmatrix} = \boldsymbol{M}^{-1} \begin{bmatrix} u_i \\ v_i \\ 1 \end{bmatrix} \tag{6.3}$$

式中，(u_i, v_i) 是所考虑平面上的点 P_i 的坐标，(x_i, y_i, z_i) 是点 P_i 在三维中间参考坐标系 Int_{RF} 中的坐标。

此外，我们可对地理平面和图像平面的相同参考点做相同的处理。因此，通过计算相应的参数 λ_p、μ_p 和 τ_p 以及 λ_g、μ_g 和 τ_g，可以定义两个矩阵 $\boldsymbol{M}_{pixel}$ 和 $\boldsymbol{M}_{geographical}$。于是，要求解的

系统分别由式（6.4）和式（6.5）得出：

$$
\begin{bmatrix} u_{p_1} & u_{p_2} & u_{p_3} \\ v_{p_1} & v_{p_2} & v_{p_3} \\ 1 & 1 & 1 \end{bmatrix} \begin{bmatrix} \lambda_p \\ \mu_p \\ \tau_p \end{bmatrix} = \begin{bmatrix} u_{p_4} \\ v_{p_4} \\ 1 \end{bmatrix} \tag{6.4}
$$

$$
\begin{bmatrix} u_{g_1} & u_{g_2} & u_{g_3} \\ v_{g_1} & v_{g_2} & v_{g_3} \\ 1 & 1 & 1 \end{bmatrix} \begin{bmatrix} \lambda_g \\ \mu_g \\ \tau_g \end{bmatrix} = \begin{bmatrix} u_{g_4} \\ v_{g_4} \\ 1 \end{bmatrix} \tag{6.5}
$$

式中，(u_{p_i}, v_{p_i}) 和 (u_{g_i}, v_{g_i}) 分别是点 P_i 在图像平面和地理平面上的坐标。

所有的 λ_p、μ_p 和 τ_p 以及 λ_g、μ_g 和 τ_g 参数计算完毕后，就得到了如下两个矩阵：

$$
\boldsymbol{M}_{\text{pixel}} = \begin{bmatrix} \lambda_p u_{p_1} & \mu_p u_{p_2} & \tau_p u_{p_3} \\ \lambda_p v_{p_1} & \mu_p v_{p_2} & \tau_p v_{p_3} \\ \lambda_p & \mu_p & \tau_p \end{bmatrix}, \quad \boldsymbol{M}_{\text{geographical}} = \begin{bmatrix} \lambda_p u_{g_1} & \mu_p u_{g_2} & \tau_p u_{g_3} \\ \lambda_p v_{g_1} & \mu_p v_{g_2} & \tau_p v_{g_3} \\ \lambda_p & \mu_p & \tau_p \end{bmatrix} \tag{6.6}
$$

这里的目标是从像素坐标获取图像中可见点的地理坐标，因此关注从像素坐标 (u_{p_i}, v_{p_i}) 到地理坐标 (u_{g_i}, v_{g_i}) 的转换。我们知道

$$
\begin{bmatrix} x_i \\ y_i \\ z_i \end{bmatrix} = \boldsymbol{M}_{\text{pixel}}^{-1} \begin{bmatrix} u_{p_i} \\ v_{p_i} \\ 1 \end{bmatrix}, \quad \begin{bmatrix} x_i \\ y_i \\ z_i \end{bmatrix} = \boldsymbol{M}_{\text{geographical}}^{-1} \begin{bmatrix} u_{g_i} \\ v_{g_i} \\ 1 \end{bmatrix} \tag{6.7}
$$

式中，(x_i, y_i, z_i) 是点 P_i 在三维中间参考坐标系 Int_{RF} 中的中间坐标。因此，应用式（6.8）得到地理坐标：

$$
\begin{bmatrix} u_{g_i} \\ v_{g_i} \\ 1 \end{bmatrix} = \boldsymbol{M}_{\text{geographical}} \boldsymbol{M}_{\text{pixel}}^{-1} \begin{bmatrix} u_{p_i} \\ v_{p_i} \\ 1 \end{bmatrix} \tag{6.8}
$$

上式的唯一问题是，计算结果（等式右侧）并不总是将"1"作为第三个坐标。这是因为我们必须处理前面提到的与相机参数（包括镜头特性）对应的比例因子 w_{g_i}。因此，替代式（6.8）得

$$
\begin{bmatrix} u_{g_i} \\ v_{g_i} \\ 1 \end{bmatrix} = \boldsymbol{M}_{\text{geographical}} \boldsymbol{M}_{\text{pixel}}^{-1} \begin{bmatrix} u_{p_i} \\ v_{p_i} \\ 1 \end{bmatrix} \tag{6.9}
$$

所求的结果是

$$u_{g_i\text{final}} = \frac{u_{g_i}}{w_{g_i}}, \quad v_{g_i\text{final}} = \frac{v_{g_i}}{w_{g_i}} \qquad\qquad (6.10)$$

上式看起来很复杂，实则不然。这些计算可在任何终端上轻松完成。最复杂的方面（也是所有使用图像的技术的通病）是对图像质量的要求。图像必须清晰，所有标记必须可见。一种解决方案是，部署更多的标记以克服遮挡问题，但这需要更复杂的计算，且可能导致计算之间的矛盾，因此需要做进一步处理。最后，如何识别标记也是一个基本问题：事实上，由于计算基于标记位置的先验知识，这个步骤至关重要。识别误差几乎肯定会导致移动终端位置的估计误差。

下面回到参数表。第4章中介绍了该技术涉及的各个参数，如表6.2所示。

表6.2　图像标记的主要参数汇总

基础设施复杂度	基础设施成熟度	基础设施成本	终端复杂度	终端成熟度	终端成本	智能电话	校准复杂度
低	无	零	低	软件开发	零	现有	中
定位类型	精　　度	可　靠　性	覆盖范围	环境敏感度	定位模式	室内外过渡	是否需要校准
绝对	<1m	中	近距离	很高	几乎连续	容易	一次

基础设施复杂度、成熟度和成本。这些参数都处于相当低的水平，因为除了在环境中放置一些标记，不需要其他任何东西。唯一的复杂性在于每个标记都应是可识别的。这可通过使用条形码或二维码轻松实现。可以设想结合使用纯二维码系统（见第5章）与图像标记系统。如果图像中只有一个二维码可见，那么用户的位置是由该码编码的位置；如果图像中有两个二维码可见，那么用户的位置是由这两个二维码编码的位置的某种组合；如果图像中有四个二维码可见，那么应用本节描述的方法可为用户提供更准确的位置。

终端复杂度和成本。几乎为零，因为所有智能手机都配备了相机，且其质量（光学部分）和性能（图像处理）都在迅速提高。

终端成熟度。这是目前的关键部分。软件开发仍需要克服基于相机方法的传统难题，主要是遮挡和模糊问题。正在开发可在复杂图像中检测特定"形状"或"轮廓"的算法。例如，二维码的性能非常出色。图6.2所示图像左下角的二维码可被轻松地检测和分析。可以想象这种系统在智能眼镜上的实现。

校准复杂度。基于相机的系统校准通常是一个问题，因为其光学参数不一定是已知的（因此需要镜头校准）。然而，有些方法可以帮助实现某种"自校准"。假设标记的大小和形状是"标准化"的——可用来校准图像参数。

定位类型。图像标记的定位方式是绝对定位。

精度。良好条件下的精度很高，可达几厘米，但常在几分米到1m的范围内。

图6.2 图像中包含的二维码。来源：Ray Rui在网站Unsplash上发布的照片

可靠性。可靠性与在图像中识别并检测到标记的能力有关。因此，环境条件至关重要，许多实际情况难以解决（如周围有人、无法在图像中看到四个标记、雾霾等）。

覆盖范围。必须能"看到"标记。当然，覆盖范围取决于标记的大小，但局限于视距（Line of Sight，LOS）定位，因此被视为"近距离"水平。

环境敏感度。很高，因为可能存在障碍物。

定位模式。如果标记分布在整个区域内，那么定位可以连续进行，类似于同时定位方法与地图构建（SLAM）方法（见第8章）。

6.2 红外传感器

红外辐射与无线电波一样，是一种以光速传播的电磁波。在室内进行时间测量相当复杂，除非部署了精确的时间分布时钟，但是这过于昂贵。虽然可以实施不同的技术，但最常用的技术只是检测方法：它仅包括确定接收机是否存在于设备的检测范围内（见图6.3）。

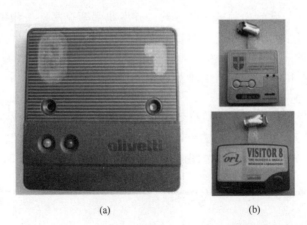

(a)   (b)

图6.3 "有源徽章"系统：(a)信标；(b)发射机。来源：英国剑桥大学计算机实验室

这种定位类型与之前的稍有不同。符号定位意味着不再以绝对或相对的空间坐标表示位置，而以房间号码或名称表示位置。这样，就可知道某人在哪间办公室、走廊或会议室，而不是其绝对位置。

第4章中介绍了这种技术的各个参数，如表6.3所示。

表6.3　红外传感器的主要参数汇总

基础设施复杂度	基础设施成熟度	基础设施成本	终端复杂度	终端成熟度	终端成本	智能手机	校准复杂度
中	开发	中	中	整合	中	近期	无
定位类型	精　度	可　靠　性	覆盖范围	环境敏感度	定位模式	室内外过渡	是否需要校准
符号	几米	高	房间	很高	几乎连续	容易	否

基础设施复杂度和成本。显然需要特定的基础设施。尽管如此，红外组件的成本相当低，因此系统的总体成本较低。这类部署在新建建筑中比在翻修建筑中更容易实现。

基础设施成熟度。目前，红外定位还不是一种成熟的室内解决方案，因此还未真正用于这一用途的优化组件。

终端复杂度、成熟度和成本。虽然当前智能手机摄像头可以检测近红外信号，但高效系统肯定需要专用传感器。

智能手机。将其集成到智能手机中并不太难。此外，Li-Fi方法也需要解决同样的问题：尽管目前的传感器能够处理信号，但专用传感器会显著提升系统性能。

定位类型和精度。定位显然是通过符号方式提供的，因此精度难以量化（我们认为"几米"可以描述一个典型房间的大小）。

可靠性。符号定位方法的一个特点是其高度可靠。另一个经常讨论的问题是任何定位系统的精度和可靠性之间的关系。

环境敏感度。环境敏感度很大程度上取决于部署情况。一般来说，"基站"位于天花板上，以尽量减少与遮挡相关的难题。然而，接收机的方向、位置和姿态，无论是在智能手机上还是在其他设备上，仍然是检测的挑战。另一方面，符号定位方法也是降低传播难度的一种定位类型。

定位模式。虽然本段介绍的红外定位可视为一个连续系统，但其定位本身是离散的（符号化）。

6.3　激光

激光无疑是最令人印象深刻的光学组件之一。这种非常清晰的传输方式可用于从电信到医疗等许多不同的应用领域。激光的一个与定位相关的应用是遥测。遥测的基本原理是通过测量脉冲的飞行时间来实现距离测量。激光遥测使用的脉冲是由激光产生的光脉冲，具有非常精确的频率。激光遥测的原理与雷达的相同，精度可轻松达到"几毫米"。现代激光系统还应用了"载波相位"测量，通用不同的载波频率来实现粗略和精细测量。激光遥测在定位中遇到的两大难题是指向和环境敏感度（物理遮挡），这与所有光学系统的难题相同。

在某些特定的环境中，了解障碍物的位置可使基于激光的复杂系统进行自我定位。假设在多边形所示的封闭环境中有一个由三束激光组成的系统，如图6.4所示。激光测距系统可以得到距离d_1、d_2和d_3，即使光线不垂直于反射表面，这些距离的测量精度也可达到几毫米[1]。已知封闭区域的形状后，就可进行计算来确定激光系统的位置及方向。当然，这个例子仅仅是二维的，但通过增加测量的物理量，同样的方法可以实现三维定位和定向。

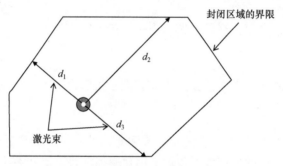

图6.4 可能的激光定位系统和环境

主要困难当然是潜在障碍物可能导致的距离测量误差。在室内环境中，开门或开窗也会出现这种情况（但后一种情况并不总是如此）。一种解决方案可能是让系统指向"天空"，如指向天花板，类似于无线电卫星系统。在这种情况下，需要进行更多的测量，因为"天空"是一个完美的平面。这种方法在静态环境中可能有一些意义，在这样的环境中，物体和结构的位置是明确的。

第4章中介绍了这种技术的各个参数，如表6.4所示。

表6.4 激光的主要参数汇总

基础设施复杂度	基础设施成熟度	基础设施成本	终端复杂度	终端成熟度	终端成本	智能手机	校准复杂度
无	无	零	中	现有	中	未来	无
定位类型	精　度	可靠性	覆盖范围	环境敏感度	定位模式	室内外过渡	是否需要校准
绝对	<1cm	很高	房间	很高	几乎连续	困难	否

基础设施复杂度、成熟度和成本。实际上，没有特定的基础设施要求。

终端复杂度、成熟度和成本。激光本身并不是昂贵的组件，但当涉及遥测时，测量和

---

[1] 注意，这是与超声波遥测系统的主要区别。

处理会更加复杂。然而，这并不意味着高成本。当然，上述定位系统的复杂性会增加。这里的难点在于，目前这些设备更多地专用于某些场合，例如建筑，而不供大众使用（但可能很快会发生变化）。

智能手机。问题不在于如何将其集成到智能手机中，而在于如何使用这种系统。这就是我们为什么要把后者想象成一种特殊用途的原因。

校准复杂度。不需要对"传感器"进行校准，但在室内通常需要绘制地图，而绘制地图往往需要深入且细致的工作。

精度。基本距离测量的准确性很高，因此精度也很高。事实上，一旦测量误差减小到最低，定位就变得非常容易。关于测量精度与定位精度之间的关系，详见第12章。

可靠性。主要取决于环境建模（地图）的质量和是否存在遮挡物。

覆盖范围。显然仅限于视距（LOS）环境。

环境敏感度。在非专业环境中，这是最难解决的问题。

室内外过渡。这种完全用于定位的技术如果不与另一种技术（如第8章所述经纬仪系统中的旋转编码轮）结合使用，就无法在室外工作。

6.4　激光雷达

激光雷达（光探测和测距）是雷达的光学版，其原理将在第7章中讨论。我们可将其视为一个三维旋转激光器。图6.5所示为典型激光雷达的结构。

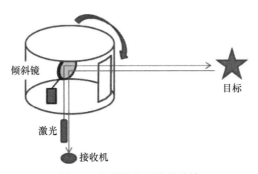

图6.5　典型激光雷达的结构

激光雷达能够以高重复率（几百赫兹甚至千赫兹）进行连续测量，从而再现环境的"深度图"。在二维空间中，这表现为图6.6所示的形式，其中的每个点是通过测量激光雷达与光束遇到的第一个物体之间的距离得到的。

空间分辨率与光束的波长相关，因此得到的三维表示非常精细，如图6.7所示，该图展示了与地理信息系统相关联的重建建筑，它们具有很高的分辨率。

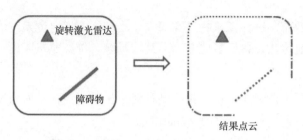

图6.6 使用激光雷达得到二维"深度图"

图6.7 使用激光雷达得到的城市区域的三维"深度图"。来源：Trimble公司

第4章中介绍了这种技术的各个参数，如表6.5所示。

表6.5 激光雷达的主要参数汇总

基础设施复杂度	基础设施成熟度	基础设施成本	终端复杂度	终端成熟度	终端成本	智能手机	校准复杂度
无	无	零	高	现有	很高	几乎不可能	中
定位类型	精 度	可 靠 性	覆盖范围	环境敏感度	定位模式	室内外过渡	是否需要校准
绝对	<1cm	很高	房间	很高	几乎连续	困难	一次

基础设施复杂度、成熟度和成本。与激光一样，激光雷达预先不需要进行任何部署，只是有遮挡物时会显著降低性能。

终端复杂度、成熟度和成本。今天相当昂贵，不太可能直接集成到非特定终端中。图6.8所示为Trimble公司的TX8激光雷达。

校准复杂度。这种技术属于专业级别，因此要求用户具备一定的技能来使用设备，设备实际上需要进行初始校准。

图6.8 Trimble公司的TX8激光雷达。来源：Trimble公司

精度。由于结合了高质量激光测距仪以及高精度方位角和仰角编码轮，定位精度达到最佳水平。这种精度通常取决于测量的距离，但可实现亚厘米级精度。

可靠性。只要正确地进行测量（没有遮挡或障碍物），其可靠性就很高。

覆盖范围和环境敏感度。测量覆盖范围可达几百米（良好光照条件下甚至更大），但无法进行非视距测量，因此在本书中归类为"室内"技术。

定位模式。定位模式可以是连续的，也可以与当前设备一起运动。设备可以电动化，从而可以"跟踪"目标，目标通常是一个360°的棱镜。注意，在这种情况下，站点在已知位置（见图6.7）"瞄准"目标并跟随其移动，以提取每个时刻的瞬时位置。当前可能的刷新率为10～20Hz。

室内外过渡。由于站点可以跟随目标移动，若瞄准连续而不必移动的站点，则可在室内和室外之间进行定位，否则就需要重新校准站点。实际上，可以使用厘米级GNSS接收机来保持站点的移动位置，但这样会丢失编码轮的绝对方向（例如，需要考虑一个带有两台厘米级GNSS接收机的系统来保持该方向，但这会使情况变得更复杂，且目前尚不确定这种方法对现有用途是否有实际意义）。

6.5 声呐

声呐（声波导航与测距）是雷达的声波版，其原理将在第7章中讨论。移动声呐设备，无论是设备本身的移动还是载体的移动，都能生成"深度图"。与激光雷达类似，在二维空间中，这将转换为图6.6所示的表示形式。声呐与激光雷达的主要区别在于波束宽度和相关测量噪声，对声呐而言，测量噪声要大得多。然而，声呐可在更复杂的环境中传播。例如，在光学不透明的环境中，激光雷达无法进行良好的测量。最后，声波发射机和接收机的成本要低得多。通过声呐重建图像的原理如图6.9所示。发射机发出的信号被任何一个表面反射，然后返回接收机。通过测量飞行时间，就可以确定距离。

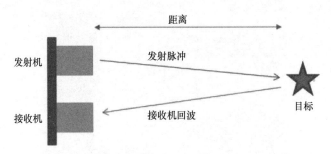

图6.9　通过声呐重建图像的原理

空间分辨率不再仅依赖信号的波长，因为这样一来，分辨率就会太低。因此，要通过移动发射机来实施干涉测量过程，以便重建高分辨率的三维图像。图6.10所示为水下探测环境中通过声呐重建图像的例子（海洋环境特别适合声呐，其在传播方面与激光雷达或雷达相比具有决定性优势）。

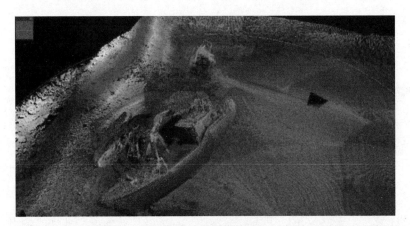

图6.10　水下探测环境中通过声呐重建图像的例子。来源：MedSurvey公司

第4章中介绍了这种技术的各个参数，如表6.6所示。

表6.6　声呐的主要参数汇总

基础设施复杂度	基础设施成熟度	基础设施成本	终端复杂度	终端成熟度	终端成本	智能手机	校准复杂度
无	无	零	低	整合	低	困难	无
定位类型	精　度	可　靠　性	覆盖范围	环境敏感度	定位模式	室内外过渡	是否需要校准
相对	几厘米	中	房间	很高	连续	容易	否

基础设施复杂度、成熟度和成本。该系统可视为"无源"系统，即不需要基础设施的参与。

终端复杂度、成熟度和成本。如前所述，声音传感器的单价依然较低，但完整的声呐系统需要添加信号整形和处理单元，以生成高质量的"图像"。

智能手机。在智能手机上添加传感器并非不可能，但主要问题是如何使用这些传感器。

校准复杂度。不需要校准，因为所有电子设备都是在同地部署的（发射机和接收机之间的时间同步系统也是在同地部署的）。

定位类型。显然是相对于声呐自身的相对定位。当然，通常可添加另一个系统以实现绝对定位。在室外，可以是基于卫星的系统。在室内，最简单的方法是将声呐固定在已知位置，并在两个轴上旋转，如前面所述的激光雷达一样。因此，我们可在绝对参考坐标系中重建其环境。

精度。由于使用的是声波的性质，精度可以达到很高的水平，甚至达到厘米级。

可靠性。由于环境条件，可靠性不是很高。首先，由于等效波长不够小，为了减少衍射，遮挡是一个主要问题。其次，一些参数难以估计。例如，在有风的环境中，声波的实际传播速度可能发生变化。

范围。与光学系统类似，只能进行视距（LOS）测量。在某些情况下，这是一个优势，因为这表明非视距测量是不可能的（不必使用复杂且有时并不十分有效的技术来解决这一问题）。

环境敏感度。环境敏感度很高。

6.6　超声波传感器

在自由空间中，无线电波和空气中声波的传播方式非常相似。典型无线电波的频率约为 10^9Hz（1GHz），速度约为 $3×10^8$m/s。典型声波的频率约为1kHz，传播速度约为300m/s。相应的波长[①]（作为所有传播信号的特征）均为30cm[②]。因此，即使两种波的物理形式不同[③]，传播方式却非常相似。然而，它们之间有一个根本区别：波速从300000000m/s减慢到300m/s，降低了 10^6 倍。在测量距离所需的时间方面，当时间约束较为宽松时，更容易实现精确测量：声波就是这样。因此，基于时间测量的超声波定位系统可以非常精确。为了说明所需时钟精度的对比，可以说超声波系统的时钟精度为1ms，这相当于电磁波系统的1ns。此外，声波会被反射；同样，对于一个多走5m的反射波，其对应的延迟为16.7ms，这很容易与直达路径区分开来。读者现在应该可以理解为什么超声波解决方案能够通过廉价的电子设备实现更高的精度。剑桥大学计算机实验室开发了这样一个系统（见图6.11）。

---

① 波长的定义公式为 λ = 波速/频率。
② 这并不完全正确，因为实际波速并非精确值，但为讨论方便，这样考虑很好。
③ 无线电波是由光子组成的电磁波，而声波是由空气分子振动（或空气压力波）产生的机械波。

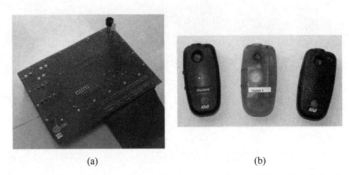

(a)   (b)

图6.11　Bat系统：(a)信标；(b)发射机。来源：英国剑桥大学计算机实验室

第4章中介绍了这种技术的各个参数，如表6.7所示。

表6.7　超声波传感器的主要参数汇总

基础设施复杂度	基础设施成熟度	基础设施成本	终端复杂度	终端成熟度	终端成本	智能手机	校准复杂度
高	现有	中	中	整合	低	容易	无
定位类型	精　　度	可　靠　性	覆盖范围	环境敏感度	定位模式	室内外过渡	是否需要校准
绝对	几分米	低	房间	很高	连续	容易	否

基础设施复杂度、成熟度和成本。这里不再采用雷达方法，而分析与传输同步的信号接收时间。与GNSS不同，发射机是用户持有的移动终端。基础设施是一组接收机，它们检测来自终端的信号。由于各台接收机之间都有物理连接，可以说各台接收机是同步的，通过分析各台接收机到达时间之差，就可以计算出发射机的位置。这样，基础设施就能很好地发挥作用，专用于定位。后者没有任何技术难度，相关的成本也很低。然而，对建筑的任何改动都会产生使得地图或电路符合需求的费用，而这往往是部署系统中最重要的部分，将该系统纳入建筑工程可能更经济。

终端复杂度、成熟度和成本。超声波发射机价格低廉，且集成到现有终端中并不困难。然而，难点在于使用定位系统时，发射机与至少三到四台接收机之间需要有清晰的传播路径。因此，接收机常被安装在高处，如天花板上。特别地，人体是无法穿透的障碍物，只有视距接收机才能检测到信号。这就需要大量的接收机。此外，接收机的几何分布对于位置计算来说不会太好。

智能手机。这应该不成问题，但使用和实现的方式是什么？

校准复杂度。除了需要知道接收机的位置，不需要进行校准。

定位类型。这与提供接收机位置的方式相同，即如果以相对方式提供接收机的位置，那么为相对定位；如果以绝对方式提供接收机的位置，那么为绝对定位。

精度。与所有基于声音的定位系统一样，飞行时间测量可能相当精确（几厘米）。然后，定位基于多次测量和实际环境中的计算，因此在表6.7中指定了几分米的定位精度。

可靠性。高度依赖于实际条件。如果在邻近物体上反射多次，则可靠性很差。但是，在控制良好的环境中（主要是在静态环境中），可靠性会相当好。

覆盖范围。仍然无法穿透墙壁。

环境敏感度。如前所述，对环境非常敏感。

室内外过渡。因为该技术基于室内基础设施的部署，所以不太可能在室外使用。因此，需要采用其他手段。

参考文献

[1] Pribula O., Fischer J. (2011). Real time precise position measurement based on low-cost CMOS image sensor: DSP implementation and sub-pixel measurement precision verification. In: *2011 18th International Conference on Systems, Signals and Image Processing*, Sarajevo, 1-4.

[2] Borstell H., Pathan S., Cao L. et al. (2013). Vehicle positioning system based on passive planar image markers. In: *International Conference on Indoor Positioning and Indoor Navigation*, Montbeliard-Belfort, 1-9.

[3] Mochizuki Y., Imiya A., Torii A. (2007). Circle-marker detection method for omnidirectional images and its application to robot positioning. In: *2007 IEEE 11th International Conference on Computer Vision*, Rio de Janeiro, 1-8.

[4] Bousaid A., Theodoridis T., Nefti-Meziani S. (2016). Introducing a novel marker-based geometry model in monocular vision. In: *2016 13th Workshop on Positioning, Navigation and Communications (WPNC)*, Bremen, 1-6.

[5] Teshima T., Saito H., Ozawa S. et al. (2006). Vehicle lateral position estimation method based on matching of top-view Images. In: *18th International Conference on Pattern Recognition (ICPR'06)*, Hong Kong, 626-629.

[6] Moreno M. V., Zamora M. A., Santa J., et al. (2012). An indoor localization mechanism based on RFID and IR data in ambient intelligent environments. In: *2012 Sixth International Conference on Innovative Mobile and Internet Services in Ubiquitous Computing*, Palermo, 805-810.

[7] Xu Z., Huang S., Ding J. (2016). A new positioning Method for indoor laser navigation on under-determined condition. In: *2016 Sixth International Conference on Instrumentation & Measurement, Computer, Communication and Control (IMCCC)*, Harbin, 703-706.

[8] Tilch S., Mautz R. (2010). Current investigations at the ETH Zurich in optical indoor positioning. In: *2010 7th Workshop on Positioning, Navigation and Communication*, Dresden, 174-178.

[9] Yao Y., Lou M., Yu P., et al. (2016). Integration of indoor and outdoor positioning in a three-dimension scene based on LIDAR and GPS signal. In: *2016 2nd IEEE International Conference on Computer and Communications (ICCC)*, Chengdu, 1772-1776.

[10] Martínez-Rey M., Santiso E., Espinosa F., et al. (2016). Smart laser scanner for event-based state estimation applied to indoor positioning. In: *2016 International Conference on Indoor Positioning and Indoor Navigation (IPIN)*, Alcala de Henares, 1-7.

[11] Kokert J., Hölinger F., Reindl L. M. (2012). Indoor localization system based on galvanometer-laser-scanning for numerous mobile tags (GaLocate). In: *2012 International Conference on Indoor Positioning and Indoor Navigation (IPIN)*, Sydney, NSW, 1-7.

[12] Tamas L., Lazea G., Popa M., et al. (2009). Laser based localization techniques for indoor mobile robots. In: *2009 Advanced Technologies for Enhanced Quality of Life*, Iasi, 169-170.

[13] Islam S., Ionescu B., Gadea C., et al. (2016). Indoor positional tracking using dual-axis rotating laser sweeps. In: *2016 IEEE International Instrumentation and Measurement Technology Conference Proceedings*, Taipei, 1-6.

[14] Kim B., Choi B., Kim E., et al. (2012). Indoor localization using laser scanner and vision marker for intelligent robot. In: *2012 12th International Conference on Control, Automation and Systems*, JeJu Island, 1010-1012.

[15] Li K., Wang C., Huang S. et al. (2016). Self-positioning for UAV indoor navigation based on 3D laser scanner, UWB and INS. In: *2016 IEEE International Conference on Information and Automation (ICIA)*, Ningbo, 498-503.

[16] Chen Y., Liu J., Jaakkola A. et al. (2014). Knowledge-based indoor positioning based on LiDAR aided multiple sensors system for UGVs. In: *2014 IEEE/ION Position, Location and Navigation Symposium – PLANS 2014*, Monterey, CA, 109-114.

[17] Shamseldin T., Manerikar A., Elbahnasawy M., et al. (2018). SLAM-based Pseudo-GNSS/INS localization system for indoor LiDAR mobile mapping systems. In: *2018 IEEE/ION Position, Location and Navigation Symposium (PLANS)*, Monterey, CA, 197-208.

[18] Liu S., Atia M. M., Karamat T., et al. (2014). A dual-rate multi-filter algorithm for LiDAR-aided indoor navigation systems. In: *2014 IEEE/ION Position, Location and Navigation Symposium – PLANS 2014*, Monterey, CA, 1014-1019.

[19] Li R., Liu J., Zhang L., et al. (2014). LIDAR/MEMS IMU integrated navigation (SLAM) method for a small UAV in indoor environments. In: *2014 DGON Inertial Sensors and Systems (ISS)*, Karlsruhe, 1-15.

[20] Yoshisada H., Yamada Y., Hiromori A., et al. (2018). Indoor map generation from multiple LIDAR point clouds. In: *2018 IEEE International Conference on Smart Computing (SMARTCOMP)*, Taormina, 73-80.

[21] Li J. H., Kang H.J., Park G. H., et al. (2017). Sonar image processing based underwater localization method and its experimental studies. In: *OCEANS 2017 – Anchorage*, Anchorage, AK, 1-5.

[22] Lee Y., Choi J., Choi H. (2015). Experimental results of real-time sonar-based underwater localization using landmarks. In: *OCEANS 2015 – MTS/IEEE Washington*, Washington, DC, 1-4.

[23] Yeol J. W. (2005). An improved position estimation algorithm for localization of mobile robots by sonars. In: *2005 Student Conference on Engineering Sciences and Technology*, Karachi, 1-5.

[24] Guarato F., Laudan V., Windmill J. F. C. (2017). Ultrasonic sonar system for target localization with one emitter and four receivers: Ultrasonic 3D localization. In: *2017 IEEE SENSORS*, Glasgow, 1-3.

[25] Huang L., He B., Zhang T. (2010). An autonomous navigation algorithm for underwater vehicles based on inertial measurement units and sonar. In: *2010 2nd International Asia Conference on Informatics in Control, Automation and Robotics (CAR 2010)*, Wuhan, 311-314.

[26] Urdiales C., Bandera A., Ron R., et al. (1999). Real time position estimation for mobile robots by means of sonar sensors. In: *Proceedings 1999 IEEE International Conference on Robotics and Automation (Cat. No.99CH36288C)*, Detroit, MI, USA, vol. 2, 1650-1655.

[27] Cheng X., Wang Y. (2017). Multi-target localization analysis based on nonparametric spectral estimation method for MIMO sonar. In: *2017 IEEE International Conference on Signal Processing, Communications and Computing (ICSPCC)*, Xiamen, 1-5.

[28] Sosa-Sesma S., Perez-Navarro A. (2016). Fusion system based on Wi-Fi and ultrasounds for in-home positioning systems: The UTOPIA experiment. In: *2016 International Conference on Indoor Positioning and Indoor Navigation (IPIN)*, Alcala de Henares, 1-8.

[29] Png L. C., Chen L., Liu S., et al. (2014). An Arduino-based indoor positioning system (IPS) using visible light communication and ultrasound. In: *2014 IEEE International Conference on Consumer Electronics*, Taipei, 217-218.

[30] Holm S. (2012). Ultrasound positioning based on time-of-flight and signal strength. In: *2012 International Conference on Indoor Positioning and Indoor Navigation (IPIN)*, Sydney, NSW, 1-6.

[31] Kitanov A., Tubin V., Petrovic I. (2009). Extending functionality of RF Ultrasound positioning system with dead-reckoning to accurately determine mobile robot's orientation. In: *2009 IEEE Control Applications, (CCA) & Intelligent Control, (ISIC)*, St. Petersburg, 1152-1157.

[32] Wehn H. W., Belanger P. R. (1997). Ultrasound-based robot position estimation. *IEEE Transactions on Robotics and Automation* 13 (5): 682-692.

[33] Medina C., Segura J. C., Holm S. (2012). Feasibility of ultrasound positioning based on signal strength. In: *2012 International Conference on Indoor Positioning and Indoor Navigation (IPIN)*, Sydney, NSW, 1-9.

[34] De Angelis A., Moschitta A., Comuniello A. (2017). TDoA based positioning using ultrasound signals and wireless nodes. In: *2017 IEEE International Instrumentation and Measurement Technology Conference (I2MTC)*, Turin, 1-6.

[35] Lindo A., García E., Ureña J., et al. (2015). Multiband waveform design for an ultrasonic indoor positioning system. *IEEE Sensors Journal* 15 (12): 7190-7199.

07 第7章
"多个房间"技术

摘要

由于物理限制，单个房间的覆盖范围相对明确，但扩展到"多个房间"时，界限变得模糊。"多个房间"与"整个建筑"之间的界限在哪里？当穿过墙壁时，这些技术的实际性能如何？是否有检测障碍物存在的技术？这些障碍物的实际影响是什么？所有这些问题都非常重要，且是这些技术面临的主要挑战。从"单个房间"到"多个房间"，所用的物理量发生了变化：从基于光和声音的物理学，转向基于无线电的物理学。虽然光波和无线电波原理上是相同的（麦克斯韦方程组），但它们的传播特性却大不相同。

关键词：基于无线电的定位；射频识别（RFID）；超宽带（UWB）；雷达

根据第4章中描述的分类，"多个房间"技术的主要参数汇总如表7.1所示。

表7.1 "多个房间"技术的主要参数汇总

技 术	定位类型	精 度	可靠性	覆盖范围	环境敏感度	是否需要校准	定位模式	方 法	信号处理	位置计算
雷达	绝对	几厘米	中	多个房间	高	否	连续	相位	综合	∩平面+∩距离
RFID	绝对	直径	高	多个房间	低	否	离散	物理	检测	位置点定位
UWB	绝对	几厘米	中	多个房间	高	否	连续	时间	综合	∩球体

7.1 雷达

雷达系统用途多样，不仅可以检测和测量距离，还能进行目标识别、到达角度测量，并确定相对于雷达的速度（多普勒效应）。这种方法已在第3章中详细描述。

下面回到参数表。第4章中介绍了该技术涉及的各个参数，如表7.2所示。

表7.2 雷达的主要参数汇总

基础设施复杂度	基础设施成熟度	基础设施成本	终端复杂度	终端成熟度	终端成本	智能手机	校准复杂度
中	研究	中	高	研究	中	困难	无
定位类型	精 度	可靠性	覆盖范围	环境敏感度	定位模式	室内外过渡	是否需要校准
绝对	几厘米	中	多个房间	高	连续	容易	否

基础设施复杂度、成熟度和成本。机场使用的雷达，甚至用于道路速度控制的雷达，

与在大众市场部署的定位系统相比,成本相当高。因此,基于雷达原理的定位系统(如本节所述的系统)确实有所不同。它们通常基于一个由四副天线组成的阵列,这些天线定义了两个方向(通常是正交的),形成了两个平面(一个垂直平面和一个水平平面),我们可在这两个平面内获得三维方向(见图7.1)。为了获得位置,还需要进行额外的测量。

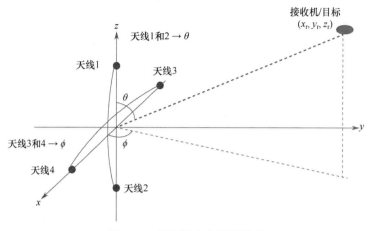

图7.1 三维到达方向测量原理

目前,通常有两种方法:要么复制上述系统,进行第二次三维到达方向测量;要么采用补充系统来测量雷达天线和移动终端间的距离。在这两种情况下,都需要知道雷达系统的位置并进行一些数学计算。

有多种技术可以进行这些测量,下面列举两种主要技术:

- 如果终端是有源的,即它发送信号,那么同一方向的两副天线能够对接收相位进行差分测量,进而精确地给出入射方向。

- 如果终端是无源的,那么雷达必须发送信号(由图7.1中的中央天线发射)。通过信号在终端上的反射,并根据上述的相同过程测量到达方向。

因此,要确定三维方向,需要进行两次差分相位测量。

于是,对于单个系统,还需要进行距离测量。距离测量通常使用变频信号进行(仍由系统的中央天线发射)。通过测量发射和接收之间的频率差,可以得到传播时间,进而推导出目标的距离。此类系统的优点众多:不需要同步雷达(如在使用两部雷达的情况下),信号由相同的时钟产生和标记,且在集成距离测量的情况下只需要一部雷达。后一种系统正处于研究阶段,且相当复杂。

终端复杂度和成本。原则上,终端应完全标准化。然而,对于广泛分布的系统,无论是个人应用还是工业应用,有时需要使用有源终端。例如,有源终端可以放大接收到的信号以扩展范围,还可以改变频率或进行延迟信号的重传,以减少对目标的直接反射效应及与多径相关的干扰。在这种情况下，终端的成本和成熟度不再为零。

终端成熟度。当使用无源目标时，不存在这个问题。如果终端是有源的，虽然成本不高，但是需要进行设计。目前，主要处于研究阶段。

是否需要校准和校准复杂度。需要进行有限的校准，因为当需要测量精确的相位差时，即使天线或连接之间存在很小的不匹配，也可能导致显著的误差。这种校准并不困难，但确实很有必要。

智能手机。除了某些使用超宽带信号的方法，目前还没有将这种系统集成到智能手机中的计划。

定位类型。一旦确定雷达的位置，终端的位置就可在同一坐标系中确定，因此雷达是绝对定位。从根本上说，雷达不是为了提供相对定位而设计的，但是可以通过多普勒测量等方式实现相对定位。

精度。如同常见的无线电系统，在良好的传播条件下，定位精度可达厘米级。在实际条件下，精度略低，但潜力很大。

可靠性。主要取决于传播条件。一些研究报告显示，在非视距（Non Line of Sight，NLOS）条件下具有相当好的性能，但主要还是在视距条件下使用，以充分利用雷达的优势。

覆盖范围。在上述视距和非视距条件的限制下，覆盖范围取决于发射信号的功率电平和接收机的灵敏度，可以覆盖多个房间。然而，在某些频段可能存在限制，因此降低了实际的覆盖范围。使用包括编码在内的复杂信号时，可以获得最大的覆盖范围。

环境敏感度。与所有基于无线电的方法一样，环境敏感度相当高。

7.2 RFID

结合易用且成本低的无线电系统与符号定位，可实现射频识别（Radio Frequency Identification，RFID）。RFID是一种电子标签，可以与任何物体关联，并通过读取器直接供电（见图7.2）。因此，我们可以用很低的成本及各种尺寸和形状制造RFID标签。标签之所以能被识别，是因为一旦由读取器供电，就可传输数据，如识别号码或其位置。

基于RFID的定位系统包括在不同位置放置一些标签。由于标签的成本非常低，因此可在大范围内放置大量标签。移动终端由一个读取器组成，因此可在经过附近时查询这些标签。当前的读取器作用范围可达1m（有时更远），相当于约1m的定位精度。定位方法包括从标签获取标识符并读取位置数据库，以链接标识符和位置。当然，也可让标签直接向读取器指示位置。还可认为移动终端是标签而不是读取器：对终端来说，这更便宜，但新系统需要将位置传输给标签（这表明标签必须是可编程的）。

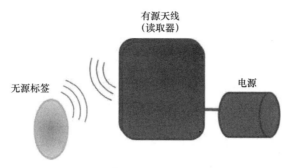

图7.2 典型的RFID系统架构

RFID标签的一个优势是，可按各种尺寸和形状生产。例如，还可将这些标签贴在衣服上，为创新方法提供想象空间。

下面回到参数表。第4章中介绍了该技术涉及的各个参数，表7.3所示。

表7.3 RFID的主要参数汇总

基础设施复杂度	基础设施成熟度	基础设施成本	终端复杂度	终端成熟度	终端成本	智能手机	复杂度校准
低	现有	低	低	软件开发	低	低	无
定位类型	精　度	可　靠　性	覆盖范围	环境敏感度	定位模式	室内外过渡	是否需要校准
绝对	分米	高	近距离	低	离散	容易	否

基础设施复杂度、成熟度和成本。基础设施的复杂度和成本取决于系统的部署方式。一般而言，标签（无论是无源的还是有源的）都部署在环境中。在这种情况下，"材料"方面的成本仍然是可控的，但安装、部署和维护成本可能不容忽视。相反，读取器作为固定基础设施，成本要高得多，因为必须提供电源、网络连接等。注意，在这种情况下，移动终端只是一个标签。无论选择何种方法，这类系统的所有要素在工业上都是成熟的。

终端复杂度、成熟度和成本。一般而言，用户终端是智能手机，且充当读取器。这种解决方案的优点是基础设施安装简便，且由用户提供系统正常运行所需的电源。在这种情况下，分布的标签可以无源的（范围较小），也可以是有源的（用于更长距离的操作）。

否需要校准和校准复杂度。唯一需要校准的是基础设施元素的位置。

定位类型。如往常一样，定位类型取决于提供基础设施要素位置的方式。为便于室内外过渡，通常使用兼容GNSS的坐标。

精度。由于覆盖范围有限，精度可视为与覆盖范围成反比。因此，可以认为无源标签的精度优于有源标签，因为后者的不确定性较高。这种推理可能过于简单，但确实为那些定位覆盖范围在空间上不连续的系统提供了一个特殊的视角。

可靠性。高可靠性是精度的必然结果。由于需要在靠近基础设施组件的区域内进行定位，随着定位精度的提高，定位的可靠性增加。当基础设施发生故障或被移动时，就会受到限制。这两种情况并不难处理。对于第一种情况，系统无法提供位置信息：虽然这会让人感到不便，但对诸如一般用户的日常应用来说，并不会造成严重影响。对于第二种情况，必须提供额外的系统来检测此类组件的移动，并在这种情况下信任它。当系统已被认为"非常可靠"时，提供的错误位置便是无法接受的。

覆盖范围。覆盖范围的级别是"近距离"。传统目标是广泛部署。无论是在室内还是在室外，都可在很大的范围内进行这种部署。

环境敏感度。环境敏感度为"中"，因为磁性障碍物或材料会导致干扰并降低其性能，用户应该能够自行找到解决办法。

定位模式。定位模式可能是如今最令人困扰的因素。GPS彻底改变了社会对定位的看法。如前几章所述，后者必须在时间和空间上是连续的。然而，除非部署规模非常大或者使用长距离的组件，否则RFID提供的是不连续定位。然而，至少在许多主流应用中（可能是大多数情况），需求绝对不是这样。甚至可以说，实际上，重要的是能够"按需"获得自己的位置，但必须是瞬时的，而这是GPS无法提供的。

7.3　超宽带

在无线个域网（Wireless Personal Area Network，WPAN）中，超宽带（UWB）技术独特，因为它使用基于时间的测量方法（而非传统频率方法），旨在提供低数据速率（符合2007年6月发布的IEEE 802.15.4a标准）或高数据速率（符合IEEE 802.15.3a标准，通常为480MB/s，以实现无线USB连接[1]）。对定位而言，UWB的有趣特性在于其使用了非常短的脉冲。因此，时间是UWB的内在特性，这不同于其他的典型无线电系统（如Wi-Fi、蓝牙、GSM、UMTS、GPS等）。此外，UWB系统最早应用于雷达，因为有两个因素对定位也大有帮助：首先，这些宽带信号能够穿过障碍物[2]；其次，可以实现精确的时间分辨率[3]。因此，UWB定位方法基于四台发射机（图7.3中的T_1到T_4）的时间测量，且由于脉冲持续时间非常短（通常小于1ns），定位精度非常高。

超宽带的基本原理是进行时间测量：我们知道固有测量可以非常准确，但我们面临的是全局同步问题[4]，这是通过第五个UWB模块（图7.3中的T_B）来实现的。进行时间测量后，就可计算出配备UWB的移动终端和各种UWB系统模块之间的传播时延或传播时延的差值。然后，采用类似于GNSS系统的三边测量法来确定室内位置。与准确的时间测量相关，定位的最终精度非常高：可达几厘米。

---

① 称为WUSB！注意另一个标准IEEE 802.15.3c计划使用57~64GHz频段。
② 由于频带较宽，信号中总有一部分不被障碍物干扰，这显然比传统的窄带信号效果更好。
③ 注意，雷达具有本文讨论的其他定位系统所不具备的特性：发射机和接收机的电子设备由同一个时钟驱动。
④ 类似于GNSS星座系统，其中的地面段负责全局同步。各卫星的具体时间与标准时间的时延通过导航消息传送到接收机。

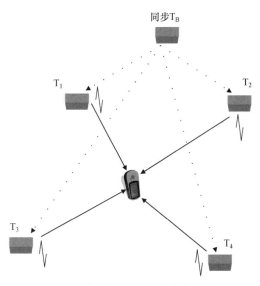

图7.3 典型的UWB室内定位配置

UWB电信系统面临着无线标准带来的某些难题。IEEE还未决定不发布标准，并且保留了两种可能性（单频带和多频带）。宽宽也是讨论的焦点之一：由于GPS社区的推动，带宽范围从1～10GHz调整到3～10GHz。由于GPS信号的电平很低，GPS社区担心这个新干扰信号进入GPS频段，因此向标准化组织施压，将UWB频段上移。遗憾的是，其他人也纷纷效仿，最终频段现在从3GHz开始，例如在5GHz频段的Wi-Fi a也有潜在的担忧。为了避免可能出现的新问题，提出了多频段方法：由于UWB信号的官方定义是频宽大于500MHz的信号，为什么不考虑528MHz的信道并用这些信道填充整个UWB频段呢？这样，就有11个频段可用，且需要时可以去除某些频段（例如，为避免与Wi-Fi a冲突，或者在某些国家，某些频段可能是不可用的）。遗憾的是，这种方法对脉冲形式施加了一些限制，因此势必将定位精度降低到几分米。此外，WLAN和蓝牙定位系统与电信网络没有关联，UWB的定位功能非常出色，但在电信系统允许的功率电平下无法实现。于是，距离将大大缩短（从几十米减小到几米），功率电平为几百毫瓦。

下面回到参数表。第4章中介绍了该技术涉及的各个参数，如表7.4所示。

表7.4 UWB的主要参数汇总

基础设施复杂度	基础设施成熟度	基础设施成本	终端复杂度	终端成熟度	终端成本	智能手机	校准复杂度
低	开发	高	中	整合	中	近期	无
定位类型	精 度	可 靠 性	覆盖范围	环境敏感度	定位模式	室内外过渡	是否需要校准
绝对	几厘米	中	多个房间	高	连续	容易	否

基础设施复杂度、成熟度和成本。制定标准时，难点不在于规范意义上的标准，而在于生产和部署技术的标准，这就使得事情变得复杂且成本相对较高。事实上，对于当前技术，这依然非常矛盾，因为UWB具有令人难以置信的竞争优势：它使用的是纳米制造技术。也就是说，它们非常适合大规模生产，且生产成本很低。于是，剩下的就取决于数量

和用途。就UWB而言，这些参数尚未稳定下来。然而，即使在实际环境中的性能并不总是如预先宣传的那样，其在定位领域的潜力也很大。

UWB方法基于飞行时间测量，因此与解决方案的各要素的同步问题相关。对此，人们在过去20年间提出了许多方法。无须详细描述所有方法，理解当前同步技术的基本理念及更广泛的飞行时间测量方法更重要。同步所有系统组件非常复杂，因此这一理念基于巧妙的时间差测量。

双向测距方法的发明是为了提供最佳的飞行时间测量（见图7.4）。

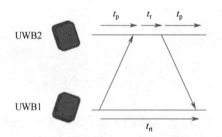

图7.4 典型的双向测距方法

这时，发射机T测量所谓的往返时间t_{rt}，包括图7.4中的2倍飞行时间和接收机R的回复时间。然后，考虑到回复时间t_r是系统预先定义的已知值，因此可用式（7.1）计算出平均传播时间（图7.4中的t_p）：

$$t_p = \frac{t_{rt} - t_r}{2} \tag{7.1}$$

这种方法消除了两台设备的时钟不同步的问题。然而，每台设备仍然存在时钟漂移。由于这类系统通常使用低成本振荡器，漂移引起的误差很容易达到几分米。因此，人们开发了对称双面双向测距方法，如图7.5所示。

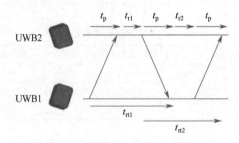

图7.5 典型的对称双面双向测距方法

在这种情况下，确实存在两种连续测量的双向测距方法，它们分别对应于两个往返时间t_{rt1}和t_{rt2}以及两个相关的回复时间t_{r1}和t_{r2}，如图7.5所示。研究表明，选择比传播时间更长的回复时间可以减少时钟漂移的影响，通常可降至一半。

终端复杂度和成本。在这种情况下，终端并不复杂，但仍属于专用设备。考虑到生产技术，其成本与其他常规无线技术（如Wi-Fi、蓝牙等）无异。

是否需要校准和校准复杂度。不需要进行校准，系统协议能自动完成校准。

智能手机和终端成熟度。目前绝大多数智能手机不包含这种UWB技术，但一些希望推广该技术的制造商提供了这种功能。将新标准集成到现有智能手机中的困难主要如下：技术上，最新智能手机几乎没有多余的空间，因此必须事先证明其在使用新功能方面的优势。这是一个困难且耗费精力的过程。

定位类型。以绝对方式提供定位。

精度。关于精度，通常需要讨论，这对大多数技术（不仅仅是无线电方法）也适用：理论上可以在接近最优的条件下进行预测，而实际情况往往是残酷的。对UWB而言，许多理论都指向了正确的方向：它具有非常宽的频带，因此可能具有极佳的时间分辨率；初步利用该技术，实现了雷达穿越障碍物的能力（因为频带非常宽）；因为信号的脉冲形式，具有抑制多径的性能等。然而，在现实中，受限的功率电平、时钟漂移、脉冲变形等因素一如既往地降低了预期的理论性能。所幸的是，开展的许多工作已使得性能接近理论值。

可靠性。无线电信号的传播无法完全预测，即使使用相对传统的双重传输技术也只能近实时地评估传播信道。此外，位置计算需要在不同的条件下进行多次测量，而这会影响可靠性。

覆盖范围。这一点也不完全明显。原则上，信号具有穿透墙壁的能力。然而，除非是在对这些频段的电磁波透明的结构中，否则当前所用的功率电平不能真正实现穿透。

环境敏感度。与所有无线电系统一样，传播方面的问题使其对障碍物、行人、墙壁等非常敏感。

参考文献

[1] Bahl P., Padmanabhan V. N. (2000). RADAR: an in-building RF-based user location and tracking system. In: *Proceeding IEEE INFOCOM 2000*, 775-784. IEEE.

[2] Fontana R. J. (2004). Recent system applications of short-pulse ultra-wideband (UWB) technology. *IEEE Transactions on Microwave Theory and Techniques* 52 (9): 2087-2104.

[3] Fontana R. J., Gunderson S. J. (2002). Ultra-wideBand precision asset location system. In: *IEEE Conference on UWB Systems and Technologies*. IEEE.

[4] Frazer E. (2003). Indoor positioning using ultrawideband techniques – analysis and experimental results. In: *11th IAIN World Congress*, Berlin, Germany. German Institute of Navigation (DGON).

[5] Gezici S., Tian Z., Giannakis G. B., et al. (2005). Localization via ultra-wideband radios – a look at

positioning aspects of future sensor networks. *IEEE Signal Processing Magazine* 22: 70-84.

[6] Ni L. M., Liu Y., Lau Y. C., et al. (2003). LANDMARC: indoor location sensing using active RFID. In: *Proceedings of the First IEEE International Conference on Pervasive Computing and Communications, 2003. (PerCom 2003)*, Fort Worth, TX, 407-415. IEEE.

[7] Zhang C., Kuhn M. J., Merkl B. C., et al. (2010). Real-time noncoherent UWB positioning radar with millimeter range accuracy: theory and experiment. *IEEE Transactions on Microwave Theory and Techniques* 58 (1): 9-20.

[8] DiGiampaolo E., Martinelli F. (2014). Mobile robot localization using the phase of passive UHF RFID signals. *IEEE Transactions on Industrial Electronics* 61 (1): 365-376.

[9] Wang G., Gu C., Inoue T., et al. (2014). A hybrid FMCW-interferometry radar for indoor precise positioning and versatile life activity monitoring. *IEEE Transactions on Microwave Theory and Techniques* 62 (11): 2812-2822.

[10] Zhang C., Kuhn M., Merkl B., et al. (2006). Development of an UWB indoor 3D positioning radar with millimeter accuracy. In: *2006 IEEE MTT-S International Microwave Symposium Digest*, San Francisco, CA, 106-109. IEEE.

[11] Errington A. F. C., Daku B. L. F., Prugger A. F. (2010). Initial position estimation using RFID tags: a least-squares approach. *IEEE Transactions on Instrumentation and Measurement* 59 (11): 2863-2869.

[12] Waldmann B., Weigel R., Gulden P. (2008). Method for high precision local positioning radar using an ultra wideband technique. In: *2008 IEEE MTT-S International Microwave Symposium Digest*, Atlanta, GA, USA, 117-120. IEEE.

[13] Silva B., Pang Z., Åkerberg J., et al. (2014). Experimental study of UWB-based high precision localization for industrial applications. In: *2014 IEEE International Conference on Ultra-WideBand (ICUWB)*, Paris, 280-285. IEEE.

[14] Chattopadhyay A., Harish A. R. (2008). Analysis of low range indoor location tracking techniques using passive UHF RFID tags. In: *2008 IEEE Radio and Wireless Symposium*, Orlando, FL, 351-354. IEEE.

[15] Wang G., Gu C., Inoue T., et al. (2013). Hybrid FMCW-interferometry radar system in the 5.8 GHz ISM band for indoor precise position and motion detection. In: *2013 IEEE MTT-S International Microwave Symposium Digest (MTT)*, Seattle, WA, 1-4. IEEE.

[16] Wehrli S., Gierlich R., Huttner J., et al. (2010). Integrated active pulsed reflector for an indoor local positioning system. *IEEE Transactions on Microwave Theory and Techniques* 58 (2): 267-276.

[17] Gierlich R., Huttner J., Ziroff A., et al. (2011). A reconfigurable MIMO system for high-precision FMCW local positioning. *IEEE Transactions on Microwave Theory and Techniques* 59 (12): 3228-3238.

[18] Luo R. C., Chuang C., Huang S. (2007). RFID-based indoor antenna localization system using passive tag and variable RF-attenuation. In: *IECON 2007 – 33rd Annual Conference of the IEEE Industrial Electronics Society*, Taipei, 2254-2259. IEEE.

[19] Ebelt R., Hamidian A., Shmakov D., et al. (2014). Cooperative indoor localization using 24GHz CMOS radar transceivers. *IEEE Transactions on Microwave Theory and Techniques* 62 (9): 2193-2203.

[20] Waldmann B., Weigel R., Gulden P., et al. (2008). Pulsed frequency modulation techniques for high-precision ultra wideband ranging and positioning. In: *2008 IEEE International Conference on Ultra-Wideband*, Hannover, 133-136. IEEE.

[21] Dardari D., Conti A., Ferner U., et al. (2009). Ranging with ultrawide bandwidth signals in multipath environments. *Proceedings of the IEEE* 97 (2): 404-426.

[22] Marano S., Gifford W. M., Wymeersch H., et al. (2010). NLOS identification and mitigation for

localization based on UWB experimental data. *IEEE Journal on Selected Areas in Communications* 28 (7): 1026-1035.

[23] Jourdan D. B., Dardari D., Win M. Z. (2008). Position error bound for UWB localization in dense cluttered environments. *IEEE Transactions on Aerospace and Electronic Systems* 44 (2): 613-628.

[24] Guvenc I., Chong C., Watanabe F. (2007). NLOS identification and mitigation for UWB localization systems. In: *2007 IEEE Wireless Communications and Networking Conference*, Kowloon, 1571-1576. IEEE.

[25] Zetik R., Sachs J., Thoma R. S. (2007). UWB short-range radar sensing – the architecture of a baseband, pseudo-noise UWB radar sensor. *IEEE Instrumentation & Measurement Magazine* 10 (2): 39-45.

[26] Wang C., Chen C. (2014). RFID-based and Kinect-based indoor positioning system. In: *2014 4th International Conference on Wireless Communications, Vehicular Technology, Information Theory and Aerospace & Electronic Systems (VITAE)*, Aalborg, 1-4. IEEE.

[27] Gharat V., Colin E., Baudoin G., et al. (2017). Indoor performance analysis of LF-RFID based positioning system: comparison with UHF-RFID and UWB. In: *2017 International Conference on Indoor Positioning and Indoor Navigation (IPIN)*, Sapporo, 1-8. IEEE.

08 第8章
建筑范围技术

摘要

如第7章所述，一些房间与"建筑"之间的界限并不十分清晰。事实上，这主要取决于所考虑的部署方式，以及在精度和可靠性方面希望获得的性能。本书中所做的区分基于两个方面：可实现的理论定位精度（第7章中描述的技术通常较好）和本章中基于光学技术的单个设备覆盖整栋建筑的方法。注意，第9章中将专门讨论室内GNSS。

关键词：建筑范围；同步定位与地图构建（SLAM）；惯性；基于光的方法；无线局域网（WLAN）

根据第4章中描述的分类，"建筑"技术的主要参数汇总如表8.1所示。

表8.1 "建筑"技术的主要参数汇总

技　术	定位类型	精度	可靠性	覆盖范围	环境敏感度	需要校准	定位模式	方法	信号处理	位置计算
加速度计	相对	$f(t)$	中	屏蔽	无影响	经常	连续	物理	检测	数学函数 $(\int, \iint, \iiint, \cdots)$
低功耗蓝牙（BLE）	绝对	几米	中	建筑	高	多次	几乎连续	物理	图像匹配	数学函数 $(\int, \iint, \iiint, \cdots)$
陀螺仪	相对	$f(t)$	中	建筑	无影响	经常	连续	物理	检测	数学函数 $(\int, \iint, \iiint, \cdots)$
图像相对位移	相对	$<1m$	中	建筑	高	多次	几乎连续	图像	综合	数学函数 $(\int, \iint, \iiint, \cdots)$
图像SLAM	相对	$<1m$	中	建筑	高	多次	几乎连续	图像	综合	数学函数 $(\int, \iint, \iiint, \cdots)$
室内GNSS	绝对	几分米	中	建筑	高	否	连续	相位	相互关系	∩双曲线
Li-Fi	符号	几米	低	建筑	很高	否	几乎连续	物理	检测	位置点定位
光照机会	相对	100m	低	建筑	很高	经常	几乎连续	物理	分类	区域确定
声音	相对	$>100m$	中	建筑	高	经常	连续	物理	检测	∩圆
经纬仪	绝对	几厘米	很高	建筑	很高	一次	连续	角度	综合	∩平面＋∩距离
Wi-Fi	绝对	几米	中	建筑	高	多次	连续	物理	图像匹配	数学函数 $(\int, \iint, \iiint, \cdots)$
WLAN符号定位	符号	10m	很高	建筑	低	否	连续	物理	传播建模	区域确定

8.1　加速度计

如第3章所述，加速度速度变化的量度。虽然可用加速度计来得到相对行进的距离，但有时这不是有效的方法，因为误差和偏差会累积。在可能的情况下，例如在汽车系统中，最好使用里程表来直接测量行进的距离。在汽车中，里程表只是一个可以计算车轮旋转次数并将其转换为线性距离的传感器。对于室内应用，可以使用同样的方法来测量滚动物体行进的距离。对行人而言则不同，因为使用车轮不方便。这时，可以使用加速度计来计算步数，然后将其转换为距离。

图8.1所示为行人脚步的典型加速度，这种加速度很大程度上取决于加速度计在人身体上的位置：脚是最好的位置，手可能是最差的位置，臀部是一个不错的折中位置。注意，这里使用的是加速度模量，即各个轴上加速度分量的平方平均数。

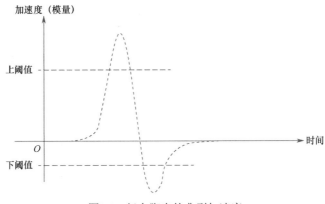

图8.1　行人脚步的典型加速度

智能手机中实际上有三个独立的加速度计，每个加速度计都与智能手机的一个轴相关联。这些轴与智能手机的屏幕相关联，因此测量值完全是相对的——既相对于智能手机本身，又相对于智能手机的姿态。检测到模量在给定时间间隔（为对应典型的步伐，时间不能太长）内连续越过上阈值和下阈值时（见图8.1），就可认为行进了一步。基于此，设计了一个步数计数器。为了定义行进的距离，需要知道步长：要么使用加速度值并对它们做双重积分（在短时间间隔内做这种积分可能会降低误差），要么根据身高为每一步分配一个值（常用做法）。

下面回到参数表。第4章介绍了这种技术涉及的各个参数，如表8.2所示。

表8.2　加速度计的主要参数汇总

基础设施复杂度	基础设施成熟度	基础设施成本	终端复杂度	终端成熟度	终端成本	智能手机	校准复杂度
无	无	零	中	硬件开发	中	现有	中
定位类型	精　　度	可　靠　性	覆盖范围	环境敏感度	定位模式	室内外过渡	是否需要校准
相对	$f(t)$	中	屏蔽	无影响	连续	已存在	经常

基础设施复杂度、成熟度和成本。惯性系统的主要优势是不需要任何基础设施。换言之，可以认为地球本身就是基础设施，因此在任何地方、任何时间都可用。

终端复杂度、成熟度和成本。与汽车使用的惯性个人设备相比，行人使用的惯性个人设备更难实现，主要原因是所需的物理测量范围更大，且移动终端的姿态不恒定[①]。例如，假设有一部配备了GNSS接收机和惯性系统的手机，它可在GNSS信号不可用时（如室内）推算航位。作为移动终端，手机会受到许多细小但剧烈运动的影响，如旋转、手部抖动甚至跌落。所有这些运动都必须由惯性系统分析，且不应导致误差累积。遗憾的是，由于基本原理是积分，所有误差都会累加：这些运动频繁发生，所导致的误差可能很大。此外，行人移动终端还面临其他困难，如缓慢且犹豫的运动。例如，当某人缓慢地从一条腿移动到另一条腿时，无论是否发生实际位移，产生的信号几乎都是相同的。在这种情况下，主要问题不是误差，而是对运动的解读。因此，尽管已经实现了一些值得关注的应用，惯性系统在行人移动终端中的应用仍然主要是步数计数。

是否需要校准和校准复杂度。加速度计绝对需要校准。校准的复杂度很大程度上取决于期望的性能。对于计步器，所需的两项校准分别是与阈值有关的校准（见图8.1）和与步长有关的校准。对于前者，或许可以一次性完成，即使是对所有类型的加速度计，因为可以接受阈值范围内的较大误差。对于后者，一个人的形态特征与其步长之间的经验关联也能得到很好的结果。当使用双重积分来计算距离时，校准要复杂得多，且需要定期进行。需要解决的主要问题是估算距离与（积分固有的）噪声积累之间的漂移。目前，一种操作模式是通过分析测量值和参考值之间的差来估算漂移。难点是漂移并不恒定，且找到参考距离也不容易。因此，实际应用时总在部署上受到限制。

定位类型。定位类型是"高度"相对的。如导言中所述，计算本质上是相对于初始状态的。就当前的智能手机而言，加速度计固定在终端内这个事实增强了这种相对性。在这种情况下，测量值不仅相对于终端的姿态，而且相对于终端的初始状态。

精度。精度在计步时很好，但在通过积分估算距离时会随时间变化。注意，用户（和用途）的需求也是不同的。在第二种情况下需要高精度，而在第一种情况下可以接受较小的误差。

可靠性。加速度计要经受无用且嘈杂的运动，且这些运动不是所要估算的，因此可靠性不高。然而，测量本身是相对可靠的。这就是主要研究工作是降低噪声影响的原因。

覆盖范围。通常认为智能手机中最好的加速度计能够将位置漂移限制为1m/min（积分过程）。通过考虑一个人在某个地方呆了几十分钟，就形成了"建筑"级别的覆盖范围。因此，应根据实际使用情况重新评估。

环境敏感度。对环境不敏感。

---

① 在汽车内，水平面大致保持不变。

定位模式。定位是完全连续的。实际上，时间也需要是连续的。若测量中断，则新测量将以先前测量的最后状态作为初始参考。

室内外过渡。由于环境没有影响，加速度计可实现无缝过渡。

8.2 蓝牙和低功耗蓝牙

在无线个人局域网（Wireless Personal Area Network，WPAN）领域，蓝牙的最初设计目的是消除终端（如计算机）附近的电缆。因此，蓝牙系统提供的距离相对较短，通常为10m。实际上，蓝牙系统提供的距离有三个"级别"，具体取决于信号传输的功率电平：几米、几十米和100m。与射频识别（Radio Frequency Identification，RFID）相比，蓝牙的主要优势是有着更长的通信距离及允许信号穿透墙壁的无线电效应。然而，若使用相同的单元识别方法，则精度也会降低。当给定点有几个基站可用时，人们提出了一些新技术。为了实现精度为几米的室内系统，可以使用基于功率电平的方法，这种方法的主要缺点是，需要大量的蓝牙模块来覆盖任何一个给定的地点，且实现最近邻算法所需的数据库相对复杂。每移动一个室内要素（如桌子或橱柜）[1]，都需要修改数据库。由于这个"初始化步骤"非常耗时，研究人员已做了大量工作来寻找一种方法，使数据库在人连接到蓝牙网络（或Wi-Fi）时，通过永久连续测量实现自动填充。为了克服建立数据库所需的时间成本以及环境中移动物体带来的不确定性，目前的技术正在实施一种"实时监控"传播条件的方法。实际上，这种想法是添加"嗅探器"或额外的接收机，并将它们用作校准组件。传播情况（或数据库）根据这些特定位置接收到的功率值进行更新。此时，需要深入了解主要的传播参数，以便确定嗅探器的合适位置。

随着蓝牙4.0［也称低功耗蓝牙（Bluetooth Low Energy，BLE）］的出现，事情很大程度上变得简单了。实际上，此前的蓝牙版本实现上述方法是有困难的：两个蓝牙模块之间建立通信所需的时间相当长，且为了获得稳定的功率测量结果，需要等待很长的时间。BLE的出现彻底改变了这一状态[2]。

关于应用和部署方案，许多作者提出了大量建议。典型的例子是"大阪导览"，即一个基于蓝牙的博物馆参观定位系统。图8.2显示了基于蓝牙的典型室内部署，其使用的是Cell-Id三角测量法（AP代表接入点）。

如前所述，蓝牙所需的网络比电信网络更大，因为接入点的数量必须大幅增加。为了弥补上述差距，有人认为电信需求增加必然导致接入点数量增加；然而，如果确实需要提高速率，那么制造商在技术人员的帮助下，肯定能在可接受的成本范围内使用较少的接入点来解决问题。因此，折中方案之前的方法一样难以优化。

---

[1] 注意，日常操作也可能改变环境，如开窗或关门。考虑到这些操作的影响，需要在功率电平上纳入误差范围，而这造成的直接影响是显著降低最终的定位精度。

[2] 另一个实际问题是，使用Wi-Fi网络的室内定位应用在苹果产品上不可能实现，因为相应的测量不可行。虽然Wi-Fi在当时有一些优势，但出于这个原因，更倾向于使用蓝牙。

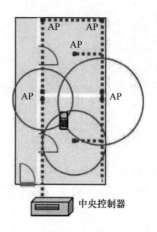

中央控制器

图8.2　基于蓝牙的典型室内部署

下面回到参数表。第4章中介绍了这种技术涉及的各个参数，如表8.3所示。

表8.3　蓝牙的主要参数汇总

基础设施复杂度	基础设施成熟度	基础设施成本	终端复杂度	终端成熟度	终端成本	智能手机	校准复杂度
低	现有	低	无	软件开发	零	现有	中
定位类型	精　度	可　靠　性	覆盖范围	环境敏感度	定位模式	室内外过渡	是否需要校准
绝对	几米	中	建筑	高	几乎连续	容易	多次

基础设施复杂度、成熟度和成本。基础设施包括在整个建筑内部署一些发射机（注意，虽然在室外也可使用，但其应用价值有限）。目前的方法基于使用电池作为电源的自主模块（在实际操作条件下，其寿命估计为数年）。主要优点是模块放置方便且安装成本低廉：只需"粘贴"它们。为了实现几米的精度（某些情况下可达1m），模块数量应相对较多，通常为每隔10m一个模块。即使需要部署大量模块，基础设施成本也不会太高。

终端复杂度、成熟度和成本。现有的智能手机几乎都支持蓝牙4.0，且终端设备通常是智能手机。某些情况（如博物馆的视听导览设备）下设计了特定的设备，但智能手机是理想选择。

是否需要校准和校准复杂度。就低功耗蓝牙而言，校准可从不同的角度来看待。通常需要知道发射模块的位置，但其精度取决于所期望的定位精度。在采用Cell-Id方法的情况下，当只想知道自己所在的大致位置时，相应的校准工作很简单——只需在地图上定位模块，并在其周围绘制一个粗略的无线电覆盖区域（可通过多种方式完成）。当需要更高的精度时，通常采用典型的指纹方法，而这需要更复杂、更耗时的校准。

定位类型。定位类型与绝对或相对参考系中发射模块位置的定义方式有关。可以很容易地设想一种"反向"方法，即基础设施接收智能手机发出的信号，但这不是当前的模式。

精度。精度通常没有说的那么好，但可达到几米。当精度低于几米时，可靠性问题就会随之而来。这很大程度上取决于部署模块的密度：在一定程度上可以认为模块数量越多，精度就越高，但有一个极限，即模块过多会导致在考虑不同的模块集时出现定位冲突（主要是因为测量误差）。因此，通常要部署一个模块网络并分析系统的定位性能来"实验性"地折中。若在某些特定的位置有特殊需求，则要部署新模块。虽然存在预测工具，但是室内环境的复杂度需要精确描述环境（墙体材料、窗户大小等），与相应的收益（时间和实际部署方面）相比，这样做的成本过高。

可靠性。讨论低功耗蓝牙技术的可靠性很有意义。采用Cell-Id方法时，若无线电模块覆盖区域的裕量足够，则可靠性确实可以达到很高的级别。问题是与GPS进行比较时，会引发关于精度的争论。通常报道的精度为1～2m，且性能高度依赖于环境条件，这就显著降低了定位的可靠性。

覆盖范围。当前的模块可跨多个楼层被检测到，在同一楼层内可以检测几十米，在空旷区域（无实际意义）可以检测几百米。

环境敏感度。关于环境敏感度的讨论与可靠性的相同。对于Cell-Id方法，其敏感度处于可以接受的级别，但当需要达到1m的精度时，敏感度会迅速增加。

室内外过渡。室内外过渡相对容易实现，但关注点仅限于GPS受到许多反射路径影响导致性能非常差的特定情况。例如，在老城区中心的狭窄街道或现代城市中心或商务中心的高楼周围，情况可能如此。

8.3　陀螺仪

如第3章所述，陀螺仪的输出是其轴角变化的速率。陀螺仪的测量原理基于陀螺效应，用于测量终端的相对运动或移动终端的方向变化。然而，陀螺仪的漂移需要定期补偿，这是有效使用该传感器的主要困难。

下面回到参数表。第4章中介绍了这种技术的各个参数，如表8.4所示。

表8.4　陀螺仪的主要参数汇总

基础设施复杂度	基础设施成熟度	基础设施成本	终端复杂度	终端成熟度	终端成本	智能手机	校准复杂度
无	无	零	中	硬件开发	中	现有	中
定位类型	精度	可靠性	覆盖范围	环境敏感度	定位模式	室内外过渡	是否需要校准
相对	$f(t)$	中	建筑	无影响	连续	已存在	经常

基础设施复杂度、成熟度和成本。这是惯性传感器的主要优势，也是被视为与无线电或光学系统相融合的理想候选技术的原因。它们不需要基础设施，测量完全在本地进行，并且附着于终端。主要缺点是，这些测量不能提供绝对定位，而只能提供相对于初始位置的定位。因此，需要绝对位置时，就要有外部辅助。

终端复杂度、成熟度和成本。根据陀螺仪的复杂度和物理实现方式，可以实现多种不同级别的性能。因此，价格范围从几美元到几千美元不等。目前，智能手机中集成的陀螺仪基于微机电系统（Micro-Electro Mechanical System，MEMS），是一种成本很低的电子集成系统。因此，这种系统的集成非常容易，因为其实际上是集成芯片。遗憾的是，目前智能手机中包含的陀螺仪的质量不足以完全解决定位的连续性问题[1]。

是否需要校准和校准复杂度。这是惯性系统普遍面临的难题。就陀螺仪而言，校准复杂度为"中等"，但需要经常更新，因为涉及的各种漂移并不恒定。此外，这种校准需要参考已知的角度变化率，而这并不容易获得。目前的方法假设角度变化率为零，如脚踩在地面上且不移动。

智能手机。大多数当前的智能手机已配备陀螺仪，常作为标准的"惯性传感器组"。

定位类型。如前所述，不能为用户提供绝对定位服务。例如，如果你关闭终端并在稍后重启终端，那么系统将无法为你提供位置（除非你知道自己未改变位置）。

精度。精度与实时时间相关，且与校准质量及其更新有关。因为无法提供行进距离提示，所以只使用陀螺仪无法实现定位。因此，不能将陀螺仪视为定位手段，而只能视为一种有用的辅助技术。

可靠性。可靠性既取决于传感器的性能和校准的精度，又取决于传感器在定位系统中的集成方式。虽然当前的智能手机不能视为好的测量传感器，但是可帮助区分终端的运动类别。

覆盖范围。惯性系统的另一个巨大优势是，它独立于基础设施。当然，根据所用的技术，有些环境条件可能会产生干扰，但一旦正确使用，惯性系统就不受环境影响。因此，覆盖范围实际上是无限的。这里使用"建筑"级别的原因，实际上是测量的精度和可靠性会随时间变化。若考虑在建筑内停留几十分钟，则漂移会高到影响定位的效率。

环境敏感度。如前所述，没有影响。

定位模式。以连续模式工作。

室内外过渡。无论是在室内还是在室外，都没有影响。

8.4 图像相对位移

相对位移定位包括在连续图像中"跟踪"相同的特征。例如，假设你在第一幅图像中识别了一扇门，并且知道相机的方向和相对位移（从第一幅图像到下一幅图像的位移），

---

[1] 注意，对作者来说这是一个机会，否则本书将没有任何意义或吸引力。

那么你就能"重建"你的轨迹（假设你拥有相机与你之间的相对定位和方向信息）。不过，这看起来并不简单；事实上，的确不简单！原因是需要知道一些实际信息并且接受不小的计算成本。此外，光学技术最具挑战性的问题是遮挡，尽管考虑大量连续图像能够消除障碍物的影响（以增加计算复杂度为代价）。

下面回到参数表。第4章中介绍了这种技术涉及的各个参数，如表8.5所示。

表8.5　图像相对位移的主要参数汇总

基础设施复杂度	基础设施成熟度	基础设施成本	终端复杂度	终端成熟度	终端成本	智能手机	校准复杂度
无	无	零	低	软件开发	零	现有	中
定位类型	精　度	可靠性	覆盖范围	环境敏感度	定位模式	室内外过渡	是否需要校准
相对	< 1m	中	建筑	高	几乎连续	中等	多次

基础设施复杂度、成熟度和成本。无须基础设施，这是与惯性系统类似的一个优势。由于测量和计算是在终端以"被动"方式进行的（无须发送特定信号），因此不需要任何基础设施。对定位系统来说，这显然是一个很大的优势。

终端复杂度、成熟度和成本。在终端方面，情况要稍复杂一些。当然，几乎所有的移动终端都配备了摄像头，需要时就可使用。这类组件的成本现在已降至最低。从复杂度上看，与GPS的对比是有意义的：硬件是高度集成的高水平电子产品，但由于成本很低，常被视为标准配置。最终，终端的复杂度才是关键：需要进行软件开发，以使当前终端能够实现这种图像技术。目前，有些设备能够完成该任务，但它们是采用优化算法的顶级设备。

是否需要校准和校准复杂度。不需要前面所说的那种校准，但是通常需要估算一些摄像头参数，如镜头焦距或变焦值。当然，当希望从图像测量值来估计实际距离时，这些参数相当重要。

智能手机。摄像头在智能手机上已经普及。这是这种技术可在智能手机上使用的原因，但其计算能力可能有限。

定位类型。除非图像中有一些可识别的标志，且与标准参考系中的绝对坐标相关联，否则图像定位就是相对于环境的。

精度。由于图像的重复和图像间大量对应的形态，精度可达到很高的级别。

可靠性。提供定位后，可靠性确实相当高，但遮挡可能降低定位的效率，因此这里将可靠性视为"中"级别。

覆盖范围。"建筑"级别显然不适合摄像头，因为光无法穿透墙壁。然而，采用当前的方法，定位系统能在整个建筑内从一个房间连续工作到另一个房间，因此考虑为"建筑"级别。

环境敏感度。 如前所述，环境敏感度很高。

定位模式。 几乎是连续的，因为从一个房间到另一个房间的过渡可能是个问题，显著样式的图像数量可能减少，不足以提供所需的连续性。

室内外过渡。 需要显著增大计算负担，因为基本形态的性质不同。

8.5 图像SLAM

图像SLAM的原理与前述的"图像相对位移"技术相同。然而，这次在进行定位的同时，还尝试绘制场所的地图。因此，连续图像必须彼此接近，以便充分重叠。

下面回到参数表。第4章中介绍了这种技术涉及的各个参数，如表8.6所示，具体说明与对表8.5的说明相同。

表8.6　图像SLAM的主要参数汇总

基础设施复杂度	基础设施成熟度	基础设施成本	终端复杂度	终端成熟度	终端成本	智能手机	校准复杂度
无	无	零	低	软件开发	零	现有	中
定位类型	精　度	可靠性	覆盖范围	环境的敏感度	定位模式	室内外过渡	是否需要校准
相对	< 1m	中	建筑	高	几乎连续	中等	多次

8.6 Li-Fi

Li-Fi（光保真）是光波的Wi-Fi等效技术。原理仍相同，但现在所用的是可见光（如第6章介绍的使用红外线的方法）。特别地，随着LED（发光二极管）照明的快速发展，现在能与光同时传输信号（实际上是"调制"光信号的频率）。因此，我们有可能使用照明灯作为无线信号发射机[①]。电信领域当然是首要目标，但为何不采用"定位"方法呢？这就是Li-Fi的基础。同样，需要有一幅安装灯具的"地图"，每个灯具都有具体的地址。注意，这些灯必须处于开启状态才能进行有效传输。需要指出的是，这与Wi-Fi的情况完全相同（唯一的区别是，对于后者，这是"不可见"的）。

基本原理是解调接收到的光，提取所传输的信息。这可通过各种方法实现，在今天的智能手机上实现起来也很简单。第一种方法是只使用能够检测调制的摄像头，但其性能有限。第二种方法是使用专用终端（或安装在智能手机上的适配器）。

Li-Fi的首批应用之一是建筑内的导航系统。Li-Fi的覆盖范围很大（介于低功耗蓝牙和Wi-Fi之间），能够相对高效地实施Cell-Id方法。

下面回到参数表中。第4章中介绍了该技术涉及的各个参数，如表8.7所示。

---

① 注意，通信目前是单向的，呈下行方式，因此与Wi-Fi有很大的区别。

表8.7 Li-Fi的主要参数汇总

基础设施复杂度	基础设施成熟度	基础设施成本	终端复杂度	终端成熟度	终端成本	智能手机	校准复杂度
中	开发	中	中	整合	中	近期	无
定位类型	精　度	可靠性	覆盖范围	环境敏感度	定位模式	室内外过渡	是否需要校准
符号	几米	低	房间	很高	几乎连续	容易	否

基础设施复杂度、成熟度和成本。虽然目前已有一些商用产品，但这种技术仍然很新，其应用、服务和业务模式尚未完全稳定。因此，需要更换LED灯泡是一个制约因素。我们知道，LED技术计划大规模部署，可以预见未来几年内将随处可见。然而，这是一个初步要求，而这样的初步要求通常对新技术来说是一个缺点。因此，虽然基础设施并不复杂，但其成熟度尚未达到Wi-Fi等其他无线技术的水平。关于成本，值得注意的是，更换LED灯泡将带来快速且直接的投资回报，因为电力消耗会立即降低，进而为Li-Fi技术提供真正的市场优势。对已采用LED技术的人来说，在某些情况下，如果LED与所需的调制器兼容，那么成本将会降低，但目前兼容性并不普遍。

终端复杂度、成熟度和成本。主要差别在于使用标准摄像头进行信号检测，或者需要使用特定的设备。可以预测，根据技术的实际用途，将其集成到当前终端中应不成问题。

是否需要校准和校准复杂度。如果实施类似Cell-Id的方法，除了必须将每个LED的标识符与地图上的位置关联（"地图"问题将在第13章讨论），实际上不需要校准。如果测量飞行时间，以便计算更准确的位置，那么对LED进行定位至关重要。

智能手机。从技术角度看，使用智能手机的摄像头进行Li-Fi定位没有问题。困难在于如何使用设备。与无线电系统相比，传播限制更大，因为非视距问题无法解决。考虑到灯泡和终端之间没有墙壁（或其他障碍物），用户本身也可视为障碍物（注意，对于无线电信号，这也是类似的，但不在同一级别）。这些评价也与所设想的定位技术高度相关。如果使用Cell-Id方法，问题就会大大减少，因为未检测到的灯泡可能会被另一个灯泡替代。精度可能会降低，但定位仍然可行，可靠性或许是可以接受的。如果实施飞行时间方法，问题会复杂得多，系统的最终性能很大程度上将取决于基础设施的复杂度。

定位类型。根据灯泡位置的考虑方式，定位可以是绝对的，也可以是相对的。还要注意，这种技术有时用于室外，在这种情况下，相对容易获得与GNSS兼容的坐标，以便与卫星导航系统保持连续的绝对定位。然而，最常见的定位方法是基于Cell-Id为用户提供一个符号位置，即一个高概率存在的区域。

精度。理论和实践通常不完全一致，主要原因是传播问题。

可靠性。如果精度不是需要优化的唯一参数，那么其可靠性非常好。

覆盖范围。目前普遍认为覆盖范围介于低功耗蓝牙和Wi-Fi之间，即通常大于10m，最多可达几十米。

环境敏感度。如同所有光学技术，环境敏感度很高。一种解决方案是增大基础设施的复杂度，但这会带来相应的成本。在所有情况下，环境和定位系统的使用方式对其有显著影响。

定位模式。实现连续定位没有问题。当然，这意味着到处都要有LED灯泡。

室内外过渡。只要灯"打开"，就没有问题。虽然室内的情况经常是这样，但室外的情况就不一样了。问题是我们是否能够接受为了Li-Fi白天也开灯（无论应用是什么）？尽管无线电网络是全天候24小时"开启"的，但对于Li-Fi而言，答案不一定为"是"。

8.7 光技术机会

由于室内定位是真正的挑战，研究人员提出了许多原创性解决方案。在这些解决方案中，测量周围光照水平是一种不寻常的位置识别应用方法。该方法依赖于特定条件下观察某个给定参数（这里为光照水平）的变化。校准后，在整个区域进行测量，建立一个数据库。然后，通过即时光照水平测量，可在数据库中进行模式匹配识别，并确定位置。这种通用方法可很容易地扩展到许多物理参数，如温度或无线电功率，无论是在本地生成的（如WLAN）还是在区域生成的（如电视信号）。这种方法的效率高度依赖于物理量。就光照而言，一些外部参数必然起显著作用：靠近窗户时，外部亮度是一个主要因素。即使是基于光照变化测量的方法，校准也不容易。例如，白天和夜晚的条件极为不同，必须加以考虑。

下面回到参数表。第4章介绍了该技术涉及的各个参数，如表8.8所示。

表8.8 光技术机会的主要参数汇总

基础设施复杂度	基础设施成熟度	基础设施成本	终端复杂度	终端成熟度	终端成本	智能手机	校准复杂度
无	研究	零	低	软件开发	低	近期	简单
定位类型	精 度	可 靠 性	覆盖范围	环境敏感度	定位模式	室内外过渡	是否需要校准
相对	100m	低	房间	很高	几乎连续	中等	经常

基础设施复杂度、成熟度和成本。根据该技术的定义，基础设施已经存在。然而，由于整体方法对可靠定位并不是显而易见的，因此关于该领域的报道很少。

终端复杂度和成本。光照传感器非常便宜，可在需要的地方使用。

终端成熟度。唯一的问题可能是传感器校准，更准确地说，是特定传感器相对于校准系统所用传感器的校准。因此，在这方面仍需努力。

是否需要校准和校准复杂度。校准包括沿着建筑移动并测量光照参数。如上文所述，由于外部条件的重大影响，这种校准应考虑多种配置。因此，有两种选择：一种是复杂的初始阶段，以便对条件进行进一步分类，使算法适应所考虑的类别；另一种是经常进行更简单的校准。

智能手机。目前所有智能手机都配备了光照传感器，用于调整屏幕亮度。此外，其测量范围足以用于定位。

定位类型。考虑差分测量方法，该定位本质上是相对的，但可通过叠加算法为用户提供绝对定位。

精度。报告的精度值为几米，但这似乎是在非常好的环境下通过非常仔细的校准得到的。更有可能的精度是几十米到几百米，而这确实引发了关于该方法在室内使用的实际效果的质疑。

可靠性。与"精度"参数的说明相同。

覆盖范围。这里考虑的"建筑"级别似乎是正确的。

环境敏感度。很高，因为外部环境条件对测量的干扰很大。

定位模式。在室内可以是连续的。

室内外过渡。相当复杂，因为室外校准实际上没有意义。因此，这种方法必须限制在室内环境下使用。

8.8　声音

之前关于超声波的讨论在这里仍然适用，但这里考虑的方法并不是通过测量距离来实现的。实际上，这种方法在类似于"环境光"或Li-Fi的级别上分析声音，根据分析结果定义一个高概率存在区域。这在特定环境下可能相当有效。特别地，想象一栋展览建筑，每个房间都有特定的消息。使用智能手机的扬声器可以检测到所在的房间。也可用背景音乐来实现。

下面回到参数表。第4章介绍了该技术涉及的各个参数，如表8.9所示。

表8.9　声音的主要参数汇总

基础设施复杂度	基础设施成熟度	基础设施成本	终端复杂度	终端成熟度	终端成本	智能手机	校准复杂度
无	无	零	低	整合	低	现有	简单
定位类型	精　度	可　靠　性	覆盖范围	环境敏感度	定位模式	室内外过渡	是否需要校准
相对	>100m	中	建筑	高	连续	困难	经常

基础设施复杂度、成熟度和成本。在这种情况下，基础设施已存在，无须增加。

终端复杂度、成熟度和成本。如前所述，当前的终端需要进行软件开发，但没有任何困难，当前智能手机上的应用程序已提供这种方法。

是否需要校准和校准复杂度。同样，需要包括音频信号和位置对应关系的地图。还可想象一种更简单的方法，即音频信号直接发送位置（类似于光学方法的条形码或二维码）。

智能手机。已经可以开发所需的软件。

定位类型。定位类型与位置和地图的关联方式有关。可以是相对定位或绝对定位，但本质上与音频信号发射机相关。

精度。如果使用Cell-Id方法，那么精度可视为一个房间，因此精度取决于房间的本地定义：可从小房间到大会议室不等。在很大程度上，它也取决于音频消息的传播情况。在嘈杂和安静的环境下都会出现潜在的问题。在第一种情况下，扬声器可能会错过消息而无法提供位置；而在第二种情况下，可能发生相反的情况：检测到一个消息，但该消息对应的房间并不是用户所在的房间。

可靠性。由于环境噪声的影响，该参数的可靠性级别为"中"。然而，如果覆盖区域之间的距离较远，那么可靠性可能会相对较高。

覆盖范围。可以很容易地覆盖整个建筑，甚至覆盖多栋建筑。

环境敏感度。主要受环境噪声的影响，声音对环境相对敏感。在某些受控的特定区域中，效率应该更高。

定位模式。从Cell-Id方法的角度讲，定位是连续的，即一系列高概率存在的区域是连续的。

室内外过渡。由于室外噪声，除非在非常特殊的情况下（非常大的音频、没有外部噪声等），否则这种解决方案在室外实施起来似乎比较困难。

8.9 经纬仪

在其最初的定义中，经纬仪是一种精密测量仪器，用于进行角度测量，进而进行三角测量，计算三角形的尺寸和角度。这种仪器由测量垂直平面和水平平面中的角度的组件组成。根据测量组件的质量，经纬仪在估算方面的精度各不相同，但通常非常精确。在改进的现代版中，经纬仪与激光测距仪相结合，能够进行额外的距离测量，这在希望"定位"目标物体或点时非常有用。

在不深入太多细节的情况下，使用原则基于经纬仪的初始"安装"，以提供参考方向。水平平面中的角度通过将该方向的值设为零来提供。关于垂直角度，可能有几种情况，但由于有水平仪可用，因此将水平面作为零参考。一旦经纬仪安装到一个固定点（无

论是否已知），就可对各个点进行测量，这些点将通过相对于安装位置的水平角和垂直角
来定义。如果还配有测距仪，就可求出到目标点的距离。

若现在尝试定位一个观测点，则除了上述安装，还需要知道经纬仪的位置。若经纬仪
配备了GNSS接收机，则可在绝对参考系中提供位置（在这种情况下，包括经纬仪和GNSS
在内的整个系统称为全站仪）；若参考系的原点被视为经纬仪的位置，则可在相对参考系中
提供位置。注意，最新型号的经纬仪通常可以实现所有原点和参考系的选择组合。于是，
目标点的坐标就是经纬仪的坐标加上连接经纬仪和目标点的直线的投影值，如图8.3所示。

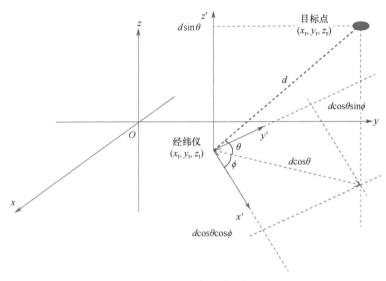

图8.3　经纬仪定位原理

经纬仪的坐标在绝对基准系 (x, y, z) 中为 (x_t, y_t, z_t)。在新经纬仪的定位器 (x', y', z') 中
[由点 (x_t, y_t, z_t) 和方向 x' 定义]，该点的坐标为 $(d\cos\theta\cos\varphi, d\cos\theta\sin\varphi, d\sin\theta)$。为了得
到目标点在初始参考系 (x, y, z) 中的坐标，需要应用变换矩阵：一次平移和一些旋转（最多
三次，在图8.3所示的情况下为两次，因为 z' 轴与 z 轴平行）。这些矩阵将在第9章中介绍。

下面回到参数表。第4章中介绍了该技术涉及的各个参数，如表8.10所示。

表8.10　经纬仪的主要参数汇总

基础设施复杂度	基础设施成熟度	基础设施成本	终端复杂度	终端成熟度	终端成本	智能手机	校准复杂度
无	无	零	很高	现有	很高	几乎不可能	中
定位类型	精　　度	可　靠　性	覆盖范围	环境敏感度	定位模式	室内外过渡	是否需要校准
绝对	几厘米	很高	建筑	很高	连续	困难	一次

基础设施复杂度、成熟度和成本。由于所有测量都是从经纬仪开始的，因此实际上不
需要任何基础设施。

终端复杂度、成熟度和成本。目前的经纬仪绝对不是为了提供室内定位而设计的，而

仍然是用于精密测量的专业设备。因此，它们目前的配置非常复杂且昂贵，并不打算面向公众使用。然而，这里之所以提到它们，是因为这种方法将室内定位的概念推向了极限，因此可将其视为参考。

是否需要校准和校准复杂度。校准并不复杂，但需要经验才能正确并有效地完成。此外，目前的经纬仪包含了很多的软件功能，它们确实是专业工具。

智能手机。不打算在智能手机上部署。

定位类型。本质上是相对于经纬仪位置的相对定位，但可通过简单的矩阵变换轻松地与绝对位置关联。

精度。在视距条件下，距离几百米内的精度可能是最佳的。

可靠性。如果使用得当，那么这个参数也是最佳的。

覆盖范围。在室内应用中，覆盖范围的级别是"建筑"。然而，在已完工的建筑中，若希望获得连续的位置信息，则其使用相对来说较为复杂。事实上，在无光的情况下无法进行测量。例如，更换楼层可能是复杂的操作。

环境敏感度。需要在视距下工作，因此环境敏感度相当高。

定位模式。最新的设备具有"机械化"能力，即实际上是电动化的，以便跟踪测试图案的移动（通常如此）。因此，完全有可能实现对连续移动物体的定位（甚至可以自动完成）。

室内外过渡。只要保持视距条件，就可能实现这种过渡。因此，这个限制相当高。

8.10　Wi-Fi

大多数室内定位工作都是通过Wi-Fi网络完成的。与蓝牙相比，主要区别在于Wi-Fi发射机的范围要大得多。由于设备的灵敏度相似，与使用蓝牙接入点相比，同一位置使用Wi-Fi接入点的数量可能会减少。注意，发射机可以是接入点或其他移动终端（适用于蓝牙和Wi-Fi）。虽然已有报告使用Wi-Fi的时间传播方法，但接收信号强度（Received Signal Strength，RSS）方法更受青睐（见3.4.2节）。因此，这种定位技术与蓝牙相似（见图8.4）。

Wi-Fi网络的最初目的是让移动终端能够无线连接到更广泛的网络，且Wi-Fi部署在室内无处不在。因此，任何给定接入点的范围通常要比设计用于短程连接的蓝牙接入点[①]的范围大得多。大约10年前，定位系统的部署成本很高，接入点的数量是首要考虑的问题。因此，Wi-Fi解决方案通常是首选，原因可能是当时动态可重配置网络尚未得到发展。

---

① 虽然蓝牙最初是为终端之间的无线电连接设计的，但一些开发工作已使用接入点实现了网络接入。

近年来，由于各种原因，情况发生了变化。事实上，一家知名公司早期推出的智能手机无法实现这种功率电平。因此，开发的解决方案无法在该旗舰产品上实施。因此，室内定位解决方案的开发人员转向蓝牙。随后，如8.2节所述，直到低功耗蓝牙技术出现，连接延迟和功耗问题才得到解决。通过使用由电池供电的低功耗蓝牙，Wi-Fi逐渐被放弃。当前，出于企业家和客户的需求与愿望，这两种技术共存。

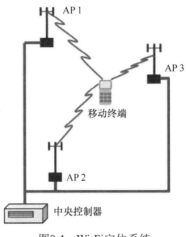

图8.4　Wi-Fi定位系统

下面回到参数表。第4章中介绍了该技术涉及的各个参数，如表8.11所示。

表8.11　Wi-Fi的主要参数汇总

基础设施复杂度	基础设施成熟度	基础设施成本	终端复杂度	终端成熟度	终端成本	智能手机	校准复杂度
低	现有	低	无	软件开发	零	现有	中
定位类型	精　　度	可　靠　性	覆盖范围	环境敏感度	定位模式	室内外过渡	是否需要校准
绝对	几米	中	建筑	高	连续	容易	多次

基础设施复杂度、成熟度和成本。Wi-Fi网络在世界范围内高度发展，优势显著。然而，事实证明，站点管理人员通常更喜欢在电信和定位之间设置独立的网络，因此降低了网络可用性的最初优势。这些网络的成熟度毋庸置疑，唯一的问题在于定位是在终端侧、基础设施侧实现的，还是在两侧共同实现的。

终端复杂度、成熟度和成本。同样，当前各类终端都能很容易地进行定位系统所需的测量。

是否需要校准和校准复杂度。与蓝牙技术的复杂度相同，但范围更大。要再次强调的，非常重要的一个方面是如何向用户提供地图（见第13章）。

智能手机。已具备。

定位类型。标准方式是绝对定位。

精度。有时有报道称，这种技术能够达到误差小于1米的出色结果。不过，考虑到环境和电子设备的波动，将这些数据作为该技术的重要指标似乎并不合理。我们更倾向于用"几米"这个级别来描述精度，这仍然要比电信交换要求的部署规模大得多。

可靠性。这是这些方法的致命弱点。很少有系统有实时估算其所提供定位精度或可靠性的功能，因此无法进行验证，且无法检测出糟糕的结果。有时，会用一些过滤、平均或评分技术，但这仍处于很高的处理水平。在基本测量质量较差的情况下，这些技术往往存在缺陷。

覆盖范围。Wi-Fi接入点非常强大，有时可以覆盖整个建筑。当然，这取决于建筑的大小，但考虑的覆盖范围显然是正确的。

环境敏感度。由于人群、墙壁、反射物体和非视距条件引起的干扰，敏感度较高。

定位模式。可以是连续定位。

室内外过渡。只要对环境进行了校准，使用Wi-Fi在室外进行定位就没有困难。一般来说，倾向于在室外使用GNSS，但在受限及覆盖不佳的区域，Wi-Fi很可能保持连续。

8.11 符号Wi-Fi

对各种室内定位技术，特别是WLAN相关技术的分析，可让我们对所提系统的主要特征进行综合，并对其演变有较深的认识：

- 最近邻搜索方法在精度方面表现良好。
- 传播建模结果较差。
- 所得精度范围很广。
- 功率测量噪声分布范围约为10dB。
- 移动设备相对于基站的方向是一个重要参数。
- 检测到的发射机数量有显著影响。
- 在数据库中使用复杂的搜索算法并不能带来任何实质性的改进。
- 引入"特权路径"显著提高了性能。
- 基础设施日益复杂可能会简化校准阶段并提高性能。

基于这些观察，对各种技术进行了比较评估。所探讨的问题涉及必要基础设施的重要性、精度，或者算法对整个定位系统的影响。定位效率通过典型的移动情况进行评估。各种研究结果与文献中描述的内容一致。然而，对定位可靠性的印象一直不好，主要原因是功率电平对实际环境高度敏感。此外，对数据库的需求（尤其是填充这些数据库所需的测量值）似乎是这些方法的一个主要缺点。

尽管取得了一些相当好的结果，Wi-Fi定位在绝对XY（或许还有Z）坐标方面仍然是棘手的任务。基于功率电平［RSSI（接收信号强度指示）］的方法依赖于内部配置，且不容易转移到另一栋建筑。它们需要在校准阶段进行大量的信息收集工作，并在位置计算过程中进行数据处理，而未考虑到通信系统所需的冗余（基站数量）。然而，对这些功率电平的观察者而言，他是否进入或离开房间是相当清楚的。因此，符号定位（房间、办公室、走廊等）可能是更好的方法。这种方法只需要简单的算法，且在面对新环境或有限的基础设施时更具鲁棒性。符号Wi-Fi定位系统如图8.5所示。

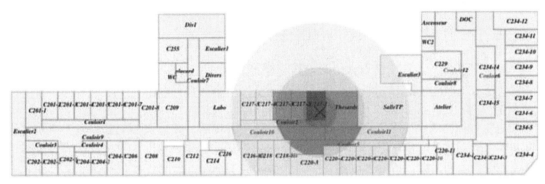

图8.5　符号Wi-Fi定位系统

该方法要求将所考虑的空间划分为符号表面，如房间、办公室或走廊。某些部分的特定大小和形状会使得我们不得不考虑它们的特性，特别是与表面相关的特性，并且需要定义一个空间邻域图，以便能够指定这些部分的空间组织（尤其是相邻的部分）。图8.5中还显示了位于C217-1的Wi-Fi接入点的估计覆盖范围，它是由一个特定的算法计算得出的。

符号方法的基本原理是根据移动终端接收到的信号强度来划分每个接入点的关联区域，但其尺寸和形状取决于接收到的信号强度。

显然，需要考虑非独占区域，这表明即使离接入点不远，接收到的信号强度也可能较低。功率和距离之间的关系并不是一一对应的。所用的算法将接入点的覆盖区域分为三个非独占空间。注意，每个接入点选择三个区域是复杂度与定位可靠性之间可以接受的折中方案（当然，可以增加或减少这些区域的数量）。每个空间都是根据房间的表面确定的。例如，在大房间和小房间中传播与接收的信号强度不同，因为墙壁会反射信号。因此，根据接入点的位置、所在房间的大小和周围房间的形状，覆盖范围会有所不同。图8.5中三个空间的形状反映了这一点：深灰色区域为区域1，灰色区域为区域2，浅灰色区域为区域3。要再次强调的是，三个空间并不是独占的，因此区域3包含接入点的整个覆盖范围。符号方法的实施需要为每个接入点定义关联的空间及两个阈值（在这种情况下是三个空间的阈值）。得益于各种研究，可以对可能作为部署区域的室内环境进行初步分类。为每种环境提出了定义空间1、空间2和空间3的规则。同样，还进行了三维方法的研究，以了解上、下楼层的接入点被接收到的情况，进而提供额外的信息。

下面回到参数表。第4章中介绍了该技术涉及的各个参数，如表8.12所示。

表8.12　符号Wi-Fi的主要参数汇总

基础设施复杂度	基础设施成熟度	基础设施成本	终端复杂度	终端成熟度	终端成本	智能手机	校准复杂度
无	现有	零	无	软件开发	零	现有	无
定位类型	精　度	可靠性	覆盖范围	环境敏感度	定位模式	室内外过渡	是否需要校准
符号	10m	很高	建筑	低	连续	容易	无

基础设施复杂度、成熟度和成本。这是与符号Wi-Fi的第一个区别。基本理念是只使用现有的基础设施，而不新增任何基础设施。精度会受到影响，但可靠性不会受到影响，这仍是该方法的主要目标。因此，基础设施相关的成本已降至最低。

终端复杂度、成熟度和成本。目前所有终端都兼容Wi-Fi和蓝牙。当然，必须考虑符号方法稍有不同的实现方式，但无论选择何种操作系统，都不会产生任何困难。

是否需要校准和校准复杂度。这是符号方法的新优势。不再需要创建和更新接收电平数据库，因为其已被用于确定与每个传输点的相关区域的简单算法所取代。位置计算不再通过在数据库中搜索最近邻来实现，而通过更高概率存在区域的几何交集来实现。

智能手机。在目前的智能手机上实施符号方法并不困难。

定位类型。显然是符号定位。

精度。理解该方法的要点是，精度并不总是优先考虑的。这并不是说精度一定很差（实际上，很多情况下的精度可能很高），而是为了强调可靠性。为了做到这一点，考虑RSS测量的性质（设备、使用条件和环境方面有很大波动）和"波动裕量"很有意义。对提供位置来说，这些裕量对估算有很大的影响。符号方法通过放宽精度约束来考虑这些波动裕量。通常，这会使得我们对现实情况的考虑更周全，进而在精度上与标准方法相媲美，但其可靠性却更高。

可靠性。可靠性参数是该方法的起点。使用低质量的测量数据时，这些数据极其依赖于一系列使用情况下无法控制的条件。那么，如何提高其可靠性呢？提高可靠性的方法有两个方面：一是在测量中纳入裕量，二是特别强调每个接入点对应的区域为非独占区域。如果考虑彼此独占的区域（即区域2不包含区域1），那么性能，特别是可靠性，不会处于高水平。

覆盖范围。覆盖范围与传统Wi-Fi的相同，但要求知道发射机的位置。注意，在用"指纹"类方法建立数据库时，这不是必需的，因为这些方法可在"盲测"的情况下完成。

环境敏感度。这是与可靠性相关的新优势。考虑测量误差的裕量极大地降低了环境依赖性。理论上，这会降低精度，但实际上会出现相反的情形，因为该理论受到了那些比预期大得多的测量误差的难度。

定位模式。与Wi-Fi一样，实现连续定位没有问题。

室内外过渡。可以实现室外过渡，但性能不好，因为这种方法只在考虑建筑内的反射时才有效。可以认为，在室外，**Cell-Id**是一种符号定位，它是可能实现的，但不是本章的主要内容。

参考文献

[1] Jeon J., Kong Y., Nam Y., et al. (2015). An indoor positioning system using Bluetooth RSSI with an accelerometer and a barometer on a smartphone. In: *2015 10th International Conference on Broadband and Wireless Computing, Communication and Applications (BWCCA)*, Krakow, 528-531. IEEE.

[2] Liu J., Chen R., Pei L., et al. (2010). Accelerometer assisted robust wireless signal positioning based on a hidden Markov model. In: *IEEE/ION Position, Location and Navigation Symposium*, Indian Wells, CA, 488-497. IEEE.

[3] Hsu C., Yu C. (2009). An accelerometer based approach for indoor localization. In: *2009 Symposia and Workshops on Ubiquitous, Autonomic and Trusted Computing*, Brisbane, QLD, 223-227. IEEE.

[4] Sheng-lun Y., Ting-li S., Xue-bo J. (2017). Improved smartphone-based indoor localization via drift estimation for accelerometer. In: *2017 IEEE International Conference on Unmanned Systems (ICUS)*, Beijing, 379-383. IEEE.

[5] Faragher R., Harle R. (2015). Location fingerprinting with Bluetooth low energy Beacons. *IEEE Journal on Selected Areas in Communications* 33 (11): 2418-2428.

[6] Jianyong Z., Haiyong L., Zili C., et al. (2014). RSSI based Bluetooth low energy indoor positioning. In: *2014 International Conference on Indoor Positioning and Indoor Navigation (IPIN)*, Busan, 526-533. IEEE.

[7] Fard H. K., Chen Y., Son K. K. (2015). Indoor positioning of mobile devices with agile iBeacon deployment. In: *2015 IEEE 28th Canadian Conference on Electrical and Computer Engineering (CCECE)*, Halifax, NS, 275-279. IEEE.

[8] Ji M., Kim J., Jeon J., et al. (2015). Analysis of positioning accuracy corresponding to the number of BLE beacons in indoor positioning system. In: *2015 17th International Conference on Advanced Communication Technology (ICACT)*, Seoul, 92-95. IEEE.

[9] Lohan E. S., Talvitie J., Figueiredo e Silva P., et al. (2015). Received signal strength models for WLAN and BLE-based indoor positioning in multi-floor buildings. In: *2015 International Conference on Location and GNSS (ICL-GNSS)*, Gothenburg, 1-6. IEEE.

[10] Basiri A., Peltola P., Figueiredo e Silva P., et al. (2015). Indoor positioning technology assessment using analytic hierarchy process for pedestrian navigation services. In: *2015 International Conference on Location and GNSS (ICL-GNSS)*, Gothenburg, 1-6. IEEE.

[11] Kyritsis A. I., Kostopoulos P., Deriaz M., et al. (2016). A BLE-based probabilistic room-level localization method. In: *2016 International Conference on Localization and GNSS (ICL-GNSS)*, Barcelona, 1-6. IEEE.

[12] Antevski K., Redondi A. E. C., Pitic R. (2016). A hybrid BLE and Wi-Fi localization system for the creation of study groups in smart libraries. In: *2016 9th IFIP Wireless and Mobile Networking Conference (WMNC)*, Colmar, 41-48. IEEE.

[13] Ichimura T. (2016). 3D-odometry using tactile wheels and gyros: localization simulation of a bike robot. In: *2016 16th International Conference on Control, Automation and Systems (ICCAS)*, Gyeongju, 1349-1355. IEEE.

[14] Li D., Eckenhoff K., Wu, K., et al. (2017). Gyro-aided camera-odometer online calibration and localization. In: *2017 American Control Conference (ACC)*, Seattle, WA, 3579-3586. IEEE.

[15] Wei Y. L., Lee M. C. (2011). Mobile robot autonomous navigation using MEMS gyro north finding method in Global Urban System. In: *2011 IEEE International Conference on Mechatronics and Automation*, Beijing, 91-96. IEEE.

[16] Marck J. W., Mohamoud A., vd Houwen E., et al. (2013). Indoor radar SLAM A radar application for vision and GPS denied environments. In: *2013 European Radar Conference*, Nuremberg, 471-474. IEEE.

[17] Kim H. -D., Seo S. -W., Jang I. -h., et al. (2007). SLAM of mobile robot in the indoor environment with Digital Magnetic Compass and Ultrasonic Sensors. In: *2007 International Conference on Control, Automation and Systems*, Seoul, 87-90. IEEE.

[18] Yamada T., Yairi T., Bener S. H., et al. (2009). A study on SLAM for indoor blimp with visual markers. In: *2009 ICCAS-SICE*, Fukuoka, 647-652. IEEE.

[19] Albrecht A., Heide N. (2018). Mapping and automatic post-processing of indoor environments by extending visual SLAM. In: *2018 International Conference on Audio, Language and Image Processing (ICALIP)*, Shanghai, 327-332. IEEE.

[20] Chang H., Lin S., Chen Y. (2010). SLAM for indoor environment using stereo vision. In: *2010 Second WRI Global Congress on Intelligent Systems*, Wuhan, 266-269. IEEE.

[21] Liu J., Chen Y., Jaakkola A., et al. (2014). The uses of ambient light for ubiquitous positioning. In: *2014 IEEE/ION Position, Location and Navigation Symposium – PLANS 2014*, Monterey, CA, 102-108. IEEE.

[22] Yoshino M., Haruyama S., Nakagawa M. (2008). High-accuracy positioning system using visible LED lights and image sensor. In: *2008 IEEE Radio and Wireless Symposium*, Orlando, FL, 439-442. IEEE.

[23] Aguirre D., Navarrete R., Soto I., et al. (2017). Implementation of an emitting LED circuit in a visible light communications positioning system. In: *2017 First South American Colloquium on Visible Light Communications (SACVLC)*, Santiago, 1-4. IEEE.

[24] Nakazawa Y., Makino H., Nishimori K., et al. (2014). LED-tracking and ID-estimation for indoor positioning using visible light communication. In: *2014 International Conference on Indoor Positioning and Indoor Navigation (IPIN)*, Busan, 87-94. IEEE.

[25] Yang Z., Fang J., Lu T., et al. (2017). An efficient visible light positioning method using single LED luminaire. In: *2017 Conference on Lasers and Electro-Optics Pacific Rim (CLEO-PR)*, Singapore, 1-2. IEEE.

[26] Kim Y., Hwang J., Lee J., et al. (2011). Position estimation algorithm based on tracking of received light intensity for indoor visible light communication systems. In: *2011 Third International Conference on Ubiquitous and Future Networks (ICUFN)*, Dalian, 131-134. IEEE.

[27] Xu W., Wang J., Shen H., et al. (2016). Indoor positioning for multiphotodiode device using visible-light communications. *IEEE Photonics Journal* 8 (1): 1, 7900511-11.

[28] Zhuang Y., Hua L., Qi, L., et al. (2018). A survey of positioning systems using visible LED lights. *IEEE Communications Surveys & Tutorials* 20 (3): 1963-1988, third quarter.

[29] Huang J., Ishikawa S., Ebana M., et al. (2006). Robot position identification by actively localizing sound beacons. In: *2006 IEEE Instrumentation and Measurement Technology Conference Proceedings*, Sorrento, 1908-1912. IEEE.

[30] Pei L., Chen L., Guinness R. et al. (2013). Sound positioning using a small-scale linear microphone array. In: *International Conference on Indoor Positioning and Indoor Navigation*, Montbeliard-Belfort, 1-7. IEEE.

[31] Yan J., Bellusci G., Tiberius C., et al. (2008). Analyzing non-linearity effect for indoor positioning using an acoustic ultra-wideband system. In: *2008 5th Workshop on Positioning, Navigation and Communication*, Hannover, 95-101. IEEE.

[32] Park G., Chanda P. S., Kang T. I. (2006). Implementation of a real-time 3-D positioning sound synthesis algorithm for a handheld device. In: *2006 8th International Conference Advanced Communication Technology*, Phoenix Park, 1493-1496. IEEE.

[33] Feng C., Au W. S. A., Valaee S., et al. (2012). Received-signal-strength-based indoor positioning using compressive sensing. *IEEE Transactions on Mobile Computing* 11 (12): 1983-1993.

[34] Yang C., Shao H. (2015). Wi-Fi-based indoor positioning. *IEEE Communications Magazine* 53 (3): 150-157.

[35] Lim C., Wan Y., Ng B., et al. (2007). A real-time indoor Wi-Fi localization system utilizing smart antennas. *IEEE Transactions on Consumer Electronics* 53 (2): 618-622.

[36] Feng C., Au W. S. A., Valaee S., et al. (2010). Compressive sensing based positioning using RSS of WLAN access points. In: *2010 Proceedings IEEE INFOCOM*, San Diego, CA, 1-9. IEEE.

[37] Figuera C., Rojo-Alvarez J. L., Mora-Jimenez, I., et al. (2011). Time-space sampling and mobile device calibration for Wi-Fi indoor location systems. *IEEE Transactions on Mobile Computing* 10 (7): 913-926.

[38] Bisio I. et al. (2014). A trainingless Wi-Fi fingerprint positioning approach over mobile devices. *IEEE Antennas and Wireless Propagation Letters* 13: 832-835.

[39] Le Dortz N., Gain F., Zetterberg P. (2012). Wi-Fi fingerprint indoor positioning system using probability distribution comparison. In: *2012 IEEE International Conference on Acoustics, Speech and Signal Processing (ICASSP)*, Kyoto, 2301-2304. IEEE.

09 第9章
建筑范围技术：室内GNSS的特例

摘要

室内GNSS（全球导航卫星系统）实际上是众人追求的目标。在过去20年里，卫星导航系统已从一个新兴系统变成了一个日常使用的系统，几乎没有人会特别注意。这不仅适用于技术组件，而且适用于其实施或使用。然而，实现室内GNSS的技术仍然相对复杂。这也是我们在法国矿业电信学院的研究小组特别研究的一个主题，并且我们提出了一些相当不错的技术解决方案。

关键词：室内GNSS；伪卫星；转发器；伪卫星-转发器；Grin-Loc

根据第4章中所做的分类，主要的"建筑"技术如表9.1所示。

表9.1　主要的"建筑"技术

技　术	定位类型	精度	可靠性	覆盖范围	环境敏感度	是否需要校准	定位模式	方法	信号处理	位置计算
加速度计	相对	$f(t)$	中	屏蔽	无影响	经常	连续	物理	检测	数学函数 $(\int, \iint, \iiint, \cdots)$
低功耗蓝牙（BLE）	绝对	几米	中	建筑	高	多次	几乎连续	物理	图像匹配	数学函数 $(\int, \iint, \iiint, \cdots)$
陀螺仪	相对	$f(t)$	中	建筑	无影响	经常	连续	物理	检测	数学函数 $(\int, \iint, \iiint, \cdots)$
图像相对位移	相对	< 1m	中	建筑	高	多次	几乎连续	图像	综合	数学函数 $(\int, \iint, \iiint, \cdots)$
图像SLAM	相对	< 1m	中	建筑	高	多次	几乎连续	图像	综合	数学函数 $(\int, \iint, \iiint, \cdots)$
室内GNSS	绝对	几分米	中	建筑	高	否	连续	相位	相互关系	∩双曲线
Li-Fi	符号	几米	低	建筑	很高	否	几乎连续	物理	检测	位置点定位
光照机会	相对	100m	低	建筑	很高	经常	几乎连续	物理	分类	区域确定
声音	相对	> 100m	低	建筑	高	经常	连续	物理	检测	∩圆
经纬仪	绝对	几厘米	很高	建筑	很高	一次	连续	角度	综合	∩平面 + ∩距离
Wi-Fi	绝对	几米	中	建筑	高	多次	连续	物理	图像匹配	数学函数 $(\int, \iint, \iiint, \cdots)$
WLAN符号定位	符号	10m	很高	建筑	低	否	连续	物理	传播建模	区域确定

9.1　概述

虽然本章专门讨论基于基础设施的全球导航卫星系统（Global Navigation Satellite System，GNSS），但也研究其他解决方案。例如，高灵敏度GNSS的设计目的是在没有额外基础设施的情况下确保服务的连续性。

因此，一种可能的解决方案是利用室内广泛可用的电信网络来发送导航信息。这样，接收机就可以其高灵敏度接收GNSS信号后计算位置，因为需要的所有参数（来自导航信息）都是可用的。因此，高灵敏度和辅助方法是相辅相成的。

这种解决方案的基本原理是信号始终存在于室内，但噪声电平比室外的低。因此，若能设计非常灵敏的接收机，则它应可安装到室内。所谓的辅助GNSS设计是一种类似但不相同的方法。辅助GNSS设计的最初目标是通过"帮助"接收机在恶劣环境下找到信号来确保室内定位。在这种情况下，自主接收机的主要问题之一是无法解码导航信息。因此，一种解决方案可能是通过室内广泛可用的电信网络来发送导航信息，这样，接收机便可高灵敏度地接收GNSS信号并计算位置，因为所有参数都是可用的。

由于具有更高的灵敏度，接收机现在更易受到可以检测到的众多反射信号的干扰，城市峡谷或室内的情况尤其如此。遗憾的是，虽然这些方法在90%的情况下确实带来了改进，但显然不是室内定位的正确解决方案。这就为基于基础设施的方法留出了空间。按照时间顺序，这四种技术分别是伪卫星、转发器、伪卫星-转发器和Grin-Loc。

9.2　本地发射机的概念

GPS类信号发射机的最初构想诞生于20世纪80年代，当时考虑了GPS的局限性，提出了诸如"当可用卫星少于三颗或四颗时如何使用接收机"或"如何提高系统的垂直精度"等问题。

第一个反应可能是将卫星数量增加两三倍。然而，人们认为以高成本有限地提升性能是不可持续的，于是出现了设立可在本地部署的GPS类信号发生器的想法：伪卫星由此诞生。

伪卫星（Pseudolite）是一种发射GNSS信号的设备，但它本身并不是一颗卫星。伪卫星易于部署，可在需要（如可见卫星数量少或特定性能提升需要）的地方"增强"星座。例如，对露天矿而言，增加一颗伪卫星可以确保即使是在矿井底部进行的操作也能连续提供定位服务。

类似的方法也被用于局域增强系统（Local Area Augmentation System，LAAS），目的是为飞机着陆提供良好的垂直精度。垂直精度与GNSS的特定参数——垂直精度因子（Vertical Dilution Of Precision，VDOP）密切相关（见参考文献[40]）。在飞机下方放一颗伪卫星可以显著改善这一参数。

城市峡谷对GNSS信号而言也是复杂环境（见图9.1）。位于高大建筑之间的接收机可能难以获取足够的信号，位置良好的伪卫星可以提供最佳性能。

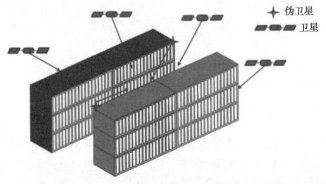

图9.1 典型的城市峡谷环境

在前面的例子中，伪卫星"增大"了GNSS的覆盖范围，提升了GNSS的精度。还可在概念上更进一步，即采用数量足够多的一组伪卫星，在不依赖卫星的情况下执行定位功能。这是室内定位系统的基本思想。

9.3 伪卫星

使用本地基础设施的基本理念是重新构建与本地建筑相关的卫星星座。我们可将这种本地基础设施称为地面卫星星座。由于室内接收问题主要源于信号强度低，使用信号发生器可通过提供足够强的信号有效地解决这一问题。伪卫星方法的实际实施是构建完整的信号发生器。伪卫星的巧妙之处是使用与GNSS信号相似的信号。因此，标准接收机无须更新任何硬件即可解码信号，只需进行软件更新，以告知接收机搜索并获取这些新的"地面卫星"。对于当前唯一完全运行的GPS卫星星座，C/A码是保留的，无法使用，因此，伪卫星必须选择其他伪随机噪声码。所幸的是，虽然36个保留码具有最佳的相关特性，但是它们远非唯一可用的码。还有许多Gold码可供使用，尽管相关性质量较低，但由于伪卫星发生器的功率较高，且伪卫星与接收机之间的距离相对较短，这并不构成实际困难。每颗伪卫星都被视为一个信号发生器，如图9.2所示。

伪卫星概念起源于20世纪80年代初，现在已被用于各种任务，从增强当前GNSS卫星星座在露天矿等困难环境中的性能，到最近城市峡谷和火星探索定位系统[①]，再到为飞机着陆提供局域增强系统。对于室内系统，需要4颗伪卫星才能实现三维定位（经典GPS方程见相关的参考文献）。

有两种不同的信号发生器方法，具体取决于所需的精度：米级或厘米级。如第6章和第7章所述，码定位精度低于载波相位定位的精度，但需要的电子设备较为简单。

---

① 该设想的目的是为行星探测提供精确的可部署定位系统。另一种可能是部署一个类似于GPS的环绕火星的完整卫星星座。

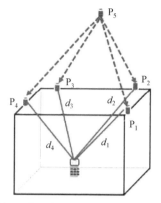

图9.2 室内伪卫星配置示意图（P_i表示伪卫星i，d_i表示伪卫星i和室内接收机之间的距离）

图9.3显示了这两种技术。基于"码定位"的技术可在无歧义的情况下获得距离，前提是室内范围不太可能超过一个码长，即300km。因此，其精度为几米，因为其运行模式与GPS的相同，只是信号穿过大气层时会产生各种测量误差。记住，主要误差存在于信号传播过程中。当然，为了达到这种精度，像标准卫星星座一样，接收机需要知道各颗伪卫星的位置：可以是本地坐标，也可以是全球坐标。伪卫星定位的精度显然很重要，但对码技术来说，这一要求并不严格：几十厘米的误差即可满足需求。

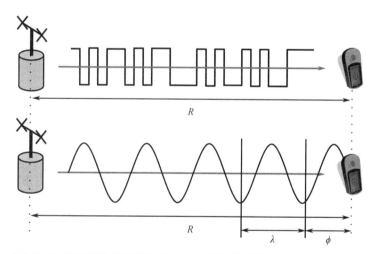

图9.3 伪卫星发生器的码技术（上）和相位技术（下）。R是伪卫星
与接收机之间的距离，λ是信号波长，φ是测量的载波相位

相位技术对伪卫星和接收机的要求更严格。由于涉及相位测量，因此必须解决模糊性问题（有关模糊性问题的详细信息，请参阅相关的参考文献），最终精度达到几厘米。相应地，伪卫星的位置也必须精确到几厘米[①]。

尽管这个理论概念非常巧妙，但在实际部署伪卫星时仍然存在一些问题。

---

① 注意，当室内定位伪卫星的精度要求达到几厘米时，这种情况的确定不容易。这个问题尚未得到深入研究，因为在技术问题解决之前，它并不是主要的关注点。

第一个问题是实现上述精度所需的时间同步。需要记住的是，有些卫星配备了不少于4座原子钟，以提供可以带来几米定位精度的时间精度。这种实现方式对用于室内定位的本地部署系统来说过于昂贵。解决该问题的方法是，类似于超宽带系统，使用额外的伪卫星作为时间参考基站。

第二个问题是所谓的近远效应。在室内，伪卫星与接收机之间的距离远小于卫星与接收机之间的距离。

重要的是这些距离之间存在相对差异，即室内这种距离的比例相当高（高达20或30）。而对于卫星星座，这一比例总小于25600/20200 ≈ 1.27。直接影响是伪卫星接收信号的功率比例可达20的平方或30的平方（考虑自由空间传播模型中的 d^2）。知道信号功率比为16等同于两个信号之间24dB的功率衰减后，就可预见问题之所在：由于码是伪随机的，接收机所能处理的功率电平差异存在实际限制，主要是因为低功率信号被视为噪声。因此，高功率伪卫星（离接收机最近的伪卫星）会将其他信号视为噪声而无法检测，于是对覆盖区域或基础设施定位的定义产生影响。

第三个问题是基于相位的伪卫星使用差分相位测量技术，而这种技术是相对定位技术。因此，确定起始点至关重要。只要用户在室内，就没有真正的手段获得所需精度（几厘米）的第一个位置，伪卫星全球系统应提供这一起始点：这一步可能需要相当长的时间（通常为10～20min）。另一方面，这仅在高精度室内定位时需要，而不太可能是典型的行人应用。因此，若用户需要厘米级精度，则启动该过程时存在时间限制：这仍然是可以接受的[1]。

基于伪卫星的典型定位系统如图9.4所示，定位结果如图9.5所示。

图9.4　基于伪卫星的典型定位系统。来源：新南威尔士大学测量和空间信息系统学院

在这种特殊情况下，伪卫星安装在建筑顶部。记住，这种安装方式可减小伪卫星与接收机之间的距离差，进而减小近远效应。来自世界各地的不同团队主要使用了相位测量方

---

① 这种限制存在于最初的高精度土木工程系统中，且被认为是可以接受的。

法，表明多径等问题并不严重（但伪卫星的室内多路径问题尚需进行全面研究）。

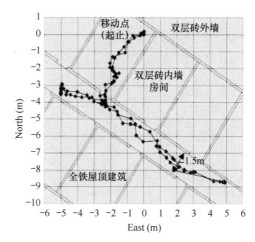

图9.5　定位结果。来源：新南威尔士大学测量和空间信息系统学院

9.4　转发器

转发器方法与伪卫星的理念相同，即部署地面本地星座，但在实际实施上有所不同。基本理念源于基础设施需求相对于高灵敏度GNSS（High Sensitivity GNSS，HS-GNSS）和辅助GNSS（Assisting-GNSS，A-GNSS）解决方案存在明显的劣势。然而，仍然需要一种基于基础设施的解决方案。因此，为便于部署，基础设施应尽可能简单[①]。

这里讨论的解决方案使用GPS转发器，将信号从接收条件良好的室外传输到目前标准接收机无法计算位置的室内。以下两种硬件配置使用转发器：一种硬件配置转发所有接收到的信号而不进行处理（称为RnS，见图9.6），另一种硬件配置只转发一颗卫星的信号（称为R1S，见图9.7）。

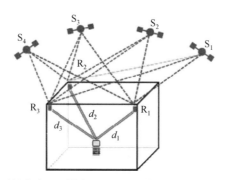

图9.6　典型的室内RnS转发器配置（S表示卫星，R表示转发器）

---

① 与WLAN或GSM/UMTS基础设施相比，伪卫星或转发器系统是专用于定位的基础设施，而后者的定位只是附属功能。部署成本主要由电信用途分担（然而，如前面所述，对当前WLAN室内定位系统来说并非完全如此）。

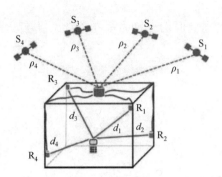

图9.7　典型的室内R1S转发器配置（ρ 表示伪距）

显然，使用这种转发器会给使用现有标准GPS接收机来求解导航方程带来困难。由于信号传播路径被转发器"弯曲"，实际测量的传播时间并不是卫星与接收机之间的真实距离，而是卫星到转发器的距离加上转发器到接收机的距离（当然，还包括转发器硬件引入的各种附加延迟）。因此，转发器方法需要设计新的转发器系统硬件和接收机算法来求解这个新的导航方程。

9.4.1　时钟偏移方法

在RnS方法中，转发器仅由接收天线、放大链路和发射天线组成。在这种情况下，所有卫星的信号都被传输到室内。在室内的接收机位置计算导航方程（可以使用任何技术，如线性化、卡尔曼滤波等）时，会得到一个解向量，该向量提供接收室外天线的位置及第四个分量，即所有的共同偏差之和（有关时钟偏差的详细信息请参阅参考文献[50]）。因此，它包含时钟偏差，包括转发器电子结构内部的延迟，还包括从转发器到室内接收机的自由空间传播延迟（相当于从转发器到接收机的距离d）。

因为我们无法知道ct_r（假定为接收机的实际时钟偏差），所以无法回溯到d。解决方案之一是，按顺序使用4台位于不同位置的转发器进行4次计算。在这种情况下，每次计算可得到两类信息：转发器的位置（前三个分量），以及ct_r与转发器"I"到室内接收机之间的距离d_i的总和。因此，经过一次"循环"后将得到如下向量（取自对每台转发器计算的4个解向量中的第四个分量）。参考图9.6，注意如下方程现在处理的是4台转发器，而不是图9.6中的3台转发器：

$$\begin{bmatrix} ct_1 \\ ct_2 \\ ct_3 \\ ct_4 \end{bmatrix} = \begin{bmatrix} ct_r + d_1 \\ ct_r + d_2 \\ ct_r + d_3 \\ ct_r + d_4 \end{bmatrix} \tag{9.1}$$

我们希望找到d_1，d_2，d_3和d_4来求出室内接收机的实际位置。这个问题与经典的室外定位问题相同。事实上，可以使用标准方法或球体扩展方法。球体扩展方法的定义如下：由最后一组方程，可通过计算坐标差生成一组新方程，进而消除ct_r（这很难确定）。假设d_1

是所有d中最小的，则有

$$
\begin{bmatrix} d_2 - d_1 \\ d_3 - d_1 \\ d_4 - d_1 \end{bmatrix} = \begin{bmatrix} ct_2 - ct_1 \\ ct_3 - ct_1 \\ ct_4 - ct_1 \end{bmatrix}
$$

（9.2）

此时选择d_1使得两个最大的球体相接。三个球体分别由半径$(d_{j_2} - d_{i_1})$，$(d_3 - d_1)$和$(d_4 - d_1)$定义。然后，扩展四个半径分别为d_1，d_2，d_3和d_4的球体，确定实际的交点，即室内接收机的位置。

需要定义循环时间，以及活动转发器的时间、起始时间和标识。然后，运行程序，存储由接收机传入的原始数据。在每种情况下，所需的基本数据如下：

1．GPS时间。
2．计算的时钟偏差（由当前GPS位置计算程序获得）。
3．测量的时钟偏差率（由多普勒频移获得）。

然后，基于前面描述的理论，很容易进行数学计算。完整的方程组为

$$
\begin{cases} ct_{\text{cal}}(t_{R_1}) = ct_{\text{osc}}(t_{R_1}) + \text{del}(R_1) + d_1 \\ ct_{\text{cal}}(t_{R_2}) = ct_{\text{osc}}(t_{R_2}) + \text{del}(R_2) + d_2 \\ ct_{\text{cal}}(t_{R_3}) = ct_{\text{osc}}(t_{R_3}) + \text{del}(R_3) + d_3 \\ ct_{\text{cal}}(t_{R_4}) = ct_{\text{osc}}(t_{R_4}) + \text{del}(R_4) + d_4 \end{cases}
$$

（9.3）

式中，$t_{\text{cal}}(t_R)$是在时刻t_R计算的时钟偏差，$t_{\text{osc}}(t_{R_i})$是时刻t_{R_i}的时钟偏差率，$\text{del}(R_i)$是由转发器R_i引入的延迟，d_i是接收机和转发器i之间的距离。

未知变量是引入的各种延迟（必须在实验室校准）、距离d_i（代表移动天线的x_r，y_r，z_r坐标）和三个时钟偏差率。因此，现在未知量的总数是7（x_r，y_r，z_r及4个时钟偏差率）。实际上，需要了解接收机的振荡器的短期稳定性：如果未知，那么仍可通过多普勒频移相当准确地跟踪它。于是，有

$$
ct_{\text{osc}}(t_{R_j}) = ct_{\text{osc}}(t_{R_i}) + \sum_{k=i+1}^{j} \Delta ct_{\text{osc}}(t_{R_k})
$$

（9.4）

式中，$\Delta ct_{\text{osc}}(t_{R_k})$是在时刻$t_{R_k}$测量的时钟偏差率。

现在，我们要求解4个未知量，即x_r，y_r，z_r和$ct_{\text{osc}}(t_{R_1})$。该计算完全与当前GPS接收机进行的计算相同：可以使用线性化方法进行三维定位。如同推断的那样，为方便起见，我们已转换到一个本地参考系中。

在一个典型的文件中，存储了GPS时间、时钟偏差和时钟偏差率，以及计算时钟偏差率与测量时钟偏差率之差。这显示了一个在实验过程中引发很多麻烦的有趣特征，即有时在一个方向或另一个方向上会出现较大的跳跃，人们可能认为发射中继器发生了变化。然而，情况不一定如此：这些连续的跳跃可能是由于用于计算位置的卫星数量发生了变化。我们必须解决这个问题，因为无法计算自身的导航解。如果不考虑这种影响，计算出的点将远超可接受的精度范围（某些计算出的室内位置可能会偏离实际位置4～5m）。去除这些结果后，得到了在1～2m覆盖范围内的一些相当不错的值。

遗憾的是，这种时钟偏差跳跃问题经常出现，主要原因是接收机内的各种滤波器未被移除。因此，当期望得到真正的原始数据时，接收机内部的算法试图通过在不同卫星星座之间切换（进而产生跳跃）或修改输出数据来使之平滑。在后一种情况下，我们寻找的额外延迟（对应于距离d_i）被极大地修正。这种技术的另一个难点与同步有关。

9.4.2　伪距方法

这些困难带来了问题，因此直接使用原始测量数据实施了另一种方案。我们知道，并非总能获得真正的原始数据，即摆脱各种旨在"改进"接收机解算结果的滤波器。因此，决定使用所谓的GNSS传感器，其设计目的是由接收机提供大量数据。还可修改一些参数，如环路平滑度、星座配置等。

事实上，我们所要做的主要是调整卡尔曼滤波器参数、码环和频率环参数。只要是为了实现室内外定位服务的连续性，就没有必要提高精度——精度能达到几米即可。

新技术的原理是，从一个转发器循环到下一个转发器时，"跟踪"伪距的变化（见图9.8）。实际上，可以预料到会出现跳变，其值为第一个转发器的室内天线到室内接收机的距离与第二个转发器到接收机的距离之差。在这种情况下，经过一个完整的循环后，应该得到三个差值，这些差值将体现接收机当前位置的特征。

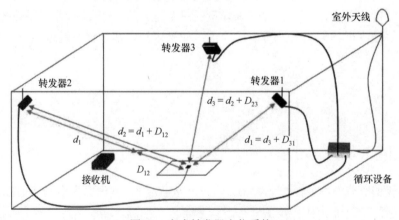

图9.8　室内转发器定位系统

　　图9.9所示为典型的伪距变化曲线，显示了几个循环的伪距变化情况。为了理解这条曲线，需要做如下假设。

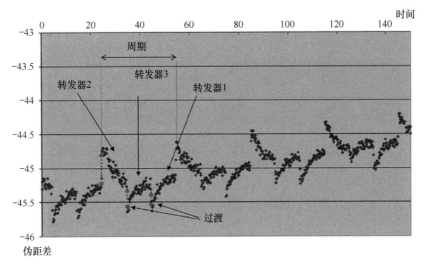

图9.9　典型的伪距变化曲线

- 转发器引入的延迟，即电子延迟和电缆延迟，已经过校准或者不需要校准。
- 只要曲线表示的是一个时间步与下一个时间步的差值，这些值就等同于伪距的漂移（也可视为加速度）。
- 可以观察到接收机的振荡器的剩余漂移（很小的正斜率）。

　　显然，接收机能够"看到"从一个转发器到下一个转发器的变化，如同加速度变化一样。还可观察到，在伪距从一个转发器过渡到下一个转发器后，接收机"回归"到自然漂移。这个回归所需的时间取决于调节参数，这些参数对能够跟踪从一个转发器到下一个转发器的跳变来说非常重要。有些调节无法观察到，而有些调节则可以观察到。

　　当信号从一个转发器切换到下一个转发器时，会导致接收信号的相位偏移。如在GPS定位中需要4颗卫星来实现三维定位一样，需要4台转发器来获得4个相位偏移。利用这些相位偏移（或相位跳变）值，才能计算出接收机的室内位置。为了理解这一点，下面写出卫星与室内GPS接收机之间的新室内伪距表达式。记住，信号是通过转发器R_i接收的：

$$\rho_i(t) = D_{S \to A}(t) + d_i + ct(t) + \Delta prop(t) + 延迟 \tag{9.5}$$

式中，$D_{S \to A}$ 是卫星和位于屋顶的室外天线之间的视距，d_i是转发器R_i与室内GPS接收机之间的距离，t为接收机的时钟偏差，$\Delta prop(t)$ 为传播误差延迟，"延迟"为连接室外天线和转发器R_i的电缆接收到的信号传播时间。假设这四台转发器的电缆相同，在这种情况下，所有路径（从R_1到R_4）的延迟是相同的。

　　注意，上述方程还取决于多径误差延迟，但这里不予考虑。假设在时刻t，信号从转

发器R_i切换到转发器R_j。在时刻$t + dt$通过转发器R_j测得的伪距为

$$\rho_i(t + dt) = D_{S \to A}(t + dt) + d_i + ct(t + dt) + \Delta prop(t + dt) + 延迟 \tag{9.6}$$

因此，从时刻$t + dt$到时刻t的伪距差为

$$\begin{aligned}
\Delta\rho_i(t + dt) &= \rho_i(t + dt) - \rho_i(t) \\
&= \Delta D_{S \to A}(t + dt) + \Delta d + c\Delta[t(t + dt)] + \Delta[\Delta prop(t + dt)]
\end{aligned} \tag{9.7}$$

式中，

$$\begin{aligned}
\Delta D_{S \to A}(t + dt) &= D_{S \to A}(t + dt) - D_{S \to A}(t) \\
\Delta d &= d_j - d_i \\
\Delta[t(t + dt)] &= t(t + dt) - t(t) \\
\Delta[\Delta prop(t + dt)] &= \Delta prop(t + dt) - \Delta prop(t)
\end{aligned} \tag{9.8}$$

我们关注的是Δd，即接收机与两台转发器R_i和R_j之间的距离差。这里，我们无法获取Δd的值，因为它与$\Delta D_{S \to A}(t + dt)$和$\Delta[t(t + dt)]$相比非常小。由于$\Delta d$仅在连续转发器之间的切换时间出现，因此我们计算第二个时间差来检测Δd。实际上，在时刻t，信号仍由R_i传输；因此，时刻t和$t - dt$之间的伪距差不包括Δd，有

$$\begin{aligned}
\Delta\rho_i(t) &= \rho_i(t) - \rho_i(t - dt) \\
&= \Delta D_{S \to A}(t) + c\Delta[t(t)] + \Delta[\Delta prop(t)]
\end{aligned} \tag{9.9}$$

为了提取Δd，我们计算伪距的第二个变化：

$$\begin{aligned}
\Delta\rho(t + dt) - \Delta\rho(t) =\ &[\Delta D_{S \to A}(t + dt) - \Delta D_{S \to A}(t)] + c[\Delta[t(t + dt)] - \Delta[t(t)]] + \\
&[\Delta[\Delta prop(t + dt)] - \Delta[\Delta prop(t)]] + \Delta t
\end{aligned} \tag{9.10}$$

如果转发器R_i和R_j之间的信号切换非常快（dt非常小），那么$D_{S \to A}$的二次差分、t和$\Delta prop$（上述方程中的第一项、第二项和第三项）可忽略不计，伪距的二次差分最终简化为$\Delta ji = \Delta d = d_j - d_i$。

每个循环结束时，有如下方程组：

$$\begin{aligned}
\Delta 12 &= d_1 - d_2 \\
\Delta 23 &= d_2 - d_3 \\
\Delta 34 &= d_3 - d_4 \\
\Delta 41 &= d_4 - d_1
\end{aligned} \tag{9.11}$$

注意，前三个方程的和等于最后一个方程，这就是在4个差中仅保留前三个差的原

因，例如保留前三个差。我们可用接收机的坐标 (x_r, y_r, z_r) 和转发器 $R_i (i = 1, 2, 3, 4)$ 的坐标 (x_R, y_R, z_R) 来表示距离 d_i：

$$
\begin{aligned}
\Delta 12 &= d_1 - d_2 \\
&= \sqrt{(x_{R_1} - x_r)^2 + (y_{R_1} - y_r)^2 + (z_{R_1} - z_r)^2} - \sqrt{(x_{R_2} - x_r)^2 + (y_{R_2} - y_r)^2 + (z_{R_2} - z_r)^2} \\
\Delta 23 &= d_2 - d_3 \\
&= \sqrt{(x_{R_2} - x_r)^2 + (y_{R_2} - y_r)^2 + (z_{R_2} - z_r)^2} - \sqrt{(x_{R_3} - x_r)^2 + (y_{R_3} - y_r)^2 + (z_{R_3} - z_r)^2} \\
\Delta 34 &= d_3 - d_4 \\
&= \sqrt{(x_{R_3} - x_r)^2 + (y_{R_3} - y_r)^2 + (z_{R_3} - z_r)^2} - \sqrt{(x_{R_4} - x_r)^2 + (y_{R_4} - y_r)^2 + (z_{R_4} - z_r)^2} \\
\Delta 41 &= d_4 - d_1 \\
&= \sqrt{(x_{R_4} - x_r)^2 + (y_{R_4} - y_r)^2 + (z_{R_4} - z_r)^2} - \sqrt{(x_{R_1} - x_r)^2 + (y_{R_1} - y_r)^2 + (z_{R_1} - z_r)^2}
\end{aligned}
\tag{9.12}
$$

这是一种典型的双曲型定位方程组。在该方程组中，未知数是接收机的位置 (x_r, y_r, z_r)。求解可通过线性化或使用双曲型求解算法来实现（详细信息见参考文献[50]）。于是，基于室内转发器的定位问题就是测量差值 Δji，这些差值对应于从一台转发器切换到下一台转发器时的码相位跳变，主要目标是检测并测量两个连续转发器之间信号切换时的码相位跳变。

转发器相对于伪卫星的优势之一是电子设备简单，且由于多台发射机同时传输，不存在近远效应（对转发器来说，在任何给定时间只有一台发射机正在工作）。另一个优势是实现了"时间差"测量，获得的精度优于GPS相关函数允许的精度。然而，较短的距离和差分效应不足以解释这一改进。必须考虑电子跟踪环的内部操作，其在检测"跳变"方面的性能非常出色。这是转发器方法的亮点，因为我们寻找的正是这些跳变，而环路设计用于提取这些峰值。

转发器的主要缺点是无法或难以进行信号载波相位测量。实际上，这些测量可以显著提高精度，尤其是在室外的厘米级GNSS中使用时。因此，可以在不完全依赖伪卫星的情况下进行这些测量。

9.5　转发器-伪卫星

结合伪卫星和转发器的优点，我们得到了转发器-伪卫星系统，目的是提高室内的定位性能。转发器-伪卫星系统的优点是可以进行载波相位测量（伪卫星方面），且对所有转发器-伪卫星只需使用一个发射信号（转发器方面）。问题在于转发器-伪卫星必须同时发送信号，而这会导致先前描述的近远效应。

9.5.1　提议的系统架构

主要思路是应用转发器-伪卫星系统，但将顺序模式替换为延迟模式。为了避免干扰，转发器和伪卫星彼此之间有时间延迟，这个时间延迟可使得接收机天线接收到的信号不重叠。在这种情况下，我们得到一个新的自相关函数（见图9.10）：不再只有一个码周期的峰值，而有 n 个峰值，其中 n 表示转发器-伪卫星的数量。

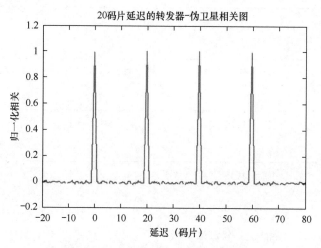

图9.10　在接收机处得到的自相关函数

图9.11所示为使用类似GNSS的信号发生器的实现方案，该方案涉及发射信号的良好同步。注意，与转发器一样，一个信号就足够了。

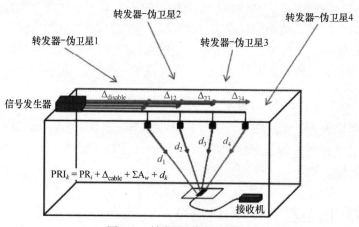

图9.11　转发器-伪卫星系统

理论也相当简单。考虑4颗延迟的转发器-伪卫星，终端可以测量4个伪距。需要求解的方程组为

$$\begin{cases} PR_1 = d_1 + \Delta_{cable} \\ PR_2 = d_2 + \Delta_{cable} + \Delta_{12} \\ PR_3 = d_3 + \Delta_{cable} + \Delta_{12} + \Delta_{23} \\ PR_4 = d_4 + \Delta_{cable} + \Delta_{12} + \Delta_{23} + \Delta_{34} \end{cases} \tag{9.13}$$

式中，PR_k是测量的伪距，Δ_{cable}是电缆延迟（涉及信号发生器和第一颗转发器-伪卫星之间的电缆，注意它应包括误差和时钟偏差），Δ_{uw}是转发器-伪卫星R_u和R_w之间的延迟，d_k是接收机和转发器-伪卫星R_k之间的距离。

这时，需要知道发射机[①]的位置。此外，使用经典GNSS算法可在本地参考系中得到位置。注意，只要4颗转发器-伪卫星的时钟漂移唯一，速度就可在同一参考系中计算，就像GNSS在室外一样。

9.5.2　优点

转发器-伪卫星连续传输，因此可以进行信号的载波相位测量。由GNSS的经验可知，这可提高定位精度。与转发器相比，该功能还可轻松处理动态定位。此外，室内和室外之间的过渡大大简化，因为两种环境下都应用了相同的运行模式。

最后，转发器-伪卫星的同步问题相对于伪卫星大大简化。使用转发器-伪卫星时，发射机之间不存在同步问题，因为它们由单个发生器"驱动"。缺点是需要电缆或光纤[②]。为了补偿电缆特性的变化，可能需要进行系统的初始校准，但这仍然是合理的。

9.5.3　限制

多径效应和近远效应是还存在的两个主要限制。使用具体的缓解技术（复杂信号处理）、时间和接收机移动平均技术，或者增加发射机的数量，可以处理多径效应。当发射机不固定（如卫星）时，最后一种解决方案非常有效，但当发射机固定（通常在室内）时并不实用。因此，由于无法确保接收机的移动，需要改进多径信号处理技术。近远效应则完全不同，因为它高度依赖所用的码。一些研究表明，可找到非常有效的新码来显著减少甚至完全消除这个问题。

9.6　Grin-Loc

与Wi-Fi或蓝牙方法相比，实现基于发射机的所有这些系统都显得较为复杂，因为前者只需"安装"发射机。当然，测量结果比功率电平信息更有价值，但进一步简化部署更好，这也是本章介绍的最新技术Grin-Loc所追求的目标。

图9.12所示为基于Grin-Loc的标准定位系统。在典型配置中，每部Grin-Loc在同一个载频上发射两个同步信号，每个信号都有特定的码。可以设想一种简单的实现方式——每副天线发射一个GPS卫星信号。要消除近远效应，两部Grin-Loc可以不同的频率发射信号。

---

① 为了提出自动定位发射器的方法，正在做一些研究工作。
② 也在考虑使用光纤来实现转发器-伪卫星之间的时间延迟。

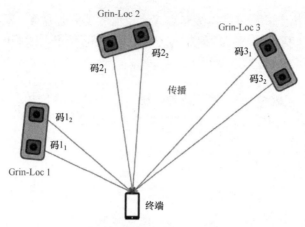

图9.12 基于Grin-Loc的标准定位系统

Grin-Loc实际上是一种反向雷达，它采用了简单的干涉仪技术。与现有方法的主要区别是，执行测量并进行定位的是接收机。另一个区别是，发射机发射两个编码信号。于是，单台接收机就可进行载波相位差测量。注意，在传输类似GNSS信号的情况下，完全标准化和当前的GNSS接收机已能与Grin-Loc协同工作。

9.6.1 双天线

定位基于每部Grin-Loc的相位测量差。这种空间多样性用于进行几何交汇（如果使用角度测量）或二次曲面交汇。事实上，有两种计算方法：第一种计算方法是确定信号在接收天线上的到达角；第二种计算方法是解析确定接收机所在双曲面的方程。在这种情况下，无须对接收机与Grin-Loc之间的距离做出假设，但会导致更复杂的数学计算（如下所示）。在所有情况下，必须知道Grin-Loc的位置。此外，当使用二次曲面时，还要知道Grin-Loc的方向和姿态。图9.13所示为Grin-Loc和接收机之间的标准几何关系及相关参数。Grin-Loc的两副天线的坐标分别为(x_{a_1}, y_{a_1})和(x_{a_2}, y_{a_2})，接收机的坐标为(x_r, y_r)。

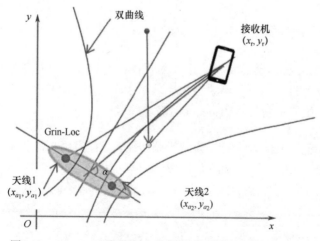

图9.13 Grin-Loc和接收机之间的标准几何关系及相关参数

Grin-Loc的两副天线之间的距离应小于或等于所传输信号的波长（λ），这将导致接收机得到无歧义的测量结果。无歧义意味着一个位置对应于一个相位差，且两个不同的位置不能由相同的测量值表征。对简化定位计算负担来说，这是至关重要的。

角α定义为Grin-Loc的中心，即两副天线的中点，它们也是双曲线的焦点。在后一种情况下，难点是计算对测量误差的高度敏感性。

1. 角度方法

假设Grin-Loc的两副天线之间的距离为l。设$\delta\varphi$为接收机上来自天线1和天线2的信号之间的相位差。于是，可以计算天线与接收机之间的角度α（见图9.13）：

$$\alpha = \arccos\left(\frac{\delta\varphi}{\lambda}\right) \tag{9.14}$$

虽然这是一个简单的公式，但只在对两副天线的到达角做出假设后才有效：它们必须相同。这意味着接收机应距离天线足够远。一般来说，仅当天线与接收机之间的距离大于发射天线间距的10倍时（当前情况下约为10λ，对于1/1.5GHz频段的信号，约为2m），这一假设才被认为是满足的。为了计算位置，要进行多条视线的交汇，进而使用多部Grin-Loc（见图9.14）。

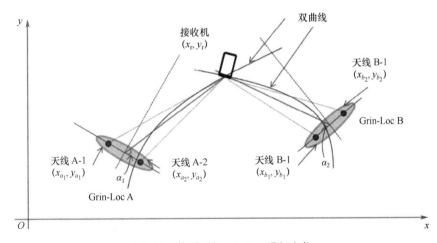

图9.14 使用两部Grin-Loc进行定位

2. 二次曲面方法

考虑图9.13中的符号，设$\delta\varphi$为载波相位差，则有

$$\delta\varphi = d_2 - d_1 = \sqrt{(x_{a_2} - x_r)^2 + (y_{a_2} - y_r)^2} - \sqrt{(x_{a_1} - x_r)^2 + (y_{a_1} - y_r)^2} \tag{9.15}$$

式中，d_2和d_1分别是接收机与Grin-Loc的天线1和天线2之间的距离。式（9.15）的另一种形

式为

$$d_2 = \delta\varphi + d_1 \tag{9.16}$$

可得

$$4\delta\varphi^2 d_1^2 = (d_2^2 - d_1^2)^2 + \delta\varphi^4 - \delta\varphi^2(d_2^2 - d_1^2) \tag{9.17}$$

式中，

$$
\begin{aligned}
d_2^2 - d_1^2 &= (x_{a_2} - x_r)^2 + (y_{a_2} - y_r)^2 - [(x_{a_1} - x_r)^2 + (y_{a_1} - y_r)^2] \\
&= (x_{a_2}^2 - x_{a_1}^2) + 2(x_{a_1} - x_{a_2})x_r + (y_{a_2}^2 - y_{a_1}^2)
\end{aligned} \tag{9.18}
$$

引入下面的中间变量：

$$d_2^2 - d_1^2 = 2\Delta X_{12}x_r + 2\Delta Y_{12}y_r + \Delta X_{21}^2 + \Delta Y_{21}^2 \tag{9.19}$$

$$
\begin{aligned}
(d_2^2 - d_1^2)^2 = {}&4\Delta X_{12}^2 x_r^2 + 4\Delta Y_{12}^2 y_r^2 + (\Delta X_{21}^2 + \Delta Y_{21}^2)^2 + 8\Delta X_{12}\Delta Y_{12}x_r y_r + \\
&4\Delta X_{12}(\Delta X_{21}^2 + \Delta Y_{21}^2)x_r + 4\Delta Y_{12}(\Delta X_{21}^2 + \Delta Y_{21}^2)y_r
\end{aligned} \tag{9.20}
$$

$$\Delta X_{12} = x_{a_1} - x_{a_2}, \quad \Delta Y_{12} = y_{a_1} - y_{a_2} \tag{9.21}$$

$$\Delta X_{21}^2 = x_{a_2}^2 - x_{a_1}^2, \quad \Delta Y_{21}^2 = y_{a_2}^2 - y_{a_1}^2 \tag{9.22}$$

于是，式（9.15）变成

$$
\begin{aligned}
&x_r^2[\delta\varphi^2 - \Delta X_{12}^2] + x_r[\delta\varphi^2\Delta X_{12} - 2\delta\varphi^2 x_{a_1} - \Delta X_{12}(\Delta X_{21}^2 + \Delta Y_{21}^2)] + y_r^2[\delta\varphi^2 - \Delta Y_{12}^2] + \\
&y_r[\delta\varphi^2\Delta Y_{12} - 2\delta\varphi^2 y_{a_1} - \Delta Y_{12}(\Delta X_{21}^2 + \Delta Y_{21}^2)] - 2\Delta X_{12}\Delta Y_{12}x_r y_r + \\
&\delta\varphi^2(x_{a_1}^2 + y_{a_1}^2) + \delta\varphi^2/2(\Delta X_{21}^2 + \Delta Y_{21}^2) - \tfrac{1}{4}(\Delta X_{21}^2 + \Delta Y_{21}^2)^2 - \delta\varphi^4/4 = 0
\end{aligned} \tag{9.23}
$$

二次曲面的通式为

$$A(x_r - x_{\text{ref}})^2 + B(y_r - y_{\text{ref}})^2 + Cx_r y_r + D = 0 \tag{9.24}$$

式中，A, B, C, D 及 x_{ref} 和 y_{ref} 是二次曲面的系数。注意，一旦定义问题的几何结构，就确定了各部 Grin-Loc 的位置，且相位差 $\delta\varphi$ 测量完毕，就确定了系数 A 到 D。式（9.24）是包含 $x_r y_r$ 交叉项的典型二次曲面形状（二维情形；三维情形下的表达式类似，但更复杂）。

9.6.2 多双天线情况下的解算

定位需要处理来自多个位于已知位置的 Grin-Loc 的信号。角度方法（接收机离发射机足够远）和二次曲面方法都可使用。尽管可以实现二维和三维定位，但以下方程仅处理二维情况，因为三维情况的复杂性对于理解没有帮助。还要注意，Grin-Loc测量是完全独立的（相对于两个不同的Grin-Loc），这就使得Grin-Loc之间的同步过程完全没有必要。相对于伪卫星，这是根本性的改进，因为现在不需要在Grin-Loc之间做电缆或其他连接。

因此，二维定位需要两部Grin-Loc，而三维定位需要三部Grin-Loc。图9.14所示为二维配置中的典型几何示例。

1. 角度定位方法

一旦测量到图9.14中所示的两个角度，就可求解如下方程组：

$$
\begin{aligned}
\alpha 1_{21} &= \arccos\left(\frac{\delta\varphi 1_{21}}{\lambda}\right) \\
\alpha 2_{21} &= \arccos\left(\frac{\delta\varphi 2_{21}}{\lambda}\right)
\end{aligned}
\tag{9.25}
$$

此外，还可添加第三个测量量，以便通过三条线的交汇来定义位置。然而，这样做的风险是，只有两个测量量时，无法评估定位的真实精度，因为两条线总会相交（除非平行，但这种情况在这里是极不可能的）。在这种情况下，需要测量角度$\alpha 3_{21}$，并且定位将为我们提供一个可能的三角形。

2. 二次曲面定位方法

当有三部Grin-Loc时（图9.14中未显示第三部Grin-Loc），需要求解的方程组为

$$
\begin{aligned}
A_1(x_r - x_{ref1})^2 + B_1(y_r - y_{ref1})^2 + C_1 x_r y_r + D_1 &= 0 \\
A_2(x_r - x_{ref2})^2 + B_1(y_r - y_{ref2})^2 + C_2 x_r y_r + D_2 &= 0 \\
A_3(x_r - x_{ref3})^2 + B_1(y_r - y_{ref3})^2 + C_3 x_r y_r + D_3 &= 0
\end{aligned}
\tag{9.26}
$$

式中，A_i, B_i, C_i, D_i和$(x_{refi}, y_{refi}), i = 1, 2, 3$是三个二次曲面的特征参数。当然，一旦确定方程组的完整几何结构（包括Grin-Loc和接收机的位置），就确定了这些参数。

下面回到参数表。第4章中介绍了该技术涉及的各个参数，如表9.2所示。

表9.2 室内GNSS的主要参数汇总

基础设施复杂度	基础设施成熟度	基础设施成本	终端复杂度	终端成熟度	终端成本	智能手机	校准复杂度
中	研究	中	低	软件开发	零	现有	无
定位类型	精　　度	可　靠　性	覆盖范围	环境敏感度	定位模式	室内外过渡	是否需要校准
绝对	几分米	中	建筑	高	连续	容易	否

基础设施复杂度、成熟度和成本。尽管这种技术看起来很有意义，但仍处于研究阶

段。商用伪卫星已出现，但尚未大规模部署此类发射机进行室内定位。因此，实现部署仍然需开展重要的工作。特别地，所有与安装相关的"后勤"问题尚未解决。然而，基础设施仅限于在建筑内部署双天线发射机。

几乎所有与伪卫星或转发器相关的困难（如发射机之间的同步、与接收机的同步、多径效应对测量质量的影响、单次测量的精度等）都已解决，因此降低了基础设施的复杂性和成本。然而，其成熟度问题仍需开展特定的工作来解决。

终端复杂度、成熟度和成本。每台GNSS接收机都已进行所需的测量。实际上，这种方法比目前在室外使用的方法更简单，因为不需要估计模糊性（这是室外的主要难题）。计算要么更简单（角度方法），要么与室外的复杂性相当（二次曲面方法）。此外，由于所有接收机都必须进行这些测量，因此没有与成本相关的问题，从廉价的接收机到昂贵的接收机都是如此。

是否需要校准和校准复杂度。定位系统不需要校准。然而，每部Grin-Loc都应精心制造，因为信号发生器到天线的两条路径之间出现任何不匹配时都会产生误差。因此，在工厂中，Grin-Loc需要高水平制造。安装到所考虑的环境中后，仍然存在经典限制：需要知道天线在合适地图中部署的位置（见第13章）。

智能手机。得益于Android操作系统（自版本7.0起），可以访问载波相位测量值。如室外GNSS预期的那样，一旦进入室内，测量就会出现模糊性问题。然而，因为我们知道Grin-Loc能够提供无歧义测量，所以很容易克服这个问题。因此，基于安卓的智能手机已具备"基于Grin-Loc的室内定位"条件。遗憾的是，操作系统并不是问题的终点，因为芯片组也应使这些值可得（它们在芯片组中是必需的，以便能让GNSS接收机在室外正常工作，但并不总是在芯片输出中可得）。越来越多的芯片组是兼容的，但出现了一个新问题：为了降低嵌入智能手机的GNSS接收机的功耗，芯片组制造商常为接收机实现一种称为占空比的技术，这种技术会导致接收机间歇性地工作——每秒通常只工作10%或20%的时间。无疑，这会降低功耗，但接收机无法进行"标准的"（室外）载波相位测量。对于Grin-Loc，这无关紧要，因为它适应这种模式；但对于标准接收机，这会导致无法进行载波相位测量（因为无法解决模糊性问题），即使在最新版本的操作系统下。

定位类型。这与Grin-Loc的位置有关，目的是为用户提供与室外GNSS服务的完整连续性。因此，原则是以与GNSS兼容的坐标提供Grin-Loc的位置。在这种情况下，可以实现连续性，并且始终可以进行绝对定位。

精度。理论上可实现厘米级精度，但几分米似乎才是合理的级别。尽管相位测量值的各个差值非常好（在包括多径、周围有人但没有墙壁的条件下，精度可达几毫米），当等效角接近90°时，即使是小误差也会导致较大的定位误差。另一个难点是，单部Grin-Loc的误差在计算接收机的位置时会叠加，因此增加了潜在的不准确性。然而，尽管尚未实现应用，但可以开发平滑的功能来减少突发测量误差的影响。

可靠性。由于环境原因，可靠性不太好。如果了解环境，可靠性就会大幅提高。遗憾的是，对大众市场应用而言，情况并非如此[①]。

覆盖范围。考虑"建筑"级别有些乐观，因为穿墙会降低飞行时间测量的准确性。尽管如此，通过传输足够的功率电平，可以实现穿越多面墙和多个楼层的定位。尽管精度和可靠性会降低，但仍然是可能实现的。

环境敏感度。这是一种基于无线电的技术，因此掩蔽和非视距条件是需要关注的问题。有些技术可以克服这些问题，但目前它们的效率还不高。

定位模式。为了进行良好的相位差测量，保持连续性确实很重要。虽然不是强制性的，但由于测量结果是无歧义的，不需要连续跟踪载波相位，这显然有助于误差平均。

室内外过渡。简单但不容易。接收机应从室内模式的Grin-Loc切换到室外模式的卫星。这并不难实现，但需要开发特定的软件。

参考文献

[1]　Berkovich G. (2014). Accurate and reliable real-time indoor positioning on commercial smartphones. In: *2014 International Conference on Indoor Positioning and Indoor Navigation (IPIN)*, 670-677. Busan: IEEE.

[2]　Chen C. Y., Luo T. H., Hwang R. C., et al. (2013). A six-antenna station based indoor positioning system. In: *2013 2nd International Symposium on Instrumentation and Measurement, Sensor Network and Automation (IMSNA)*, 919-921. Toronto, ON: IEEE.

[3]　Chen L. H., Wu E. H. K., Jin M. H., et al. (2014). Intelligent fusion of Wi-Fi and inertial sensor-based positioning systems for indoor pedestrian navigation. *IEEE Sensors Journal* 14 (11): 4034-4042.

[4]　Cullen G., Curran K., Santos J., et al. (2014). To wireless fidelity and beyond—CAPTURE, extending indoor positioning systems. In: *2014 Ubiquitous Positioning Indoor Navigation and Location Based Service (UPINLBS)*, 248-254. Corpus Christ, TX: IEEE.

[5]　Crocoll P., Caselitz T., Hettich B., et al. (2014). Laser-aided navigation with loop closure capabilities for Micro Aerial Vehicles in indoor and urban environments. In: *2014 IEEE/ION Position, Location and Navigation Symposium – PLANS 2014*, 373-384. Monterey, CA: IEEE.

[6]　Dovis F., Chiasserini C. F., Musumeci L., et al. (2014). Context-aware peer-to-peer and cooperative positioning. In: *International Conference on Localization and GNSS 2014 (ICL-GNSS 2014)*, 1-6. Helsinki: IEEE.

[7]　Gentner C., Jost T. (2013). Indoor positioning using time difference of arrival between multipath components. In: *2013 International Conference on Indoor Positioning and Indoor Navigation (IPIN)*, 1-10. Montbeliard-Belfort: IEEE.

[8]　He Z., Petovello M., Lachapelle G. (2014). Indoor doppler error characterization for high sensitivity GNSS receivers. *IEEE Transactions on Aerospace and Electronic Systems* 50 (3): 2185-2198.

[①]　这解释了研究结果与实际情况之间的差异。研究条件通常非常理想。因此，研究时表现的性能必须视为"最佳"性能，而绝不是"标准"性能。

[9] Hellmers H., Norrdine A., Blankenbach J., et al. (2013). An IMU/magnetometer-based indoor positioning system using Kalman filtering. In: *2013 International Conference on Indoor Positioning and Indoor Navigation (IPIN)*, 1-9. Montbeliard-Belfort: IEEE.

[10] Herrera J. C. A., Plöger P. G., Hinkenjann A., et al. (2014). Pedestrian indoor positioning using smartphone multi-sensing, radio beacons, user positions probability map and indoorOSM floor plan representation. In: *2014 International Conference on Indoor Positioning and Indoor Navigation (IPIN)*, 636-645. Busan: IEEE.

[11] Hou Y., Xue Y., Chen C., Xiao S. (2015). A RSS/AOA based indoor positioning system with a single LED lamp. In: *2015 International Conference on Wireless Communications & Signal Processing (WCSP)*, 1-4. Nanjing: IEEE.

[12] Khider M., Jost T., Robertson P., et al. (2013). Global navigation satellite system pseudorange based multisensor positioning incorporating a multipath error model. *IET Radar, Sonar & Navigation* 7 (8): 881-894.

[13] Lindgren T., Akos D. M. (2008). A multistatic GNSS synthetic aperture radar for surface characterization. *IEEE Transactions on Geoscience and Remote Sensing* 46 (8): 2249-2253.

[14] Lindo A., García E., Ureía J., et al. (2015). Multiband waveform design for an ultrasonic indoor positioning system. *IEEE Sensors Journal* 15 (12): 7190-7199.

[15] Martin-Gorostiza E., Meca-Meca F. J., Lázaro-Galilea J. L., et al. (2014). Infrared local positioning system using phase differences. In: *2014 Ubiquitous Positioning Indoor Navigation and Location Based Service (UPINLBS)*, 238-247. Corpus Christ, TX: IEEE.

[16] Murata S., Yara C., Kaneta K., et al. (2014). Accurate indoor positioning system using near-ultrasonic sound from a smartphone. In: *2014 Eighth International Conference on Next Generation Mobile Apps, Services and Technologies*, 13-18. Oxford: IEEE.

[17] Navarro M., Closas P., Nájar M. (2013). Assessment of direct positioning for IR-UWB in IEEE 802.15.4a channels. In: *2013 IEEE International Conference on Ultra-Wideband (ICUWB)*, 55-60. Sydney, NSW: IEEE.

[18] del Peral-Rosado J. A., Bavaro M., Lopez-Salcedo J. A. et al. (2015). Floor detection with indoor vertical positioning in LTE femtocell networks. In: *2015 IEEE Globecom Workshops (GC Wkshps)*, 1-6. San Diego, CA: IEEE.

[19] Poudereux P., García E., Hernández A., et al. (2013). Performance comparison of a TDMA- and CDMA-based UWB local positioning system. In: *2013 International Conference on Indoor Positioning and Indoor Navigation (IPIN)*, 1-9. Montbeliard-Belfort: IEEE.

[20] Schatzberg U., Banin L., Amizur Y. (2014). Enhanced WiFi ToF indoor positioning system with MEMS-based INS and pedometric information. In: *2014 IEEE/ION Position, Location and Navigation Symposium – PLANS 2014*, 185-192. Monterey, CA: IEEE.

[21] Selmi I., Samama N., Vervisch-Picois A. (2013). A new approach for decimeter accurate GNSS indoor positioning using carrier phase measurements. In: *2013 International Conference on Indoor Positioning and Indoor Navigation (IPIN)*, 1-6. Montbeliard-Belfort: IEEE.

[22] Tiemann J., Schweikowski F., Wietfeld C. (2015). Design of an UWB indoor-positioning system for UAV navigation in GNSS-denied environments. In: *2015 International Conference on Indoor Positioning and Indoor Navigation (IPIN)*, 1-7. Banff, AB: IEEE.

[23] Vaghefi R. M., Buehrer R. M. (2014). Improving positioning in LTE through collaboration. In: *2014 11th Workshop on Positioning, Navigation and Communication (WPNC)*, 1-6. Dresden: IEEE.

[24] Xu W., Wang J., Shen H., et al. (2016). Indoor positioning for multiphotodiode device using visible-light

communications. *IEEE Photonics Journal* 8 (1): 1-11.

[25] Yan K., Zhou H., Xiao H., et al. (2015). Current status of indoor positioning system based on visible light. In: *2015 15th International Conference on Control, Automation and Systems (ICCAS)*, 565-569. Busan: IEEE.

[26] Zampella F., Jiménez Ruiz A. R., Seco Granja F. (2015). Indoor positioning using efficient map matching, RSS measurements, and an improved motion model. *IEEE Transactions on Vehicular Technology* 64 (4): 1304-1317.

[27] Bartone C., Van Graas F. (2000). Ranging airport pseudolite for local area augmentation. *IEEE Transactions on Aerospace and Electronic Systems* 36 (1): 278-286.

[28] Caratori J., Françis M., Samama N. (2002). Universal positioning theory based on global positioning system – upgrade. *InLoc2002*, Bonn, Germany.

[29] Duffett-Smith P., Rowe R. (2006). Comparative A-GPS and 3G-MATRIX testing in a dense urban environment. *ION GNSS 2006*, Forth Worth, TX.

[30] ECC report 145. (2010). Regulatory framework for GNSS repeaters, St. Petersburg.

[31] ECC report 168. (2011). Regulatory framework for indoor GNSS pseudolites, Miesbach.

[32] Fontana R. J. (2004). Recent system applications of short-pulse ultra-wideband (UWB) technology. *IEEE Transactions on Microwave Theory and Techniques* 52 (9): 2087-2104.

[33] Fluerasu A., Jardak N., Vervisch-Picois A., et al. (2009), GNSS repeater based approach for indoor positioning: current status. *ENC-GNSS2009*, Naples, Italy.

[34] Fluerasu A., Samama N. (2009). GNSS transmitter based indoor positioning systems – deployment rules in real buildings. *13th IAIN World Congress*, Stockholm, Sweden.

[35] Glennon E. P., Bryant R. C., Dempster A. G., et al. (2007). Post correlation CWI and cross correlation mitigation using delayed PIC. *ION GNSS*, Forth Worth, USA.

[36] Im S. -H, Jee G. -I, Cho Y. B. (2006). An indoor positioning system using time-delayed GPS repeater. *ION GNSS 2006*, ForthWorth, TX.

[37] Jardak N., Samama N. (2010). Short multipath insensitive code loop discriminator. *IEEE Transactions on Aerospace and Electronic Systems* 46: 278-295.

[38] Jee G. I., Choi J. H., Bu S. C. (2004). Indoor positioning using TDOA measurements from switched GPS repeater. *ION GNSS 2004*, Long Beach, CA.

[39] Kanli M. O. (2004). Limitations of pseudolite systems using off-the-shelf GPS receivers. *The International Symposium on GNSS/GPS*, Sydney, Australia.

[40] Kaplan E. D., Hegarty C. (2017). *Understanding GPS/GNSS: Principles and Applications*, 3e. Norwood, MA: Artech House Publishers.

[41] Kee C., Yun D., Jun H., et al. (2001), Centimeter-accuracy indoor navigation using GPS-like pseudolites. *GPS World*.

[42] Kee C., Jun H., Yun D. (2003). Indoor navigation system using asynchronous pseudolites. *Journal of Navigation* 56: 443-455.

[43] Klein D., Parkinson B. W. (1986). The use of pseudolites for improving GPS performance. *Navigation, Journal of the Institute of Navigation* 31 (4): 303-315.

[44] Kupper A. (2005). *Location Based Services—Fundamentals and Operation*. Chichester: Wiley.

[45] Madhani P. H., Axelrad P., Krumvieda K., et al. (2003). Application of successive interference cancellation to the GPS pseudolite near-far problem. *IEEE Transaction on Aerospace and Electronic System* 39 (2): 481-487.

[46] Martone M., Metzler J. (2005). Prime time positioning: using broadcast TV signals to fill GPS acquisition gaps. *GPS World* 52-59.

[47] Parkinson B. W., Spilker J. J. Jr. (1996). *Global Positioning System: Theory and Applications*. Washington, DC: American Institute of Aeronautics and Astronautics, Inc.

[48] Rizos C., Barnes J., Wang J., et al. (2003). LocataNet: intelligent time-synchronised pseudolite transceivers for cm-level stand-alone positioning, *11th IAIN World Congress*, Berlin, Germany.

[49] Samama N., Vervisch-Picois A. (2005). 3D indoor velocity vector determination using GNSS based repeaters. *ION GNSS 2005*, Long Beach, USA.

[50] Samama N. (2008). *Global Positioning – Technologies and Performance*. Hoboken, NJ: Wiley.

[51] Takada Y., Kishimoto M., Kawamura N., et al. (2003). An information service system using Bluetooth in an exhibition hall. *Annales des Telecommunications* 58 (3-4): 507-530.

[52] Vervisch-Picois A., Samama N. (2006). Analysis of 3D repeater based indoor positioning system – specific case of indoor DOP, *ENC-GNSS 2006*, Manchester, UK.

[53] Vervisch-Picois A., Samama N. (2009). Interference mitigation in a repeater and pseudolite indoor positioning system. *IEEE Journal of Specific Topics on Signal Processing* 3 (5): 810-820.

[54] Vervisch-Picois A., Selmi I., Gottesman Y., et al. (2010). Current status of the repealite based approach – a sub-meter indoor positioning system. *IEEE-NAVITEC 2010*, Noordwijk, The Netherlands.

[55] Wang Y., Jia X., Rizos C. (2004). Two new algorithms for indoor wireless positioning system (WPS). *ION GNSS 17th International Technical Meeting of the Satellite Division*, Long Beach, CA.

[56] Yang C., Morton J. (2009). Adaptive replica code synthesis for interference suppression in GNSS receivers. *ION ITM*, Anaheim, USA.

[57] Samama N., Vervisch-Picois A., Taillandier-Loize T. (2016). A GNSS-like indoor positioning system implementing an inverted radar approach simulation results with a 6/7-antenna single transmitter. In: *2016 International Conference on Indoor Positioning and Indoor Navigation (IPIN)*, 1-8. Alcala de Henares: IEEE.

[58] Samama N., Vervisch-Picois A., Taillandier-Loize T. (2016). A GNSS-based inverted radar for carrier phase absolute indoor positioning purposes first experimental results with GPS signals. In: *2016 International Conference on Indoor Positioning and Indoor Navigation (IPIN)*, 1-8. Alcala de Henares: IEEE.

10 第10章
广域室内定位：街区、城市和区县方法

摘要

与往常一样，建筑和街区的区别在于定位精度随着距离（加速度计）或覆盖范围（本地无线电）的增大而降低。高质量设备可以实现非常高的定位性能，但普通设备更适合本章讨论的内容。

本章还涉及所谓的"长距离"定位系统。我们面临的问题与室内环境有关。所选技术都基于无线电，且都属于电信领域。然而，这些技术并不是为定位目的设计的，常见的二分法仍然存在：为了实现定位，必须检测到达的第一个信号（假设为视距传播），而对于电信目的，多径传播则是一种优势。因此，这些技术在室外的性能非常差，而在室内的性能更差。除了精度差，可靠性也低。这些技术的唯一优势是所需的发射机数量较少。

关键词： 长距离无线电；城市范围；区县范围；电视

根据第4章中的分类，主要的街区、城市和区县技术如表10.1所示。

表10.1　主要的街区、城市和区县技术

技　　术	定位类型	精　度	可靠性	覆盖范围	环境敏感度	是否需要校准	定位模式	方　法	信号处理	位置计算
业余无线电	绝对	>100m	低	区县	高	否	连续	距离	传播建模	∩圆
无线电433/868/···MHz	绝对	>100m	低	屏蔽	高	否	连续	物理	传播建模	∩圆
GSM/3/4/5G	绝对	>100m	低	城市	高	否	连续	距离	传播建模	∩圆
LoRa	绝对	>100m	低	城市	高	否	连续	距离	传播建模	∩圆
Sigfox	绝对	>100m	低	城市	高	否	连续	距离	传播建模	∩圆
无线电AM/FM	绝对	>100m	低	区县	高	否	连续	物理	传播建模	∩圆
电视	绝对	>100m	低	区县	高	否	连续	物理	传播建模	∩圆

10.1　概述

20世纪初，无线电系统的发展引领人们进入了无线数据传输的新时代。最知名的这类系统是移动通信或全球导航卫星系统（GNSS），但还有许多其他的无线电系统。

与光学系统相比，无线电系统的主要优势如下：

- 可在各种天气条件下运行，即使是在云、雨或雾中，也不受影响[①]。

---

① 大雪或高湿度可能会在某些频段造成一些问题。

- 使用适当的天线时，可以采用不同的辐射模式，从定向的波束（如雷达）到几乎全向的模式（如4G）。
- 通过衍射[①]，传输范围远超地平线。
- 通过衍射，可在障碍物后面接收到信号。

物理现象在原理上是相同的，对光波和无线电波来说，结果也非常相似；但对无线电系统来说，波长更适合广播。对定位系统来说，可以使用多种方法，如使用接收到的功率电平、飞行时间，或者使用信号的到达方向。

10.2　业余无线电

本节介绍几年前由业余无线电用户提出的一种独特方法。下文描述的系统是北加州DX基金会（NCDXF）和国际业余无线电联盟（IARU）信标系统的扩展，旨在为业余无线电用户提供一种估计不同频段无线电传播条件的方法。

这里的想法是实现一个传输周期，在该周期内，传输的功率电平逐渐增加。假设有4个可能的功率电平与周期P_1, P_2, P_3和P_4，如P_1为1mW，P_2为10mW，P_3为100mW，P_4为1W。然后，通过评估接收到的功率电平来确定大致的距离（不追求精度）。这种方法基于如下事实：在自由空间中传播时，功率电平随距离平方的倒数减小。当然，许多现象可能会干扰这种关系，但作为第一近似，这是可以接受的（当传播不在有建筑、山丘或障碍物的自由空间中进行时，这仍然相当有效）。

假设你接收到了P_2但未接收到P_1，即你处在P_1对应的覆盖范围和P_1与P_2对应的覆盖范围之间，不确定度等于$\sqrt{10}$（通常为3）。这确实用于评估无线电链路的质量，而不用于NCDXF和IARU系统的定位目的，但这种扩展非常容易实现[②]。

下面回到参数表。第4章中介绍了该技术涉及的各个参数，如表10.2所示。

表10.2　业余无线电的主要参数汇总

基础设施复杂度	基础设施成熟度	基础设施成本	终端复杂度	终端成熟度	终端成本	智能手机	校准复杂度
无	无	零	低	整合	低	中等	无
定位类型	精　度	可　靠　性	覆盖范围	环境敏感度	定位模式	室内外过渡	是否需要校准
绝对	>100m	低	区县	高	连续	中等	否

这是一种完全专用的方法，需要具体的实施。在许多无线电系统中，这是可能的，但实际上并不符合当前的逻辑。之所以在此提及，是因为这种方法简单且智能，但性能不符合当今的预期，且室内操作无法保证。

---

① 衍射是指波经过障碍物或孔隙时，方向和强度的变化。
② 考虑到整个建筑接收到的功率电平，这种技术在许多情况下用于室内WLAN定位。

10.3　ISM无线电频段（433/868MHz）

如前所述，许多方法是可能的，如前面介绍的Wi-Fi或蓝牙技术。这里的主要区别是，无线电发射机通常是移动的（汽车或车库遥控器、为某个事件临时部署的系统等）。当它们固定时，通常也是"专有的"，因此起特定的作用，而不一定对公众开放。如果你想构建一个定位系统，那么这无关紧要，但要知道它们在地图上的位置，这些信息通常是不可得的。移动发射机的情况更复杂，因为接收到无法定位的信号的用途不大。

此外，ISM（工业、科学和医疗）频段的规定允许在某些条件下进行传输，而无须向电信监管部门提出申请。事实上，在许多国家，这些频段是免费的（仍要遵守最大功率电平，有时还包括占空比），这就使得识别传输非常困难，即使对固定发射机也是如此。后者通常还具有改变频率的能力，以避免与同一频段中运行的其他系统发生干扰。

下面回到参数表。第4章中介绍了该技术涉及的各个参数，如表10.3所示。

表10.3　433/868MHz无线电的主要参数汇总

基础设施复杂度	基础设施成熟度	基础设施成本	终端复杂度	终端成熟度	终端成本	智能手机	校准复杂度
无	无	零	低	整合	低	容易	无
定位类型	精　　度	可 靠 性	覆盖范围	环境敏感度	定位模式	室内外过渡	是否需要校准
绝对	>100m	低	区县	高	连续	中等	否

基础设施复杂度、成熟度和成本。在经济和技术上，这些参数都被完美控制，并且部署了许多系统。

终端复杂度、成熟度和成本。同样的说明适用于终端。

是否需要校准和校准复杂度。无须按照本书中的方法进行"校准"，相反，更像是电子设备的初始化。由于设备安装在许多环境中，通常有多个信道，因此必须与发射机"同步"，并避免与使用相同频段的其他系统发生干扰。因此，通常需要一些基本操作。

定位类型。可以是绝对定位，具体取决于发射机的识别和定位。

精度。不太高，主要取决于发射机的覆盖范围。

智能手机。这种方法较为复杂，目前尚不可用，因此将来也可能不会实现。实际上，许多其他的技术要好得多。

10.4　移动网络

10.4.1　第一代网络（GSM）

如3.2.4节所述，为了转发信息，GSM网络需要访问一个跟踪移动位置的数据库。实际上，定位仅仅是识别向接收机提供最大功率电平的基站。

在基于时间的解决方案出现之前，我们回到了一种非常传统的方法——测量角度（见图10.1）。事实上，为了增大基站的容量，运营商选择开发能够确定相对于天线平面的信号绝对到达方向［也称到达角（AOA）］的专用天线。这使得用户在方向D_1所用的信道可在同一基站内由另一个相对于基站天线方向为D_2且与D_1足够不同的用户使用。因此，这一功能也是为电信目的而设计的。

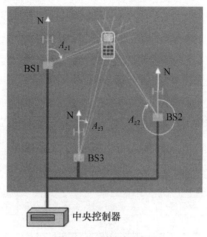

图10.1　到达角原理

当然，像过去一样，测量两个或三个基站的角度也可计算位置，这类似于水手通过测量地标的角度来确定他们的位置。对于广域电信网，想法是从三个基站进行这种测量。假设角度测量的精度约为1°，覆盖范围约为1km，则可得到约100m的位置精度。精度不是很高，且若没有直接信号（视距），则这种方法绝对不适用，即城市或室内定位不适合使用AOA。

这种技术的主要缺点是所需的天线非常复杂，只能在基站端实施。此外，需要定义一个计算所有角度的参考系。因此，若需要共同使用不同的基站，所有三个基站就要具有精确的共同方向。还要注意，即使到达方向是按三维方式计算的（有两个角），其预想的使用方式也只是二维定位，即只考虑将一个角度作为AOA值。目前还不知道这种AOA定位系统的实际应用情况，因为要实现定位，需要许多限制因素，且天线及其部署也很复杂。

因此，功率电平测量不太可能提供足够高的精度，而AOA方法过于复杂，确实不适合室内区域。逻辑上说，我们想到了实现时间测量的解决方案。我们可以采用不同的方法，如直接时间测量或时间差测量。基于时间的方法在电信网中的主要问题是，电信目的和定位目的对时间精度的要求不尽相同。电信交换以传输协议为基础，其中包括同步功能，通常在实际数据传输之前发送特定的航向数据，以便为发射机和接收机确定相同的起始时间。如前几章所述，对于定位用途，需要非常精确的同步，因为最终定位结果直接与其相关。尽管如此，还是提出了一些方法：到达时间方法和到达时间差方法，如图10.2和图10.3所示。

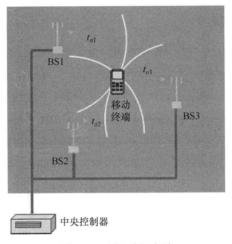

图10.2　到达时间方法

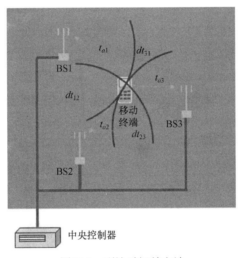

图10.3　到达时间差方法

到达时间（Time of Arrival，TOA）方法的基本思想是直接测量待定位的移动终端与各基站之间的时间。出于与GNSS系统类似的原因，需要进行三次不同的测量来计算二维位置。同理，GNSS需要知道每个基站相对于参考时间（如GPS时间）的同步偏差，因为10ns的偏差将直接导致3m的误差。因为基站位于网络中，所以更容易在基站端进行时间测量；因此，可让移动终端发送数据，在基站进行测量，使用同步偏差，最终计算得到移动终端的位置。这个位置可以根据请求发回终端。

电信网中的时间精度较差，精度最好时约为100m。实际上，由于基站通常分布在各处，直接无线电可见并不常见。发生多径效应时（在电信网中，多径效应经常发生），精度会急剧下降到几百米。这是这种技术在室内的典型性能。

最小化同步偏差的一种方法是进行到达时间差（Time Difference of Arrival，TDOA）

测量：当两个不同基站的偏差值相似时，会产生良好的结果。

如同GNSS那样，当考虑距离差而非距离本身时，这个二维问题则是双曲线相交而不是圆相交。如果考虑时间测量，那么由三个基站组成的系统可得到三个方程；如果考虑时间差，那么由系统只能得到两个方程。理论上，两种方法会给出相同的解，但是，实际上，TODA允许较低精度的时间管理。目前，只有一种系统采用了基于多次测量的新方法；当要定位的移动终端附近有很多移动终端时，该系统可实现精确定位。这个系统称为Matrix，由剑桥定位系统公司推出（见图10.4）。

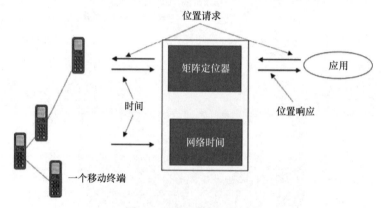

图10.4　Matrix的定位方法

该技术也可用于室内，但由于具有与TOA和AOA相同的限制，结果并不理想[①]。与TOA相比，这种技术的一个优势是，可在终端直接实现而无须额外的费用，因此更加接近GNSS方法。

为了完整地讨论与GSM相关的定位问题，还应提及其他一些技术。第一种技术结合了Cell-Id与所谓的"时间提前"。事实上，在GSM网络中，两个传输之间的潜在冲突是主要问题。由于GSM采用时分多址（Time Division Multiple Access，TDMA）方案，即每次传输都在由八个时隙组成的帧中分配一个时隙，因此，为避免同时传输，显然需要进行同步。通过无线网络实现同步的方法是，每个终端都以固定的三时隙延迟传输（与从基站接收到的第一个时隙相比）。遗憾的是，由于移动终端到基站的距离可能差异很大，在未考虑基站到终端传播延迟的情况下，传输仍然可能重叠。这个碰撞问题通常要通过安排保护时间来解决。然而，由于小区的最大半径被设为约35km，避免传输重叠（碰撞）所需的相应保护时间太长，如不做进一步调整，将无法处理，因为这将导致网络容量大幅下降。因此，现有想法是将任何给定移动终端的传输时间（相对于从基站传输接收到的第一个时隙后的三个时隙传输时间）提前一定的量，以补偿其到基站的距离。这种方法称为时间提前（见第3章），也是网络所需要的。为了向终端提供时间提前值，基站需要一直测量所谓的往返时间（基站到终端的传播时间和返回时间）。然后，终端传输时间在经典三时隙延迟的基础上"提前"这个值，以减少所需的保护时间，进而提高整体的通信能力。

---

① 然而，这很大程度上取决于应用。

10.4.2　现代网络（3G、4G和5G）

上述技术都可在GSM中实现。目前的移动电信系统基于通用移动电信系统（Universal Mobile Telecommunications System，UMTS）、4G或5G网络，已使用诸如观察到的到达时间差（Observed Time Difference of Arrival，OTDOA）等新名称，但与上述技术没有实质性区别[①]。与GSM相比，UMTS的特点是，定位在标准化开始时就被考虑在内[②]。因此，在协议中考虑了实现定位的可能性，以及这种定位可通过不同技术实现的事实，即UMTS，也包括GNSS甚至无线局域网（WLAN）：计划在协议中纳入具体的定位数据。

5G提出了以下一些方向。一份白皮书指出，5G网络必须能够通过三角测量定位设备，在80%的情况下，精度达到10m到1m，且在室内区域（如商店）的精度小于1m。还确定了其他"市场"，如自动驾驶汽车或无人机，挑战在于精度和延迟时间。后者预计要尽可能低（接近毫秒级），以便让汽车对其他车辆、环境和智能城市提供的交通信息及时做出反应。通常情况下，这些定位都是高级别的，仅进行三角测量以达到性能要求是不够的。因此，未来网络中的地理定位问题仍然存在，特别是室内可能实现的性能及其可靠性问题。然而，基本思路是允许各种无线电信网之间的广泛互连，具体的技术解决方案是组合使用本书中介绍的多种方法，如符号Wi-Fi、Li-Fi或UWB。当然，当上述方法都不可用时，可以采用5G特有的方法。

下面回到参数表。第4章中介绍了该技术涉及的各个参数，如表10.4所示。

表10.4　GSM/3G/4G/5G的主要参数汇总

基础设施复杂度	基础设施成熟度	基础设施成本	终端复杂度	终端成熟度	终端成本	智能手机	校准复杂度
无	现有	零	无	现有	低	现有	无
定位类型	精　度	可　靠　性	覆盖范围	环境敏感度	定位模式	室内外过渡	是否需要校准
绝对	>100m	低	城市	高	连续	中等	否

基础设施复杂度、成熟度和成本。 必要的基础设施相对复杂，但基础设施并不是专门用于定位的，更不是专门用于室内定位的。这与20世纪90年代末的情况类似，当时各种技术竞相争夺全球定位市场。电信网并不是为此而设计的，但可以实现定位。基础设施本身较复杂，但定位功能并不意味着会明显地增大成本。因此，可认为基础设施是现成的，存在且复杂性较低。

终端复杂度、成熟度和成本。 终端原则上完全是标准的，需要包含"软件"部分以考虑定位功能，但这属于拟议终端的一部分。

是否需要校准和校准复杂度。 一方面，通常不需要在终端或用户级别进行校准。另一方面，在某些情况下，可能需要在建筑级进行校准。基本理念是不进行校准，但对1m精

[①] 唯一的区别在于测量方式。有关UMTS网络中的实施方法，请参阅其他读物。

[②] 这里的定位与GNSS中的定位类似，即精确定位终端的位置，而不是大致估计终端所在的位置。

度的5G来说，可能需要比全球模型更多的校准。

定位类型。可以轻松实现绝对定位。

精度。很难真正说清楚。实际上，应该区分宣称的精度、研究报告的精度和实际可实现的精度（三者通常依次递减）。如果未组合多种技术，那么精度相对较差（100m）。缩小区域规模并不总是可行的，因为连接方式通常依赖于无线链路的"最佳质量"，即大多数情况下考虑的并不是最近的基站。组合多种技术时，精度可能相当好，但在实际和日常生活条件下使用大众市场终端实现1m的精度似乎相当困难。

可靠性。取决于所追求的精度，可以是可接受的可靠性。否则，由于传播方面的原因，可靠性相对较低。

覆盖范围。大规模部署意味着覆盖范围广。

智能手机。按照定义，终端是智能手机。

环境敏感度。环境敏感度确实很高，因为它同时面临若干难题：使用无线电波、部署环境和所追求的覆盖范围。这使得传播建模非常复杂，难以实现精确定位。

定位模式。连续定位。

室内外过渡。评价仍然相同。这种过渡可以轻松实现，因为移动信号在室内也可用，但定位性能高度依赖传播条件，在室内进行定位要比在室外困难得多。因此，该技术属于"中等"级别。

10.5 LoRa和SigFox

从覆盖范围较小（几米）的无线个人区域网络（PAN）到覆盖范围较大（几十千米）的电信网络，我们有用于中等覆盖范围（几百米）的无线局域网（WLAN）和用于较大覆盖范围（几千米）的无线城域网（Wireless Metropolitan Area Network，WMAN）。广为人知的WMAN称为WiMax。类似的定位系统可设想为具有更大覆盖范围的WPAN（蓝牙）和WLAN（Wi-Fi）。LoRa和SigFox网络就属于这种类型。

遗憾的是，电信网和定位网络之间的差异再次凸显。前者使用更大覆盖范围的发射机，以减少需要部署的发射机数量，而后者需要更多的发射机。蓝牙和Wi-Fi克服了这一困难，因为所考虑区域的面积较小（几百平方米）。但是，在处理几平方千米的面积时，预见的问题是仅使用三台发射机时，定位区域仍然可能很大，因此需要增加发射机的数量（超过三台）。这在今天的LoRa和SigFox网络中似乎不是问题，但所有关于时间测量、定位传播建模和测量误差缓解的问题依然存在。实施这些网络（LoRa和SigFox）的各方报告了几种不同的性能级别，覆盖范围从几十米到几千米不等。这一数值范围让人想起20多年前移动电话网络领域的情况。在非常特殊的情况下，也可能实现良好的性能，但从技术角度来看，这些性能并不显著。此外，定位和可重复性的可靠性如何？

下面回到参数表。第4章中介绍了该技术涉及的各个参数，如表10.5所示。

表10.5　LoRa和SigFox的主要参数汇总

基础设施复杂度	基础设施成熟度	基础设施成本	终端复杂度	终端成熟度	终端成本	智能手机	校准复杂度
无	现有	零	低	整合	低	容易	无
定位类型	精度	可靠性	覆盖范围	环境敏感度	定位模式	室内外过渡	是否需要校准
绝对	>100m	低	城市	高	连续	容易	否

基础设施复杂度、成熟度和成本。目前，有关基础设施正在以相对较大的规模建立和部署。这些网络的技术已经成熟，市场已经存在。然而，使用它们来提供定位服务不是理所当然的，建筑内的性能显然也未得到推广。

终端复杂度、成熟度和成本。有许多终端可用，但并非所有终端都提供定位功能。当5G希望将其特性广泛扩展到物联网时，这些网络未来的问题会随之而来。

是否需要校准和校准复杂度。唯一的需求是，像往常一样，了解发射机的标识和位置，并实施相应的算法。

定位类型。绝对定位。

精度。报告了几种不同的精度值，范围从几十米到几千米不等。在室内，几百米的中等精度值是最合适的。

可靠性。这是该技术的主要缺点。实际性能与传播条件的相关性很高，可靠性无法达到良好的水平。此外，这些网络注定要在城区部署，而在这些地区的传播条件更糟糕。

覆盖范围。这是该技术的强项。几千米的覆盖范围很常见，能显著减少所需发射机的数量。因此，效率问题变得至关重要。

智能手机。由于目标是应对"物"和传感器，目前还无法使用，但在智能手机中安装LoRa或SigFox接收机不会有任何问题。

环境敏感度。如上所述，环境敏感度非常高。

定位模式。连续定位。

室内外过渡。该技术并不是为定位用途设计的（在电信系统中很常见），因此未进行任何优化，无论是在室外还是在室内。然而，除了定位性能，该系统在两种环境下都能正常工作。

10.6 调幅/调频广播

本节讨论的所有与局域电信系统相关的技术显然都可以通过非通信用途的无线电模块来实现。使用WPAN、WLAN或WMAN系统只是为了降低定位系统的成本。因此，使用调幅/调频（AM/FM）广播信号进行相同的测量应该是容易的。显而易见的优势是，这些信号在全球范围内广泛存在。为了实现定位，唯一的新要求是列出所有电台及其对应的位置和无线电特性（标识符、频率等）。这些信号的范围相当宽泛，且发射机已经存在。主要问题显然在于，没有任何设计是为了应对所有与定位相关的问题（同步、传播建模等），这导致性能非常差。可以尝试将这些信号视为"机会信号"，认为可从中提取位置信息，但这似乎并无用处。

下面回到参数表。第4章中介绍了该技术涉及的各个参数，如表10.6所示。

表10.6　调幅/调频广播的主要参数汇总

基础设施复杂度	基础设施成熟度	基础设施成本	终端复杂度	终端成熟度	终端成本	智能手机	校准复杂度
无	现有	零	低	整合	低	容易	无
定位类型	精　　度	可　靠　性	覆盖范围	环境敏感度	定位模式	室内外过渡	是否需要校准
绝对	>100m	低	区县	高	连续	中等	否

基础设施复杂度、成熟度和成本。广播无线电信号可能是世界上最常见的信号之一，其覆盖范围与电视信号的相同，技术成熟度处于最佳水平。基础设施是为广播目的而部署的，因此其成本可忽略不计。在当前情况下，定位不是固有功能（甚至不是拟议的功能），因此不打算部署额外的基础设施。因此，成本基本上为零。

终端复杂度、成熟度和成本。AM/FM无线电接收机实际上是现成的，是非常低价的电子系统。为了提供定位功能，需要稍微修改它们的运行方式，增加几乎已经可用的新测量功能。要这样做，只需要一个软件。

是否需要校准和校准复杂度。这里的主要理念是不对定位进行任何特殊处理。

定位类型。应为绝对定位。

精度和可靠性。精度非常差，可靠性也差。基本理念实际上与定位所需的理念完全相反。在尽可能大的范围内，应该可以在所有可能的环境条件下使用最简单的电子设备接收信号。与大多数电信系统一样，由于成本、复杂性和"无线电"性能增加，定位所需的最重要特性尚未实现。

覆盖范围。"区县"水平是指这种系统的典型部署覆盖范围，而不是与定位相关的能力。

智能手机。通常使用耳机实现，耳机线充当天线，故AM/FM接收机得以实现。

环境敏感度。环境敏感度非常高，只有研究论文提到过使用这种信号进行定位。

定位模式。可以是连续定位。

室内外过渡。在室内的性能甚至更差，但仍然可以实现。

10.7　电视

如前所述，任何无线电信号都可用于定位。如果使用传播时间测量，那么主要限制是时间同步，因此必须努力克服这个问题。例如，电视信号就是以这种方式使用的。这个系统称为LuxTrace[①]，分为三部分：

- 一个移动终端，可以是配备了电视调谐器的手机，包括接收电视信号并计算伪距的电视测量模块。
- 一个位置服务器，用于计算移动终端的位置。
- 一个区域监控单元，用于测量电视信号的某些时钟特性，并将时间校正数据发送到位置服务器。

在电视测量模块和位置服务器之间，以及区域监控单元和位置服务器之间，需要一个信道。电视信号的覆盖范围通常为50～100km。

室内试验结果显示，中位数定位误差小于50m，而百分位67和百分位95的值分别为58m和95m。室外试验结果（与电视发射机有视距）显示，中位数定位误差小于5m，而百分位67和百分位95的值分别为4.9m和13.6m。显然，这种系统的部署并不广泛，所有这些报告的结果都是在特定的环境下获得的，与实际应用并不相符。它本可成为一个候选方案，但将系统用于定位并不容易，因为所需的功能非常具体，且技术上难以实现。

下面回到参数表。第4章中介绍了该技术涉及的各个参数，如表10.7所示。

表10.7　电视的主要参数汇总

基础设施复杂度	基础设施成熟度	基础设施成本	终端复杂度	终端成熟度	终端成本	智能手机	校准复杂度
无	现有	零	中	整合	中	未来	无
定位类型	精　　度	可　靠　性	覆盖范围	环境敏感度	定位模式	室内外过渡	是否需要校准
绝对	>100m	低	区县	高	连续	中等	否

说明与AM/FM广播的相同。表中的唯一区别是与智能手机的可用性和终端成熟度相关。事实上，包含电视调谐器的智能手机10多年前就已面世：技术可行性已经实现。这里的"用途"已经完全改变：在现在的智能手机上仍然可以看电视，但用于传输的无线电信道是互联网数据而不是电视广播。于是，智能手机上不再安装电视调谐器，导致实际上无法实现基于电视信号的定位。

---

① 2006年由Rosum公司提出。

参考文献

[1] Tubbax H., Wouters J., Olbrechts J., et al. (2009). A novel positioning technique for 2.4GHz ISM band. In: *2009 IEEE Radio and Wireless Symposium*, San Diego, CA, 667-670. IEEE.

[2] Rauh S., Lauterbach T., Lieske H., et al. (2017). Temporal evolution analysis of indoor-to-outdoor radio channels in the 868-MHz ISM/SRD frequency band. In: *2017 47th European Microwave Conference (EuMC)*, Nuremberg, 384-387. IEEE.

[3] Montilla Bravo A., Moreno J. I., Soto I. (2004). Advanced positioning and location based services in 4G mobile-IP radio access networks. In: *2004 IEEE 15th International Symposium on Personal, Indoor and Mobile Radio Communications* (IEEE Cat. No. 04TH8754), Barcelona, vol. 2, 1085-1089. IEEE.

[4] Kos T., Grgic M., Sisul G. (2006). Mobile user positioning in GSM/UMTS cellular networks. In: *Proceedings ELMAR 2006*, Zadar, 185-188. IEEE.

[5] Liu D., Sheng B., Hou F., et al. (2014). From wireless positioning to mobile positioning: an overview of recent advances. *IEEE Systems Journal* 8 (4): 1249-1259.

[6] Omelyanchuk E. V., Semenova A. Y., Mikhailov V. Y., et al. (2018). User equipment location technique for 5G networks. In: *2018 Systems of Signal Synchronization, Generating and Processing in Telecommunications (SYNCHROINFO)*, Minsk, 1-7. IEEE.

[7] Witrisal K., Hinteregger S., Kulmer J., et al. (2016). High-accuracy positioning for indoor applications: RFID, UWB, 5G, and beyond. In: *2016 IEEE International Conference on RFID (RFID)*, Orlando, FL, 1-7. IEEE.

[8] Montilla Bravo A., Moreno J. I., Soto I. (2004). Advanced positioning and location based services in 4G mobile-IP radio access networks. In: *2004 IEEE 15th International Symposium on Personal, Indoor and Mobile Radio Communications* (IEEE Cat. No. 04TH8754), Barcelona, vol. 2, 1085-1089. IEEE.

[9] Caffery J. (2000). *Wireless Location in CDMA Cellular Radio Systems*. Kluwer Academic Publishers, IEEE.

[10] Caffery J. J., Stüber G. L. (1998). Overview of radiolocation in CDMA cellular systems. *IEEE Communications Magazine* 36 (4): 38-45.

[11] Duffett-Smith P., Rowe R. (2006). Comparative A-GPS and 3G-Matrix testing in a dense urban environment. *ION GNSS 2006*, ForthWorth, TX (September 2006).

[12] Yang F., Huang J., Yao S., et al. (2016). 3/4G multi-system of indoor coverage problems location analysis and application. In: *2016 16th International Symposium on Communications and Information Technologies (ISCIT)*, Qingdao, 376-380. IEEE.

[13] Zhang Y., Gao R., Bian F. (2007). A conceptual architecture for advanced location based services in 4G networks. In: *2007 International Conference on Wireless Communications, Networking and Mobile Computing*, Shanghai, 6525-6528. IEEE.

[14] Mayorga C. L. F., Rosa F. D., Wardana S. A., et al. (2007). Cooperative positioning techniques for mobile localization in 4G cellular networks. In: *IEEE International Conference on Pervasive Services*, Istanbul, 39-44. IEEE.

[15] Amineh R. A., Shirazi A. A. B. (2014). Estimation of user location in 4G wireless networks using cooperative TDoA/RSS/TDoA method. In: *2014 Fourth International Conference on Communication Systems and Network Technologies*, Bhopal, 606-610. IEEE.

[16] Fargas B. C., Petersen M. N. (2017). GPS-free geolocation using LoRa in low-power WANs. In: *2017 Global Internet of Things Summit (GIoTS)*, Geneva, 1-6. IEEE.

[17] Baharudin A. M., Yan W. (2016). Long-range wireless sensor networks for geo-location tracking: design and evaluation. In: *2016 International Electronics Symposium (IES)*, Denpasar, 76-80. IEEE.

[18] Randall J., Amft O., Trö ter G. (2005). Towards LuxTrace: using solar cells to measure distance indoors. *Location and Context Awareness LoCA 2005*, Oberpfaffenhofen, Germany (May 2005).

[19] Martone M., Metzler J. (2005). Prime time positioning: using broadcast TV signals to fill GPS acquisition gaps. *GPS World* 16 (9): 52-59.

[20] Moghtadaiee V., Dempster A. G. (2014). Indoor location fingerprinting using FM radio signals. *IEEE Transactions on Broadcasting* 60 (2): 336-346.

[21] Chen L., Julien O., Thevenon P., et al. (2015). TOA estimation for positioning with DVB-T signals in outdoor static tests. *IEEE Transactions on Broadcasting* 61 (4): 625-638.

[22] Rahman M. M., Moghtadaiee V., Dempster A. G. (2017). Design of fingerprinting technique for indoor localization using AM radio signals. In: *2017 International Conference on Indoor Positioning and Indoor Navigation (IPIN)*, Sapporo, 1-7. IEEE.

11 第11章
全球室内定位技术：可实现的性能

摘要

这类技术包括那些原本不设计用于定位的技术，或者用于与室内环境完全不同场合的技术。因此，性能在室内环境中通常会受到很大的干扰。然而，好处是完全不需要额外基础设施。在这些并不用于定位的技术中（至少单独使用时），可以注意到多种方法，如用于提供海拔高度的压力传感器或在某些条件下能够识别位置的有线网络。一个特例是基于磁力计的所谓磁惯性方法，它可能非常适合用于室内定位。

关键词：全球覆盖范围方法；压力；GNSS；磁力计；磁惯性；有线网络

根据第4章中的分类，主要的"全球"技术如表11.1所示。

表11.1 主要的"全球"技术

技　　术	定位类型	精　　度	可靠性	覆盖范围	环境敏感度	是否需要校准	定位模式	方法	信号处理	位置计算
COSPAS-SARSAT-Argos	绝对	>100m	中	全球	高	否	连续	频率	综合	∩直线
GNSS	绝对	100m	低	全球	很高	否	连续	时间	综合	∩球体
高精度GNSS	绝对	100m	低	全球	很高	一次	连续	相位	综合	∩球体
磁力计	方向	几度	中	全球	中	多次	连续	物理	检测	数学函数 $(\int, \iint, \iiint, \cdots)$
压力传感器	相对	1m	高	全球	无影响	多次	连续	物理	检测	区域确定
Signaux radio opp	绝对	>100m	低	全球	高	否	几乎连续	物理	传播建模	∩圆
有线网络	绝对	一个地址	中	全球	无影响	否	离散	融合	相互关系	区域确定

11.1　Argos系统和COSPAS-SARSAT系统

Argos系统和COSPAS-SARSAT系统虽然都使用多普勒频移技术进行定位，但是它们的应用目的不同：Argos主要用于科学研究，而COSPAS-SARSAT则用于搜救。

11.1.1　Argos系统

基于多普勒频移的定位技术已在3.3.2节中介绍。显然，Argos系统并不是为提供室内定位而设计的，多普勒频移的使用方式无法用于室内（因为发射机实际上并未移动）。然而，值得注意的是，多普勒频移测量在室内很少被提及，这很可惜，因为它是了解终端是否正在移动的强大方法。

　　Argos系统是在法国国家空间研究中心（CNES）和美国国家海洋和大气管理局（NOAA）的合作下产生的。Argos系统通过不同的信标执行各种任务——从追踪动物的迁徙到监测极地冰层。最小的信标质量仅为20g。发射的信号频率为401.65MHz，每个信标分配唯一的识别码。图11.1所示为Argos系统概览。

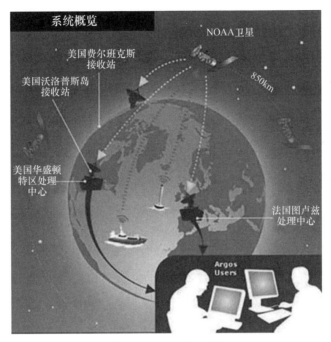

图11.1　Argos系统概览

　　卫星在极地轨道上运行，可见直径约为5000km（轨道高度为830～870km）。地球每天会被扫描几次。当卫星越过全球接收站（目前有两个这样的站点）时，接收站都会下载卫星从Argos信标收集的数据。其他区域的站点也被纳入分发过程，以减小系统的延迟。最终，建立了6个处理中心，它们分别位于法国图卢兹、美国华盛顿特区、秘鲁利马、日本东京、印度尼西亚雅加达和澳大利亚墨尔本。处理中心的目标是处理接收站的原始数据，以便用户能够使用这些数据（典型延迟时间小于20min），定位精度通常为300m。

11.1.2　COSPAS-SARSAT系统

　　COSPAS-SARSAT系统也是一个基于多普勒频移测量的定位系统（见图11.2），旨在为遇险的移动单元提供援助。该系统使用两种频率，且有不同的定位精度：406MHz（精度为2km）和121.5MHz（精度为13km）。每个信标每天被飞越24次。自1982年以来，已有超过10000人在海洋、航空和陆地领域获救。COSPAS（卫星船只搜救系统）卫星在准极地轨道上运行，轨道高度为1000km；SARSAT（搜救辅助跟踪卫星）的轨道高度为850km（也是准极地轨道）。

图11.2 COSPAS-SARSAT系统概览

COSPAS-SARSAT系统是在美国国家航空航天局、法国国家空间研究中心、加拿大国防部和俄罗斯联邦太空局的联合倡议下，于20世纪70年代末启动的。COSPAS-SARSAT系统的标准星座由4颗卫星组成，在20个相关国家约有40个地面站。

COSPAS-SARSAT系统的运行原理如下：

- 卫星接收信号并首次处理信号。
- 数据传输到地面站。
- 识别遇险人员或设备。
- 任务控制中心处理数据。

下面回到参数表。第4章中介绍了该技术涉及的各个参数，如表11.2所示。

表11.2 COSPAS-SARSAT系统和Argos系统的主要参数汇总

基础设施复杂度	基础设施成熟度	基础设施成本	终端复杂度	终端成熟度	终端成本	智能手机	校准复杂度
无	无	零	高	现有	中	几乎不可能	无
定位类型	精　度	可　靠　性	覆盖范围	环境敏感度	定位模式	室内外过渡	是否需要校准
绝对	>100m	中	全球	高	连续	容易	否

基础设施复杂度、成熟度和成本。这些系统的情况有些特殊，因为它们确实不是为室内定位设计的。这些系统的成熟度很高，一般公众不会考虑相关费用。

终端复杂度、成熟度和成本。终端有多种形式，主要取决于用途。有些移动终端的尺寸类似于便携式GPS接收机。

是否需要校准和校准复杂度。无须校准。

精度。精度范围在几米和几百米之间。有些接收机配备了现代GNSS，有些接收机则被设计为SAR（搜救）伽利略计划的一部分。

可靠性。室外可靠性较高，但室内可靠性较低，因此可靠性为"中"级别。

覆盖范围。显然是一个全球系统。

智能手机。这些设备用于特定的实现和应用，并不真正适合与标准智能手机集成。特别地，这些应用通常在相对恶劣的天气条件下进行，因此要求终端具有比现代智能手机更高的机械强度。

环境敏感度。目前还没有关于室内环境的具体研究。然而，所用的信号类型和所进行的测量类型表明，这种环境不会非常有利。

定位模式。连续定位。

11.2　GNSS

在过去的几年间，定位技术的迅猛发展显然得益于GPS取得的巨大成功。室内定位是GNSS面临的最大挑战之一，也是其当前的主要限制。许多关于接收机探测能力以及"本地组件"或局域增强系统（LAAS）的工作很早就发现了这一点。虽然已经提出了一些有意义的解决方案，但基于GNSS的室内定位问题尚未完全解决。

当然，最初评估其室内定位功能的是基于卫星导航的系统。应用历史表明，卫星导航的成功完全超出了最初设计者的预期。作为TRANSIT[1]系统的演进，最初的设计目的是满足军事应用，没有人在一开始就想到室内应用。然而，随着现代电信系统在个人用户中的普及，出现了真正的需求。遗憾的是，对于GPS[2]，接收到的信号功率电平对室内使用来说太低，因为码相关性允许的信号裕量约为10dB，远不足以穿透墙壁和其他结构。人们通常认为，除非建筑是木制的，否则在1.575GHz频率下电波信号穿透结构时产生的衰减为15～30dB。由于当时无法更改码长（因为导航消息的限制，详见参考文献[1]），GPS发展的唯一可能方向是开发更灵敏的接收机。各种技术如下。从大约2000年起的三四年间，很多努力都集中于这一方法，最终证明它并不是解决室内定位问题的唯一办法。尽管如此，GPS制造商还是提出了如今可在装有热挡风玻璃的汽车内工作的接收机[3]：这显然不是最

---

① TRANSIT是20世纪60年代美国发射的第一个卫星定位系统。
② 这里的第一个系统是GPS而不是GNSS。
③ 这种挡风玻璃在1.575GHz频率下会引入约10dB的衰减，使得第一代接收技术中的卫星搜索失败。

初的目标，但仍是一个值得注意的结果。

伽利略计划需要在室内定位上更高效。因此，欧盟决定引入"本地组件"的概念，这是伽利略与GPS之间的根本区别。做出这一决定的时间大约与所有制造商都声称高灵敏度接收机能够解决问题的时间一致，因此，当时预计会有一个通用的解决方案。遗憾的是，如许多"伟大计划"一样，一旦有人提出奇迹般的解决方案，就不会有人再研究其他解决方案。于是，当高灵敏度方法和几乎唯一的备用解决方案（超宽带）被证明不是终极解决方案时，就没有了其他可以接受的解决方案[①]。

下文所述的解决方案旨在展示基于卫星导航信号的"最有前途"方法的最新状态。当然，需要本地基础设施的解决方案和其他解决方案之间存在竞争。不需要增加更多转发器或基站（BS）更好；然而，尽管在寻找解决方案方面投入了大量技术和财力，但目前还未取得成果。因此，无基础设施的解决方案虽然能改善室内定位性能，但并不能解决问题。

下面回到参数表。第4章中介绍了该技术涉及的各个参数，如表11.3所示。

表11.3   GNSS的主要参数汇总

基础设施复杂度	基础设施成熟度	基础设施成本	终端复杂度	终端成熟度	终端成本	智能手机	校准复杂度
无	无	零	无	现有	零	现有	无
定位类型	精　度	可　靠　性	覆盖范围	环境敏感度	定位模式	室内外过渡	是否需要校准
绝对	100m	低	全球	很高	连续	容易	否

基础设施复杂度、成熟度和成本。多年来，GPS和GLONASS已具备一切条件，而北斗和伽利略系统也在逐步完善，成熟度已充分建立。成本则有些不同：各个项目的支出是由国家承担的。因此，拥有卫星星座的每个国家的公民为项目提供资金。实际上，没有用于获得资金的订阅类型计划。国家的投资回报要么通过其工业的主导地位（如美国）来实现，要么通过相关的付费服务（如伽利略系统和计划中的增值服务）来实现。

终端复杂度、成熟度和成本。如今，GNSS功能的成本已很低。处理建筑内部的主要问题是，定位性能差及地图的可用性（第13章讨论）。

是否需要校准和校准复杂度。系统不需要校准。

定位类型。绝对定位，是首个真正向全球市场提供通用地理参考系的产品。

精度。如前几章所述，室内精度很差。室内定位问题源于GNSS在室外的可用性，这引发了对定位服务连续性的需求。

可靠性。室外的可靠性非常好，但室内的可靠性非常差。在许多情况下，室内甚至无

---

① 只有由小团队开发的"边缘"解决方案是替代方案，但它们不太可能用于伽利略这样的项目。

法使用。然而，值得称道的是，它可实时估算精度，这个估算精度在室外比较容易被人们接受，但在室内完全无法让人们接受。

覆盖范围。GPS是首个面向大众市场的系统，可为用户提供真正的全球定位系统。

智能手机。如今，所有智能手机都配备了GNSS接收机。

环境敏感度。这是GNSS在进行室内定位时的主要问题。GNSS可能要比其他无线电系统对环境更敏感，主要是因为其传输功率低，测量基于信号从卫星传输到接收机的时间。

定位模式。设计上完全是连续定位（这是GPS在发展首个基于卫星的定位系统时的一个重要规格）。

室内外过渡。卫星并不取决于接收机是在室外还是在室内。从这个意义上说，从室外到室内过渡相当容易，尽管GNSS通常在室内不起作用。

11.3　高精度GNSS

高精度GNSS包括高精度技术和所谓的"辅助GNSS"。

11.3.1　高灵敏度GNSS（HS-GNSS）

卫星信号的搜索域在频率和时间上都非常大。频率搜索是为了应对由卫星和接收机的运动引起的多普勒频移，因为相关过程实际上是比较卫星码的本地副本与接收到的卫星码，因此副本必须考虑多普勒频移[①]。时间搜索是为了确定从卫星传输到接收机接收的传播时间差。然而，这两种搜索范围都相当大：频率约为±10kHz，时间长达1ms（完整码的持续时间）。两种搜索的步长也相当小：频率为几赫兹，时间为几分之一码片。因此，锁定卫星所需的时间相当长。

当然，当接收机尝试找到功率很低的信号时，该时间会进一步延长，这在室内环境中经常发生。此外，当信号很弱时，搜索过程更加困难，因为信号峰值并不显著高于其他信号。因此，找到方法来处理低信号有助于在室内环境下定位。

为实现高灵敏度目标而开发的各种方法如下：

- 复杂电子系统，可直接进行频率处理，以便一次就能找到频率峰值。
- 多重相关，以实现并行处理。
- 长时间积分（包括相干积分和非相干积分），以找到很低的伪随机噪声码。

第一种方法可用傅里叶变换实现。遗憾的是，这种方法的耗电量大，相应的电子设备

---

① 这样，副本就有正确的码片时长，进而实现高质量的相关性。

也很复杂。由于GNSS接收机的功耗是一个主要问题，因此还研究了其他方向的方法。

第二种方法采用了不同的思路：尝试同时处理频率域和时间域中的所有可能性，即并行处理。准即时的电子架构有尽可能多的处理通道来应对所有可能性。假设频率步长为10Hz，完整范围为10kHz（±5kHz），则有1000种可能性。假设GPS码有1023个码片，基本时间步长为一个码片，于是就又有了1000种可能性。完整的搜索域约有100万种可能性。如果能够构建一台包含100万个并行通道的电子设备，就可在一个时钟周期内处理所有针对单颗卫星的时间和频率组合。实际上，这样就可在一个时钟周期内输出所有相关值：仍需计算峰值的准确位置。当前的接收机通常有14～20个通道，通常为一颗卫星分配一个通道。因此，搜索过程将按顺序开展。最早的工业应用中包含32000个并行的相关器，后来的产品中则包含200000多个并行相关器。

另一种跟踪低信号的方法是，利用伪随机噪声的特征：噪声根本不是随机的，若知道要搜索的内容，则可通过重复几次连续的相关来"整合"码中包含的能量。当然，这要求随着时间的推移"跟踪"并"保持"相关性。这种方法称为长时间积分。根据积分是以连续时间进行还是以离散时间进行，长时间积分分为两类。对于GPS，相干长时间积分受到信号整体形式的限制。导航消息是主要原因（次要原因是接收机中的电子设备进行相关操作所需要的时间）：数据速率为50Hz，因此在20ms时间间隔内码保持不变（取决于消息数据位的值是码本身还是码的反码）。因此，接收机最多可在20ms内进行"相干"积分。

要进行更长时间的积分，以降低导航消息的数据率，甚至完全不使用导航消息。伽利略计划和GPS现代化计划中都考虑了这两种方法。于是，人们提出了不同的导航数据率，还提出了所谓的导频信号，即没有导航数据的信号。这些信号的目的是辅助低电平信号的检测和获取。

因此，典型的高灵敏度GNSS除了GNSS本身，不需要任何其他基础设施。高灵敏度GNSS的主要优势是，理论上除了现有的卫星星座，不需要额外的基础设施。遗憾的是，尽管大大提高了接收机在困难环境下的性能，但当接收到的信号功率很低时，确定相关峰值仍然非常困难。因此，可能出现错误检测，以致降低定位精度。然而，尽管定位可能不完美，但仍然可能实现。由于定位的基本原理是进行经典的时间测量，因此与良好接收条件下的室外配置相比，精度无法得到提高。

11.3.2　辅助GNSS（A-GNSS）

典型的辅助GNSS如图11.3所示，它包括很多要素：一台辅助GNSS服务器，一部包含特定"辅助"处理功能的手机，以及用于辅助数据交换的特定电信协议。辅助GNSS的基本思路是"辅助"GNSS接收机，使其能够在复杂环境下找到位置（与高灵敏度GNSS类似），显著缩短首次定位时间（Time To First Fix，TTFF），这对个人用户基于位置的服务（Location Based Services，LBS）等应用至关重要。因此，实现的解决方案与为高灵敏度GNSS开发的解决方案和GSM类定位的混合方法非常相似。此外，利用电信网络的传输能力可立即改善导频的未来性能。位于电信网基站的辅助GNSS服务器获取GNSS星座导航信息，并将其传输到辅助GNSS接收机，以便可以简单地从接收到的信号（来自卫星）中移除导航信息。这样，就可应用相干积分，而不再受20ms的限制。当然，可以使用高灵敏度GNSS芯片，且辅助GNSS服务器必须获取星座信息，以便既可为移动定位提供初始位置（这个位置相对接近移动设备），又可提供足够的时间来缩短TTFF[①]。如在GSM混合方法中描述的那样，另一种实现方式是传输首先要寻找的卫星的有关信息。

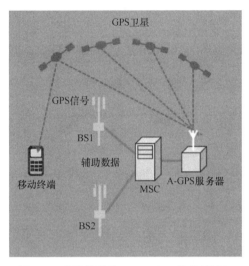

图11.3　典型的辅助GNSS（BS代表基站）

辅助GNSS的基本定位原理是，如同标准GNSS接收机那样进行时间测量。辅助数据有助于在离开被遮挡区域后将TTFF减小到几秒，但不像高灵敏度GNSS那样提供室内定位的进一步解决方案。此外，尽管这种方法不需要为建筑提供任何额外的本地基础设施，但仅在部署辅助服务器且移动终端兼容辅助数据时才可用。一些辅助GNSS提供商提出在全球范围内提供辅助数据，以使硬件和软件在全球范围内可用，便于快速部署。在竞争激烈的世界中，美国公司在技术进步和业务发展方面占据重要地位。

辅助GNSS面临部署成本较高的问题，电信运营商希望确保潜在用户表现出足够的兴趣，以便偿还投资。美国的情况与欧洲的情况非常不同。实际上，美国联邦通信委员会（FCC）强烈建议电信运营商实施定位解决方案：A-GNSS是一种有趣的方法，至少是目前可能应用的方法（与其他技术不同，如伪卫星或中继器）。在欧洲，法规不基于义务，而基于尽力而为，由电信提供商和终端制造商共同努力显然不是推动工业发展的有效方式。此外，辅助GNSS表明，与纯GNSS相比，它能提供真正的附加值，但仍不是室内定位的最终解决方案。

下面回到参数表。第4章中介绍了该技术涉及的各个参数，如表11.4所示。

---

① TTFF 表示首次定位时间（Time To First Fix），指接收机为用户提供首次定位结果所需的时间，常发生在设备开启或重置后。

表11.4 高精度GNSS的主要参数汇总

基础设施复杂度	基础设施成熟度	基础设施成本	终端复杂度	终端成熟度	终端成本	智能手机	校准复杂度
高	无	零	高	现有	很高	未来	无
定位类型	精　度	可　靠　性	覆盖范围	环境敏感度	定位模式	室内外过渡	是否需要校准
绝对	100m	低	城市	很高	连续	困难	否

基础设施复杂度、成熟度和成本。多年来，高灵敏度和辅助GNSS接收机的组合已在所有智能手机上使用。因此，成熟度、成本和必要的基础设施已经到位。

终端复杂度、成熟度和成本。同样适用于已集成这些技术的终端。

是否需要校准和校准复杂度。与传统GNSS一样，不需要校准。

定位类型。与GNSS的相同，为绝对定位。

精度。这是一个稍显复杂的问题。最初，这些技术的目标是提供室内定位，但由于未达到预期性能，该目标很快就被搁置，但在接收功率较低或者需要快速获取位置方面取得了实际进展。

可靠性。当接收机位于室内时，这些技术的可靠性不比传统GNSS的更好，尤其是在高灵敏度接收机广泛部署的情况下。在某些情况下，可靠性甚至更差，因为接收机灵敏度的提高有时会检测到以前未接收到的干扰信号（如反射路径），导致定位性能下降。在室内，由于本来的定位效果就不好，因此这种影响并不严重。

覆盖范围。尽管系统覆盖范围是全球性的，但室内覆盖范围几乎为零。

智能手机。几乎所有智能手机都已配备。

环境敏感度。环境敏感度极高，因为接收功率极低加上测量类型使得系统对其传播环境特别敏感。

定位模式。可用时是连续定位。

室内外过渡。这是预期目标，但未能实现。

11.4　磁力计

加速度计（如陀螺仪和里程表）主要是相对传感器，而实现绝对定位（如GNSS定位）可能需要绝对传感器。然而，加速度计有时被设计为倾角计：在这种情况下，可以定义移动设备的水平度。这是一种初步的绝对传感器，因为无须任何前姿态即可实现。另一个重要参数是终端的绝对方向[①]：在需要发现环境世界的应用中，这一功能必不可少。例

---

① 注意，除非在动态模式下，否则GNSS信号不提供此信息。

如，在博物馆中，电子导游应该利用知道参观者正在看什么这一优势。当需要迈出第一步时，这也很重要：需要知道要走的方向。使用当前的GNSS接收机，需要在关联这些信息之前开始移动。

磁力计对地磁场敏感，因此在全球范围内可用，且无须校准。主要方向是磁北，磁北与地理北是不同的（必须考虑地理北和磁北的不同，至少要在同一参考系中考虑地理北和磁北的不同）。磁北和地理北之差称为磁偏角，是哥伦布在前往所谓的"印度"（实际上是美洲）的航行中通过实验发现的。

近年来，一些工作集中于开发使用磁场的系统。然而，这需要对磁场进行局部制图，通常是在建筑内部。由于基础设施（墙壁、门、金属构件、电缆等）会改变局部地磁场，因此有必要进行校准。实际上，这些修改被视为特定于每个结构的特征。

另一种利用磁场测量值的方法是磁惯性[①]。磁惯性的原理基于一个基本方程，该方程可将传感器在自身参考系中的磁场变化与其相对于地球参考系的运动联系起来（见参考文献[2-4]）。这种方法需要测量各种量，如地磁场（由磁力计测量）、系统相对于地球参考系的转速（由陀螺仪测量），以及与磁场空间变化相关的矩阵（由在系统内局部分布的多个磁力计估算）。注意，该系统是集成的和便携的。在当前版本中，它与卫星导航接收机的大小相同。报告的性能显示，相对精度误差约为行进距离的1%。然而，这种方法需要整合多个传感器（将在第12章讨论），且仅在磁场梯度不太低时效果良好（如在礼堂中）。

下面回到参数表。第4章中介绍了该技术的各个参数，如表11.5所示。

表11.5 磁力计的主要参数汇总

基础设施复杂度	基础设施成熟度	基础设施成本	终端复杂度	终端成熟度	终端成本	智能手机	校准复杂度
无	无	零	低	现有	低	现有	简单
定位类型	精度	可靠性	覆盖范围	环境敏感度	定位模式	室内外过渡	是否需要校准
方向	几度	中	全球	中	连续	已存在	多次

基础设施复杂度、成熟度和成本。与所有惯性系统一样，不需要任何基础设施。更准确地说，对磁力计而言，基础设施就是地球本身。

终端复杂度、成熟度和成本。所有这些要素都非常成熟，成本极低，集成到任何终端都非常容易。

是否需要校准和校准复杂度。需要校准，但在某些情况下可以自动进行校准（取决于所用磁传感器的现代化程度和复杂性）。

定位类型。这种传感器不能进行定位，但可提供终端方向信息。不过，要注意的是，这类数据有时与位置同样重要。汽车GPS就是一个很好的例子：若你不知道车辆的初始方

---

① 该技术主要由Sysnav公司开发。

向，接收机无法告诉你当前的方向。通常，它会做出一个假设，如果这个假设不正确，就在行驶几米后提示[①]你"掉头"。

精度。精度以度为单位。精度不仅取决于传感器的质量，而且取决于内置的稳定系统。就目前的智能手机而言，精度通常为几度。

可靠性。室内定位的主要困难是存在许多可能干扰测量的因素。问题不在于传感器，而在于环境：建筑的金属部件（混凝土钢筋、电缆等）、办公室或家中的物品（办公桌、床、柜子、架子等）都会干扰地磁场。例如，在走廊中，误差通常可达几十度。

覆盖范围。地理覆盖范围很大，实际上是全球性的。当然，地磁场的水平分量在极地为零，但本书的主要目标并不是极地区域的室内定位。

智能手机。几乎所有当前的智能手机都已配备。

环境敏感度。对"可靠性"的评价同样适用于环境敏感度。

定位模式。可以连续定位（数据传输率相当高）。

室内外过渡。除了与上述潜在干扰有关的环境变化，过渡没有任何困难。

11.5 压力传感器

室外导航与室内导航之间的一个主要区别是第三维度的考量。实际上，室外导航系统主要是一个平面系统。了解海拔高度对获取一般信息很有帮助，但对大多数应用来说并不是必需的。室内导航则完全不同，知道所在的楼层是首要关心的问题（如紧急情况下或者处理不同楼层之间不同的楼层地图）。在这种情况下，气压计可极大地帮助精确确定海拔高度。这可通过使用所谓的微型高度计来实现，其精度通常约为1m，适用于局部和时间有限的扩展范围。一旦时间过去，气象波动必然发生，导致测量产生大偏差。思路是在已知位置（和相对于任何参考的已知绝对高度）进入建筑时，重置高度计，并用微型高度计来确定楼层。1m精度足以达到该目标。随着精度提高到不到1m，还可设想确定移动设备是在地面上还是被手持，评估用户是站着还是躺着。

气压的变化可由公式 $\Delta P = \rho g Z$ 给出，其中 ρ 是空气密度，g 是重力加速度，Z 是海拔高度。在建筑底层进行校准是为了在当前条件下计算空气密度（$\rho = P/rT$）。一些GPS接收机目前配备了微型气压计，可以无歧义地确定楼层高度。

下面回到参数表。第4章中介绍了该技术涉及的各个参数，如表11.6所示。

[①] 事实上，即使没有磁力计，GNSS接收机也能计算出绝对参照系中的行进方向（实际上是三维速度向量）。因此，我们可将后者视为动态磁力计，即接收机运动时的电子罗盘。

表11.6　压力传感器的主要参数汇总

基础设施复杂度	基础设施成熟度	基础设施成本	终端复杂度	终端成熟度	终端成本	智能手机	校准复杂度
无	无	零	低	现有	低	容易	简单
定位类型	精　　度	可靠性	覆盖范围	环境敏感度	定位模式	室内外过渡	是否需要校准
相对	1m	高	全球	无影响	连续	容易	多次

基础设施复杂度、成熟度和成本。与惯性传感器一样，无基础设施，但可借助气象条件。

终端复杂度、成熟度和成本。目前，对建筑楼层进行测量时，终端被称为微型气压计。这些设备成本极低，易于集成。

是否需要校准和校准复杂度。校准是需要认真研究的问题。这是一个在接近参考点时触发某种"重置"的问题。因此，既要知道非常接近该点，又要知道其特征（如海拔高度）。因此，需要处理的是校准的实施，而不是传感器本身的校准协议。注意，为了使校准更加可靠，可能有几个这样的参考点。

定位类型。根据上述讨论，注意到所提供的测量通常是差分性的，即相对于先前的测量。提供的是气压变化，而不是气压值本身（因此需要进行上述校准），因此，该定位被称为相对定位。

精度。重置为零后，确定高度的当前精度约为1m。这足以确定建筑的楼层。

可靠性。在温和的天气条件下，压力传感器校准后能够可靠地工作数小时。

覆盖范围。应该可以在全球范围内使用。

智能手机。一些智能手机已配备该功能。需要时，在每部智能手机上实现应无困难。

环境敏感度。除非加压空间的"气象"条件相对于外部大气有所改变，否则唯一的限制因素就是大气条件缓慢但真实的变化。因此，在典型的温带条件下，校准的有效期一般为几小时。

定位模式。连续定位。

室内外过渡。除非在加压场所，否则过渡没有问题。测量的差分性意味着整个建筑内的条件类型相同。

11.6　机会无线电信号

第10章讨论的内容基本上适用于环境中所有辐射的无线电信号。大数据时代可以提供所有必要的信息，以识别和恢复将这些信号源用作定位系统所需的数据。问题似乎属于

"只需做到"类型。在不重复第4章所述的内容或提前揭示第12章将要讨论的内容的前提下，现实情况其实比这简单得多。数据是一回事，测量的可靠性是另一回事。若没有这种可靠性，或者至少不了解不可靠的程度，则所有处理都是无用的，除非性能可以轻松实现。遗憾的是，室内定位并非如此。

下面回到参数表。第4章中介绍了该技术涉及的各个参数，如表11.7所示。

表11.7　机会无线电信号的主要参数汇总

基础设施复杂度	基础设施成熟度	基础设施成本	终端复杂度	终端成熟度	终端成本	智能手机	校准复杂度
无	现有	零	中	整合	中	近期	无
定位类型	精　度	可　靠　性	覆盖范围	环境敏感度	定位模式	室内外过渡	是否需要校准
绝对	>100m	低	全球	高	几乎连续	中	否

第10章中的所有内容仍然有效，唯一的区别是，不同发射源所需数据的范围不同。此外，在世界上的不同地区可能会出现类似的传输，使得定位实际上变得模糊不清（要实现定位，仍需要多个同步发射源，并且在全球不同地区存在多个类似信号的可能性会受到质疑）。假设出现这种情况，一种方法是检测主持人的语言，以便至少确定国家，但这是合并系统的第一步。

11.7　有线网络

你可能已经注意到，当浏览互联网时，有时会出现一些弹出窗口或广告，向你提供适合你所在位置的商品或服务。这可能是你所在城市或地区的促销优惠或附近的服务。我们很清楚这一点，因为我们在网上的长期"画像"会显示我们的偏好。然而，我们现在讨论的是我们的位置，而不是我们访问的网站。网络是如何"知道"你的连接位置的？

这实际上是由于互联网协议（Internet Protocol，IP）的地址分配给网站和用户的方式：虽然不是直接按地理位置实现的，但地址块是分配给区域实体的，即区域互联网注册机构（Regional Internet Registry，RIR）。然后，每个RIR将地址块分配给用户。一些RIR数据库是公开的，因此可大致了解IP地址的地理位置。然而，这并不十分准确，因为分配是全球性的。为了实现更好的地理定位，还可混合其他数据，如将你的IP地址与注册任何网站账户时的邮政地址结合起来。

因此，当连接到某个特定的网站时，协议会在建立连接时大致了解连接的两个节点各自的地址。这样，双方就都能"知道"对方的地理位置。

事实上，仅从IP地址无法非常准确地知道这些位置，但这至少是用户所在的地理区域。这种定位技术可视为一种"有线网络小区ID"方法。

下面回到参数表。第4章中介绍了该技术涉及的各个参数，如表11.8所示。

表11.8　有线网络的主要参数汇总

基础设施复杂度	基础设施成熟度	基础设施成本	终端复杂度	终端成熟度	终端成本	智能手机	校准复杂度
无	现有	零	无	现有	零	不适用	无
定位类型	精　　度	可　靠　性	覆盖范围	环境敏感度	定位模式	室内外过渡	是否需要校准
绝对	一个地址	中	全球	无影响	离散	不可能	否

　　基础设施复杂度、成熟度和成本。无论是通过光纤还是通过电缆，互联网无疑都是最发达的，其发展取得的技术进步是持续的，达到的性能水平十分出色，成本也很低（主要取决于每个人对网络的使用情况及他们希望访问的服务）。

　　终端复杂度、成熟度和成本。所有通信终端都能够接入这个网络。同样，成本与接入无关，而更多地与可用服务相关。所有这些都已成熟。

　　是否需要校准和校准复杂度。由网络执行，不需要用户干预。

　　定位类型。只要参考组件的坐标是绝对坐标，就可为用户提供绝对定位。

　　精度。精度通过两个连续的步骤来实现。第一个步骤涉及网络的初始化，在所有情况下都存在，但精度不高（通常在几百米到几千米范围内）。第二个步骤取决于用户自己在网络上提供的数据，前提是用户完全同意提供这些数据。这可能会提供互联网接入的精确地址，但必须理解这只是通过用户提供该信息而获得的。

　　可靠性。就网络部分而言，可靠性很高。邮政地址的可靠性较为有限，因为在很多情况下可能导致错误，有时甚至是显著错误（地址输入错误、没有输入地址等）。

　　覆盖范围。在全球范围内有效。

　　智能手机。虽然这不是主要针对的终端，但智能手机完全可以通过本地无线链路接入有线网络，进而获得其位置。

　　环境敏感度。如果我们谈论的是"网络插座"，那么它与一个物理的且不可移动的位置相关。因此，一旦有线网络在建筑中安装完毕，它就不再受环境的影响。

　　定位模式。定位模式是离散的，因为它只提供一个位置，对所有连接到访问插座的终端都是相同的。

　　室内外过渡。对有线网络而言，这一标准实际上并不适用。

参考文献

[1]　Kaplan, E. D., Hegarty, C. (2017). *Understanding GPS: Principles and Applications*, 3e. Artech House.

[2] Vissière, D., Martin, A., Petit, N. (2007). Using spatially distributed magnetometers to increase IMU based velocity estimation in perturbed areas. *Proceedings of the 46th IEEE Conference on Decision and Control*.

[3] Dorveaux, E., Vissière, D., Martin, A. P., et al. (2009). Iterative calibration method for inertial and magnetic sensors. *Proceedings of the 48th IEEE Conference on Decision and Control*.

[4] Dorveaux, E., Boudot, T., Hillion, M., et al. (2011). Combining inertial measurements and distributed magnetometry for motion estimation. *Proceedings of the American Control Conference*.

[5] Ripka, P. (2001). *Magnetic Sensors and Magnetometers*. New York: Artech.

[6] Avila-Rodriguez, J. A., Wallner, S. and Hein, G. W. (2006). How to optimize GNSS signals and codes for indoor positioning. *ION GNSS 2006*, Forth Worth, TX (September 2006).

[7] Bartone, C., Van Graas, F. (2003). Ranging airport pseudolite for local area augmentation. *IEEE Transactions on Aerospace and Electronic Systems* 36 (2): 278-286.

[8] Carver, C. (2005). *Myths and Realities of Anywhere GPS – High Sensitivity versus Assisted Techniques*. GPSWorld.

[9] Eissfeller, B. (2004). In-door positioning with GNSS – dream or reality in Europe. *International Symposium European Radio Navigation Systems and Services*, Munich, Germany.

[10] Francois, M., Samama, N., Vervisch-Picois, A. (2005). 3D indoor velocity vector determination using GNSS based repeaters. *ION GNSS 2005*, Long Beach, CA (September 2005).

[11] Im, S. -H., Jee, G. -I., Cho, Y. B. (2006). An indoor positioning system using time-delayed GPS repeater. *ION GNSS 2006*, ForthWorth, TX (September 2006).

[12] Jee, G.I., Choi, J. H., Bu, S. C. (2004). Indoor positioning using TDOA measurements from switched GPS repeater. *ION GNSS 2004*, Long Beach, USA (September 2004).

[13] Kaplan, E. D., Hegarty, C. (2017). *Understanding GPS: Principles and Applications*, 3e. Artech House.

[14] Kee, C., Yun, D., Jun, H. et al. (2001). *Centimeter-accuracy Indoor Navigation Using GPS-like Pseudolites*. GPSWorld.

[15] Kiran, S. (2003). A wideband airport pseudolite architecture for the local area augmentation system. Ph.D. dissertation. School of Electrical and Computer Engineering, Ohio University, Athens.

[16] Parkinson, B. W., Spilker, J. J. Jr. (1996). *Global Positioning System: Theory and Applications*. American Institute of Aeronautics and Astronautics.

[17] Progri, I. F., Ortiz, W., Michalson, W. R., et al. (2006). The performance and simulation of an OFDMA pseudolite indoor geolocation system. *ION GNSS 2006*, Forth Worth, TX (September 2006).

[18] Rizos, C., Barnes, J., Wang, J. et al. (2003). LocataNet: intelligent time-synchronised pseudolite transceivers for cm-level stand-alone positioning. *11th IAIN World Congress*, Berlin, Germany (October 2003).

[19] Samama, N., Vervisch-Picois, A. (2005). Current status of GNSS indoor positioning using GNSS repeaters. *ENC GNSS 2005*, Munich, Germany (July 2005).

[20] Suh, Y. -C., Konish, Y., Shibasaki, R. (2002). Assessing the improvement of positioning accuracy using a GPS and pseudolites signal in urban area,".

[21] Sun, G., Chen, J., Guo, W., et al. (2005). Signal processing techniques in network-aided positioning – a survey of state-of-the-art positioning designs. *IEEE Signal Processing Magazine* 22 (4): 12-23.

[22] Syrjäinne, J., Wirola, L. (2006). Setting a new standard – assisted GNSS receivers that use wireless networks. *Inside GNSS* 1 (7): 26-31.

[23] Van Diggelen, F., Abraham, C. *Indoor GPS Technology*. Global Locate, Inc.

[24] Teunissen, P., Montenbruck, O. (2017). *Springer Handbook of Global Navigation Satellite Systems*.

Springer.

[25] Misra, P., Enge, P. (2006). *Global Positioning System: Signals, Measurements, and Performance*, 2e. Lincoln, MA: Ganga-Jamuna Press.

[26] Cui, X., Li, Y., Wang, Q. et al. (2018). Three-axis magnetometer calibration based on optimal ellipsoidal fitting under constraint condition for pedestrian positioning system using foot-mounted inertial sensor/magnetometer. In: *2018 IEEE/ION Position, Location and Navigation Symposium (PLANS)*, 166-174. Monterey, CA: IEEE.

[27] Willenberg, G. -D., Weyand, K. (1997). Three-dimensional positioning setup for magnetometer sensors. *IEEE Transactions on Instrumentation and Measurement* 46 (2): 621-623.

[28] Renaudin, V., Afzal, M. H., Lachapelle, G. (2010). New method for magnetometers based orientation estimation. In: *IEEE/ION Position, Location and Navigation Symposium*, 348-356. Indian Wells, CA: IEEE.

[29] Hellmers, H., Norrdine, A., Blankenbach, J., et al. (2013). An IMU/magnetometer-based Indoor positioning system using Kalman filtering. In: *International Conference on Indoor Positioning and Indoor Navigation*, 1-9. Montbeliard-Belfort: IEEE.

[30] Camps, F., Harasse, S., Monin, A. (2009). Numerical calibration for 3-axis accelerometers and magnetometers. In: *2009 IEEE International Conference on Electro/Information Technology*, 217-221. Windsor, ON: IEEE.

[31] Hellmers, H., Eichhorn, A., Norrdine, A., et al. (2016). IMU/magnetometer based 3D indoor positioning for wheeled platforms in NLoS scenarios. In: *2016 International Conference on Indoor Positioning and Indoor Navigation (IPIN)*, 1-8. Alcala de Henares: IEEE.

[32] Wu, F., Liang, Y., Fu, Y., et al. (2016). A robust indoor positioning system based on encoded magnetic field and low-cost IMU. In: *2016 IEEE/ION Position, Location and Navigation Symposium (PLANS)*, 204-212. Savannah, GA: IEEE.

[33] Song, J., Jeong, H., Hur, S., et al. (2014). Improved indoor position estimation algorithm based on geo-magnetism intensity. In: *2014 International Conference on Indoor Positioning and Indoor Navigation (IPIN)*, 741-744. Busan: IEEE.

[34] Brzozowski, B., Ka'zmierczak, K., Rochala, Z. et al. (2016). A concept of UAV indoor navigation system based on magnetic field measurements. In: *2016 IEEE Metrology for Aerospace (MetroAeroSpace)*, 636-640. Florence: IEEE.

[35] Blankenbach, J., Norrdine, A. (2010). Position estimation using artificial generated magnetic fields. In: *2010 International Conference on Indoor Positioning and Indoor Navigation*, 1-5. Zurich: IEEE.

[36] Pasku, V., De Angelis, A., Dionigi, M. et al. (2016). A positioning system based on low-frequency magnetic fields. *IEEE Transactions on Industrial Electronics* 63 (4): 2457-2468.

[37] Wang, Q., Luo, H., Zhao, F., et al. (2016). An indoor self-localization algorithm using the calibration of the online magnetic fingerprints and indoor landmarks. In: *2016 International Conference on Indoor Positioning and Indoor Navigation (IPIN)*, 1-8. Alcala de Henares: IEEE.

[38] Kim, S.-E., Kim, Y., Yoon, J., et al. (2012). Indoor positioning system using geomagnetic anomalies for smartphones. In: *2012 International Conference on Indoor Positioning and Indoor Navigation (IPIN)*, 1-5. Sydney, NSW: IEEE.

[39] Song, J., Hur, S., Park, Y., et al. (2016). An improved RSSI of geomagnetic field-based indoor positioning method involving efficient database generation by building materials. In: *2016 International Conference on Indoor Positioning and Indoor Navigation (IPIN)*, 1-8. Alcala de Henares: IEEE.

[40] Li, B., Gallagher, T., Dempster, A. G., et al. (2012). How feasible is the use of magnetic field alone for

indoor positioning? In: *2012 International Conference on Indoor Positioning and Indoor Navigation (IPIN)*, 1-9. Sydney, NSW: IEEE.

[41] Kim, B., Kong, S. (2016). A novel indoor positioning technique using magnetic fingerprint difference. *IEEE Transactions on Instrumentation and Measurement* 65 (9): 2035-2045.

[42] Binghao, L., Harvey, B., Gallagher, T. (2013). Using barometers to determine the height for indoor positioning. In: *International Conference on Indoor Positioning and Indoor Navigation*, 1-7. Montbeliard-Belfort: IEEE.

[43] Jeon, J., Kong, Y., Nam, Y., et al. (2015). An indoor positioning system using Bluetooth RSSI with an accelerometer and a barometer on a smartphone. In: *2015 10th International Conference on Broadband and Wireless Computing, Communication and Applications (BWCCA)*, 528-531. Krakow: IEEE.

[44] Gaglione, S., Angrisano, A., Castaldo, G. et al. (2015). GPS/Barometer augmented navigation system: Integration and integrity monitoring. In: *2015 IEEE Metrology for Aerospace (MetroAeroSpace)*, 166-171. Benevento: IEEE.

[45] Bolanakis, D. E. (2016). MEMS barometers in a wireless sensor network for position location applications. In: *2016 IEEE Virtual Conference on Applications of Commercial Sensors (VCACS)*, 1-8. Raleigh, NC: IEEE.

[46] Xu, Z., Wei, J., Zhu, J., Yang, W. (2017). A robust floor localization method using inertial and barometer measurements. In: *2017 International Conference on Indoor Positioning and Indoor Navigation (IPIN)*, 1-8. Sapporo: IEEE.

[47] Dammann, A., Sand, S., Raulefs, R. (2012). Signals of opportunity in mobile radio positioning. In: *2012 Proceedings of the 20th European Signal Processing Conference (EUSIPCO)*, 549-553. Bucharest: IEEE.

[48] Navratil, V., Karasek, R., Vejrazka, F. (2016). Position estimate using radio signals from terrestrial sources. In: *2016 IEEE/ION Position, Location and Navigation Symposium (PLANS)*, 799-806. Savannah, GA: IEEE.

[49] Yang, C., Nguyen, T., Venable, D. et al. (2009). Cooperative position location with signals of opportunity. In: *Proceedings of the IEEE 2009 National Aerospace & Electronics Conference (NAECON)*, 18-25. Dayton, OH: IEEE.

[50] Webb, T. A., Groves, P. D., Cross, P. A. et al. (2010). A new differential positioning method using modulation correlation of signals of opportunity. In: *IEEE/ION Position, Location and Navigation Symposium*, 972-981. Indian Wells, CA: IEEE.

[51] Nanmaran, K., Amutha, B. (2014). Situation assisted indoor localization using signals of opportunity. In: *2014 International Conference on Indoor Positioning and Indoor Navigation (IPIN)*, 693-698. Busan: IEEE.

12 第12章
方法和技术的组合

摘要

本章简要概述当前在定位系统中常用的信号处理方法，包括组合和融合技术，旨在提出更高质量的系统。关于这一主题，有许多书籍和文章可供参考，我们在此尝试描述其主要内容。注意，本书的目的并不是深入探讨这些方法的细节，而是提供一些讨论的要点。为了了解预期的改进和局限性，重要的是牢记第4章的表格中的一些内容，因为基本思路是系统地基于优化某个（或多个）标准来组合互补的技术。

关键词：滤波；融合；混合；估计；协作方法

本章首先讨论常用的滤波、融合和处理技术，然后详细介绍一些系统试图确定各参与者相对位置的潜在协作方法，最后讨论新方法。

12.1 概述

为了应对前几章介绍的室内定位的实际困难，人们设计了更复杂的系统。特别地，人们首先想到的是组合两个互补的系统。首先自然是组合全球导航卫星系统（GNSS）和惯性系统：互补性特别明显，GNSS用于校正惯性系统，而惯性系统可确保在GNSS不可用时实现连续定位。事实上，这种系统是理想的组合，如果确实非常理想，就不会出现本书。因此，困难一方面来自实施，另一方面来自所展现的性能。当前大规模部署的惯性传感器性能不足，无法提供良好的连续性[①]。此外，就手持移动设备而言，惯性传感器处于非常"嘈杂"和"有偏差"的状态，性能迅速下降。这个例子可以很好地帮助我们理解工程师的应用逻辑：由于测量有噪声，要设法消除噪声并对噪声建模。于是，定位就变成了信号处理问题。此外，经过几次"经典"尝试后，我们意识到潜在的实际情况数不胜数，而统计方法应能带来更好的结果。这一切都相当可取，但在这一过程中，初始问题逐渐被"技术"所掩盖。然而，必须承认的是，在此过程中，人们已取得了实质性的改进，减轻了关于最初困难依然存在的抱怨。

信号处理和数据科学领域通常使用"融合"一词，而定位领域则倾向于使用"混合"一词。我们在这里不加区分地使用这两个词。几种技术的组合方式多种多样：可以是简单的并列（所谓的"松散集成"），也可以是多种技术数据的"深度"交织（所谓的"紧密集

[①] 注意，我们总是回到词语的定义。什么是"良好的"连续性？这里的目标是在数小时内获得约1m的精度，而这在今天的消费市场上尚未实现。

成"）。无论哪种情况，都要制定一种方法，以确定使用或不使用各自的数据。这个关键常被忽视，导致"数据越多越好"的思想与不那么理想的现实发生了冲突。

融合"深度"的细微差别基于合并的数据类型。确实有许多可能性：以惯性系统和GNSS为例，可以独立考虑这两个系统，进行各自的定位估计，然后进行高水平融合，进而选择最好的系统。更复杂的方法是应用算法、公式或方法来提取两个位置的混合结果。然而，可以更深入地研究，最终回到两个系统的基本（所谓的"原始"）测量数据，生成一个新的交织方程组进行求解。GNSS的伪距和多普勒频移测量以及所考虑例子的角惯性加速度（称为角速度）或加速度就属于这种情况[①]。

另一个导致显著差异的因素是所进行的基线测量类型。后者的目的可以是获得较小的误差（在良好条件下），使得位置的计算"简单"，而若后者的噪声较大，则计算需要更多的"技巧"。当然，我们不能忘记最后一类测量，这些测量本身的质量较差，必须找到"窍门"或适当的估算方法，才有可能获得可以接受的定位技术。

这些室内定位系统部署的环境通常是主要难题，这也造成了令人难以置信的多样化情形。在这种背景下，我们必须理解所提出的各种处理方法的巨大多样性。12.2节将简要描述主要方法。

12.2　融合与混合

本节分为4小节：12.2.1节讨论可能的技术组合策略，12.2.2节讨论为获得最佳位置而进行数据融合的最佳选择问题，12.2.3节讨论分类和估算器的重要性，12.2.4节讨论滤波。

12.2.1　技术组合策略

当我们决定组合技术时，通常是为了寻找互补性。具体可根据我们试图改进的标准采取多种形式。最常用的标准是覆盖范围和精度。因此，前面提到的GNSS与惯性系统组合，可以实现室内外覆盖。本书所用的分类可让我们进行如下反思：如果我们的目标是实现最大的覆盖范围，以便在各种环境中都能连续定位，就需要将表4.12中顶部的技术与底部的技术结合起来。相反，如果我们只关注室内定位，则要组合表4.12底部的技术。注意，在这种情况下，优化标准肯定会更多地关注性能，如精度或可靠性。

因此，如果待在建筑内，那么组合低功耗蓝牙技术和微气压传感器就能通过传感器可靠地获得建筑的楼层高度，且通过蓝牙技术专注于楼层内的二维定位。我们还可设想部署两个互补系统以提高精度：第一个系统是一个符号定位系统，它能可靠地提供你所在房间的位置信息；第二个系统是UWB或Lidar系统，它可精确地确定房间内的位置。

可以看出，上述方法实际上只是"并列"了不同的技术：完整的系统仅在一种技术之后

[①] 多普勒频移和加速度可通过这种方式有效地组合。

使用另一种技术，或者在另一种技术不可用时使用其中的一种技术。实际上，情况往往并非如此，因为测量的不确定性会扰乱理论。如果符号技术提供的部分数据不正确，那么会发生什么呢？第二种技术很可能在错误假设的基础上受到严重干扰。因此，需要进一步融合数据，即混合使用两种（或多种）技术的数据。这就引出了一个基本问题：如何选择这些数据，特别是如何根据它们对最终结果的可靠性和质量的"重要性"来分配权重？

12.2.2 选择最佳数据的策略

这里的目标是理解一种优化数据的经典技术。这种技术是最小二乘法。为了对其进行描述，我们考虑GPS接收机的情况。GPS接收机获取的卫星数量通常多于计算位置所需的卫星数量。因此，问题是如何从M个测量值中挑选出最佳的N组数据。最小二乘法可以通过优化计算来使用所有的可用数据。

首先，我们以基于距离测量技术的定位计算为例，说明一种经典的求解方法，该方法在未知终端时钟与发射机时钟是否同步的情况下，通过球体相交来计算位置[①]。

计算位置的基本方法如下。对至少4台发射机获得的距离进行一阶泰勒级数展开[②]，以处理三个空间坐标及终端的时钟时间偏差。待求解的方程组由4个距离方程组成：

$$\rho_i = \sqrt{(x_i - x_r)^2 + (y_i - y_r)^2 + (z_i - z_r)^2} + ct_r \tag{12.1}$$

式中，(x_r, y_r, z_r)是接收机的位置（需要查找的位置），(x_i, y_i, z_i)是发射机i的位置（假设终端可用），t_r是终端时间相对于发射机参考时间的偏差。通常实施的是迭代过程。在第一次迭代中，只能使用传播时间的估计值（基于终端位置的估计值），且必须在第一次迭代结束时进行检查。如果观察到不匹配，就需要重新迭代，以此类推。

因此，解算原理是为终端设一个初始估计位置，记为$(\hat{x}_r, \hat{y}_r, \hat{z}_r)$。此外，定位的解向量不仅是一个空间向量，还包括终端内部时钟的时间偏差，以形成一个初步估计$(\hat{x}_r, \hat{y}_r, \hat{z}_r, c\hat{t}_r)$。最后一个时间坐标乘以光速，得到一个同质的四坐标向量，且所有坐标的单位都为米。

然后，使用这个初始位置估计从一次迭代到下一次迭代的相对位移，后者将用作算法的收敛标准。实际位置与估计位置之间的差表示为向量$(\Delta\hat{x}_r, \Delta\hat{y}_r, \Delta\hat{z}_r, \Delta\hat{t}_r)$。

函数f可以定义为

$$\rho_i = \sqrt{(x_i - x_r)^2 + (y_i - y_r)^2 + (z_i - z_r)^2} + ct_r = f(x_r, y_r, z_r, t_r) \tag{12.2}$$

同样，可将估计位置的函数f定义为

---

① 这是室内UWB技术或室外GNSS技术的典型情况。
② 这是为了实现线性化。

$$\hat{\rho}_i = \sqrt{(x_i - \hat{x}_r)^2 + (y_i - \hat{y}_r)^2 + (z_i - \hat{z}_r)^2} + c\hat{t}_r = f(\hat{x}_r, \hat{y}_r, \hat{z}_r, \hat{t}_r) \tag{12.3}$$

因为接收机的实际位置为

$$\begin{cases} x_r = \hat{x}_r + \Delta x_r \\ y_r = \hat{y}_r + \Delta y_r \\ z_r = \hat{z}_r + \Delta z_r \\ t_r = \hat{t}_r + \Delta t_r \end{cases} \tag{12.4}$$

所以有

$$f(x_r, y_r, z_r, ct_r) = f(\hat{x}_r + \Delta x_r, \hat{y}_r + \Delta y_r, z_r + \Delta z_r, c\hat{t}_r + c\Delta t_r) \tag{12.5}$$

接近收敛时 $(\Delta\hat{x}_r, \Delta\hat{y}_r, \Delta\hat{z}_r, c\Delta\hat{t}_r)$ 相对于 $(\hat{x}_r, \hat{y}_r, \hat{z}_r, c\hat{t}_r)$ 很小，因此可进行一阶泰勒级数展开，得到

$$\begin{aligned} & f(\hat{x}_r + \Delta x_r, \hat{y}_r + \Delta y_r, \hat{z}_r + \Delta z_r, \hat{t}_r + \Delta t_r) \\ = {} & f(\hat{x}_r, \hat{y}_r, \hat{z}_r, \hat{t}_r) + \frac{\partial f(\hat{x}_r, \hat{y}_r, \hat{z}_r, c\hat{t}_r)}{\partial \hat{x}_r} + \frac{\partial f(\hat{x}_r, \hat{y}_r, \hat{z}_r, c\hat{t}_r)}{\partial \hat{y}_r} \Delta y_r + \\ & \frac{\partial f(\hat{x}_r, \hat{y}_r, \hat{z}_r, c\hat{t}_r)}{\partial \hat{z}_r} + \frac{\partial f(\hat{x}_r, \hat{y}_r, \hat{z}_r, c\hat{t}_r)}{\partial \hat{t}_r} \Delta t_r \end{aligned} \tag{12.6}$$

考虑中间变量时，有

$$\hat{r}_i = \sqrt{(x_i - \hat{x}_r)^2 + (y_i - \hat{y}_r)^2 + (z_i - \hat{z}_r)^2} \tag{12.7}$$

得到

$$\begin{aligned} & f(\hat{x}_r + \Delta x_r, \hat{y}_r + \Delta y_r, \hat{z}_r + \Delta z_r, \hat{t}_r + \Delta t_r) \\ = {} & \hat{r}_i + c\hat{t}_r - \frac{x_i - \hat{x}_r}{\hat{r}_i} \Delta x_r - \frac{y_i - \hat{y}_r}{\hat{r}_i} - \frac{z_i - \hat{z}_r}{\hat{r}_i} \Delta z_r + c\Delta t_r \end{aligned} \tag{12.8}$$

偏导数为

$$\begin{cases} \dfrac{\partial f(\hat{x}_r, \hat{y}_r, \hat{z}_r, c\hat{t}_r)}{\partial \hat{x}_r} \Delta x_r = -\dfrac{x_i - \hat{x}_r}{\hat{r}_i} \Delta x_r \\[2mm] \dfrac{\partial f(\hat{x}_r, \hat{y}_r, \hat{z}_r, c\hat{t}_r)}{\partial \hat{y}_r} \Delta y_r = -\dfrac{y_i - \hat{y}_r}{\hat{r}_i} \Delta y_r \\[2mm] \dfrac{\partial f(\hat{x}_r, \hat{y}_r, \hat{z}_r, c\hat{t}_r)}{\partial \hat{z}_r} = -\dfrac{z_i - \hat{z}_r}{\hat{r}_i} \Delta z_r \\[2mm] \dfrac{\partial f(\hat{x}_r, \hat{y}_r, \hat{z}_r, c\hat{t}_r)}{\partial \hat{t}_r} \Delta t_r = c \end{cases} \tag{12.9}$$

因此，估计伪距和实际伪距之间的关系为

$$\rho_i = \hat{\rho}_i - \frac{x_i - \hat{x}_r}{\hat{r}_i}\Delta x_r - \frac{y_i - \hat{y}_r}{\hat{r}_i}\Delta y_r - \frac{z_i - \hat{z}_r}{\hat{r}_i}\Delta z_r + c\Delta t_r \tag{12.10}$$

或

$$\hat{\rho}_i - \rho_i = \frac{x_i - \hat{x}_r}{\hat{r}_i}\Delta x_r + \frac{y_i - \hat{y}_r}{\hat{r}_i}\Delta y_r + \frac{z_i - \hat{z}_r}{\hat{r}_i}\Delta z_r - c\Delta t_r \tag{12.11}$$

新的中间变量集定义如下：

$$\begin{cases} \Delta\rho = \hat{\rho}_i - \rho_i \\ a_{x_i} = \dfrac{x_i - \hat{x}_r}{\hat{r}_i} \\ a_{y_i} = \dfrac{y_i - \hat{y}_r}{\hat{r}_i} \\ a_{z_i} = \dfrac{z_i - \hat{z}_r}{\hat{r}_i} \end{cases} \tag{12.12}$$

对于任何给定的发射机，现在要求解的方程为

$$\Delta\rho = a_{x_i}\Delta x_r + a_{y_i}\Delta y_r + a_{z_i}\Delta z_r - c\Delta t_r \tag{12.13}$$

对于三维定位所需的4台发射机，需要处理由4个方程和4个未知数（$\Delta\hat{x}_r, \Delta\hat{y}_r, \Delta\hat{z}_r, c\Delta\hat{t}_r$）组成的方程组。该方程组可以完整地描述为

$$\begin{cases} \Delta\rho_1 = a_{x_1}\Delta x_r + a_{y_1}\Delta y_r + a_{z_1}\Delta z_r - c\Delta t_r \\ \Delta\rho_2 = a_{x_2}\Delta x_r + a_{y_2}\Delta y_r + a_{z_2}\Delta z_r - c\Delta t_r \\ \Delta\rho_3 = a_{x_3}\Delta x_r + a_{y_3}\Delta y_r + a_{z_3}\Delta z_r - c\Delta t_r \\ \Delta\rho_4 = a_{x_4}\Delta x_r + a_{y_4}\Delta y_r + a_{z_4}\Delta z_r - c\Delta t_r \end{cases} \tag{12.14}$$

引入如下变量：

$$\Delta\boldsymbol{\rho} = \begin{bmatrix} \Delta\rho_1 \\ \Delta\rho_2 \\ \Delta\rho_3 \\ \Delta\rho_4 \end{bmatrix}, \quad \boldsymbol{H} = \begin{bmatrix} a_{x_1} & a_{y_1} & a_{z_1} & 1 \\ a_{x_2} & a_{y_2} & a_{z_2} & 1 \\ a_{x_3} & a_{y_3} & a_{z_3} & 1 \\ a_{x_4} & a_{y_4} & a_{z_4} & 1 \end{bmatrix}, \quad \Delta\boldsymbol{x} = \begin{bmatrix} \Delta x_r \\ \Delta y_r \\ \Delta z_r \\ -c\Delta t_r \end{bmatrix} \tag{12.15}$$

最终的方程组为

$$\Delta\boldsymbol{\rho} = \boldsymbol{H}\Delta\boldsymbol{x} \tag{12.16}$$

其解为

$$\Delta\boldsymbol{x} = \boldsymbol{H}^{-1}\Delta\boldsymbol{\rho} \tag{12.17}$$

我们的目标是使$\Delta\boldsymbol{x}$向量等于零，以找到终端的位置。在这种情况下，对于最后一次迭代，初始估计的位置可视为最终位置。因此，这是一种迭代方法，需要设置一个收敛标准（由于测量的不确定性，收敛标准通常不可能达到零）。

现在回到最初的问题（选择最佳数据），即发射机数量大于4的简单情况。这是一个超定系统，选择了4台最佳的发射机。采用最小二乘法，可通过选择所有可用的发射机来避免做出选择。这一思想在数学上表示如下（继续前面的例子）。

当可用的发射机超过4台时，线性化方法可以规定为

$$\Delta\boldsymbol{\rho} = \begin{bmatrix} \Delta\rho_1 \\ \Delta\rho_2 \\ \vdots \\ \Delta\rho_n \end{bmatrix}, \quad \boldsymbol{H} = \begin{bmatrix} a_{x_1} & a_{y_1} & a_{z_1} & 1 \\ a_{x_2} & a_{y_2} & a_{z_2} & 1 \\ \vdots & \vdots & \vdots & \ddots & \vdots \\ a_{x_n} & a_{y_n} & a_{z_n} & 1 \end{bmatrix}, \quad \Delta\boldsymbol{x} = \begin{bmatrix} \Delta x_{\mathrm{r}} \\ \Delta y_{\mathrm{r}} \\ \Delta z_{\mathrm{r}} \\ -c\Delta t_{\mathrm{r}} \end{bmatrix} \tag{12.18}$$

式中，$\Delta\boldsymbol{\rho}$ 是一个 $N\times1$ 维向量，$\boldsymbol{H}$ 是一个 $N\times4$ 阶矩阵，$\Delta\boldsymbol{x}$ 是一个 4×1 维向量。关系式 $\Delta\boldsymbol{\rho} = \boldsymbol{H}\Delta\boldsymbol{x}$ 仍然成立。考虑到测量数据是有噪声的，我们引入一个残差向量，其计算方法如下：

$$\boldsymbol{r} = \boldsymbol{H}\Delta\boldsymbol{x} - \Delta\boldsymbol{\rho} \tag{12.19}$$

最小二乘法的基本思想是最小化残差的平方和：

$$r_1^2 + r_2^2 + \cdots + r_n^2 = (\boldsymbol{H}\Delta\boldsymbol{x} - \Delta\boldsymbol{\rho})^2 = (\boldsymbol{H}\Delta\boldsymbol{x} - \Delta\boldsymbol{\rho})^{\mathrm{T}}(\boldsymbol{H}\Delta\boldsymbol{x} - \Delta\boldsymbol{\rho}) \tag{12.20}$$

当其梯度为零时，就可将这个量最小化，得到

$$\nabla(r_1^2 + r_2^2 + \cdots + r_n^2) = 2\Delta\boldsymbol{x}^{\mathrm{T}}\boldsymbol{H}^{\mathrm{T}}\boldsymbol{H} - 2\Delta\boldsymbol{\rho}^{\mathrm{T}}\boldsymbol{H} = 0 \tag{12.21}$$

最终有

$$\Delta\boldsymbol{x} = (\boldsymbol{H}^{\mathrm{T}}\boldsymbol{H})^{-1}\boldsymbol{H}^{\mathrm{T}}\Delta\boldsymbol{\rho} \tag{12.22}$$

这种方法可以最小化代价函数，即残差的平方和，而不会使计算过于复杂。实际上，另一种方法是测试4台发射机的所有组合，以得到最佳组合。这实际上是不可能的，因为它需要将结果与"真实"位置进行比较，而这是不可行的[①]。

---

① 实际上，如果知道真实位置，就没有必要去测量或计算。

这种方法也可用于处理来自多种技术的数据，以找到最佳组合。根据待求解模型的特性［见式（12.19）］，该方法有不同的版本。在这个例子中，它是一个线性模型。当然，还可采用非线性方法。

12.2.3　分类和估计器

因此，在许多情况下，组合或合并多种技术会将问题从材料和计算方法转移到分类和决策方法。实际上，需要识别何时使用某些数据或数据融合的情况。必须在充分了解事实的基础上选择最佳算法。这通常涉及对终端所处的情况进行分类：快速运动、垂直运动、静止但非固定不动、有遮挡或无遮挡等。

这正是"数据科学"和"决策"技术发挥作用的地方，它们通过分析终端可能属于的类别，并基于有时不完整的数据来提供"最佳估计"。这通常涉及对各种可能环境的学习阶段，而这也是使事情变得棘手的地方。并非所有情况都能加以考虑或进行"学习"，因此需要使用能在"未学习"情况下也能做出决策的算法，而这会带来失败的风险。情况越接近已学习的案例，这些方法就越有效。因此，正确定义这些方法非常重要，而且很难使它们始终有效。

通常，所有这些方法都以确定估计器为基础，根据现有的各种数据对估计器进行评估，进而做出决策。大数据（因为合并的数据往往数量众多，可能的组合也非常多）、数据挖掘或神经网络等领域的最新发展越来越多地得到应用。

这就是本书有助于"数据科学家"原因——让他们对影响数据质量的主要物理因素有个基本了解，以便在模型中考虑这些因素。

12.2.4　滤波

另一种看待问题的方法是制定一些全局规则，这些规则是终端或测量数据最有可能遵循的，可以并行或协同实施。例如，限制行人可能的加速度，甚至限制其速度，进而限制其在两个时刻之间改变位置的可能性。这也可结合系统当前的运行参数来考虑。例如，如果行人的速度是2m/s，那么其"不太可能"在下一秒内移动超过2m。这样，就可测量两个连续位置之间的距离，进而提取测量值的可能噪声估计值。这些新数据反过来可用于进一步优化模型。

在进一步改进的版本中，这些方法基于两步机制：首先，从当前观测或估计状态出发，定义考虑观测参数（噪声、环境等）后未来状态应如何变化。特别是卡尔曼滤波器（无论是简单的滤波器还是扩展的滤波器），或更一般的贝叶斯滤波方法，包括粒子滤波器等。这些技术的巨大力量在于其基本前提简单而现实。未来的状态不能随意地取决于现在的状态。困难在于定义这些滤波器的"正确"操作参数，因为我们明白，根据这些参数的不同，操作会是有效的或无用的。因此，所有技术都是相互重叠的：对终端所处环境进行高质量的分类，就能正确估算出需要考虑的参数，进而对未来状态进行良好的预测。

其次，一旦对未来状态进行了预测，就可对其进行评价，因为一旦达到未来状态，就可评估预测的质量。这个要素特别有用：通过这个要素可以将预测值与测量值进行比较，进而向用户提供一组估计预测质量的数据。这可能建立一个良性循环……在许多情况下，这都适用（如果没有这些滤波器，GNSS的功能将大大降低），但并非在所有情况下都适用。对这些滤波器的主要批评意见基于这些滤波器性能对其操作参数的敏感性，而这些参数又取决于所考虑的情况。

12.3 协作方法

另一种思考方式是设想一个协作系统，其中节点间的信息交换可以使所有节点都能进行定位。如往常一样，这种方法的实现高度依赖于性能目标。我们在这里寻求为精确定位系统奠定基础，以构建一个不需要特定基础设施且在嵌入技术和低能耗方面成本低廉的系统（如果要给出一个潜在值，那么通常为几分米量级）。在第一种情况下，这要归因于使用成熟的技术；在第二种情况下，这是因为拟议的无线电交换在非常短的距离内进行，并且使用可有效编码的信号（因此传输功率较低）。

注意，由于传播现象是这些解决方案的基础，因此前面提到的与环境有关的限制在这些解决方案中依然存在。

12.3.1 使用多普勒频移测量估算速度的方法

从经验上看，一种获得精确无线电测量量的方法是管理信号的相位（如载波相位）：使用现有终端已传输的信号来实现（然后需要开发接收机），或者在终端上传输新信号来实现，如兼容的GNSS信号。这种类GNSS的信号振幅可以非常小，以解决潜在的干扰问题。

这里建议仅依赖于多普勒频移测量。例如，通过安装在每个终端（即智能手机）上的微型发射机进行测量。这样，就可知道速度向量差在两台发射机之间的轴线上的投影值。基于两个终端之间的单一测量，我们将尝试定义一种新的定位类型：这种定位是相对于"与其他终端的关系"进行估算的。"相对位置"一词的含义通常略有不同，例如在惯性系中，特定时间的计算位置取决于先前的位置。因此，位置是相对于起点而言的。在这种情况下，概念略有不同："相对"一词适用于某些对象相对于其他对象的关系。然而，我们尝试从这种相对定位回到绝对定位，有时这可通过绝对数据的可用性来实现，如距离或某些终端的坐标。然而，绝对定位这一目标并不是我们追求的方向。

初始问题的定义如图12.1所示，其中A, B和C是执行上述多普勒频移测量的三台发射机和接收机终端。我们还可认为A, B和C是网络的通信节点。A, B和C具有任意速度向量V_a, V_b和V_c，我们关注这些速度在AB轴、BC轴和AC轴上的投影，即V_a在AB轴和AC轴上的投影V_{aab}和V_{aac}，V_b在AB轴和BC轴上的投影V_{bab}和V_{bbc}，V_c在AC轴和BC轴上的投影V_{cac}和V_{cbc}。

注意，为简化方程，我们仍在二维结构的框架内进行讨论。基本思想是确定ΔABC

的形状，因此需要引入一些角度。通过保持与图12.1相似的符号表示，我们在图12.2中表示了速度向量V_a与AB轴和AC轴之间的夹角θV_{aab}和θV_{aac}，速度向量V_b与AB轴和BC轴之间的夹角θV_{bab}和θV_{bbc}，速度向量V_c与AC轴和BC轴之间的夹角θV_{cac}和θV_{cbc}。

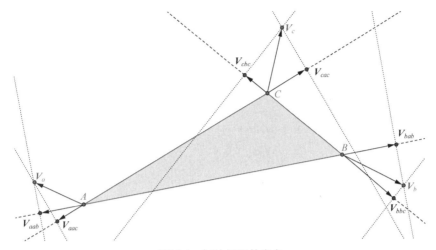

图12.1　初始问题的定义

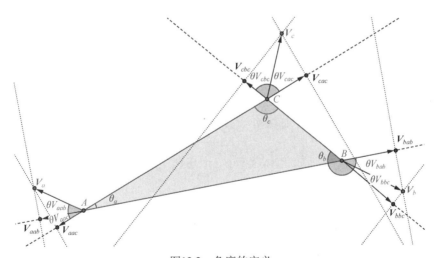

图12.2　角度的定义

根据这组角度，可以确定各终端间的多普勒频移测量值。在所考虑三个节点A, B和C的框架内，这实际上给出了A和B、B和C、C和A之间的三个相对速度测量值V_{ab}、V_{bc}和V_{ca}。注意，尽管初始阶段不必非常严格，但平面仍是有方向的；因此，V_{ab}表示V_b和V_a在AB轴上的投影之差，以此类推。这种方法的第一个方程组为

$$
\begin{aligned}
V_{ab} &= V_b \cos(\theta V_{bab}) - V_a \cos(\theta V_{aab}) \\
V_{bc} &= V_c \cos(\theta V_{cbc}) - V_b \cos(\theta V_{bbc}) \\
V_{ca} &= V_a \cos(\theta V_{aac}) - V_c \cos(\theta V_{cac})
\end{aligned}
\tag{12.23}
$$

若所有投影都相对于一个参考轴进行简化，则可简化符号表示。下面将 AB 轴作为参考轴。于是，通过表示 ΔABC 的顶点 A 和 B 的相对角度 θ_a 和 θ_b，可以写出

$$\theta V_{abc} = \theta V_{aab} - \theta_a = \theta V_a - \theta_a$$
$$\theta V_{cac} = \theta V_{cab} - \theta_a = \theta V_c - \theta_a$$
$$\theta V_{cbc} = \theta V_{cab} - \theta_b = \theta V_c - \theta_b$$
$$\theta V_{bbc} = \theta V_{bab} - \theta_b = \theta V_b - \theta_b$$

接着，可将式（12.23）简化为

$$V_{ab} = V_b \cos(\theta V_b) - V_a \cos(\theta V_a)$$
$$V_{bc} = V_c \cos(\theta V_c - \theta_b) - V_b \cos(\theta V_b + \theta_b) \qquad (12.24)$$
$$V_{ca} = V_a \cos(\theta V_a - \theta_a) - V_c \cos(\theta V_c - \theta_a)$$

这个方程组中现在有8个未知数，即 V_a、V_b、V_c、θ_a、θ_b、θV_a、θV_b 和 θV_c，未知数的数量太多。减少未知数的一种简单方法是回到该方法的基本原理：分析各终端之间的相对定位。因此，可以假设我们只试图了解各节点的相对位移，因此绝对值不是我们优先考虑的问题。这样，就可将一个节点（例中是节点 A）作为参考。于是，V_a 为零，θV_a 也为零，但此时需要考虑的是终端 B 和 C 的速度现在是相对于终端 A 的速度而言的（如果希望保持相对性概念不变）。新方程组写为（V_{bra} 和 V_{cra} 分别是终端 B 和 C 相对于终端 A 的速度）：

$$V_{ab} = V_{bra} \cos(\theta V_b)$$
$$V_{ac} = V_{cra} \cos(\theta V_c - \theta_a) \qquad (12.25)$$
$$V_{bc} = V_{cra} \cos(\theta V_c - \theta_b) - V_{bra} \cos(\theta V_b - \theta_b)$$

简化符号，去掉"相对性"（用 V_b 代替 V_{bra}，用 V_c 代替 V_{cra}），得到

$$V_{ab} = V_b \cos(\theta V_b)$$
$$V_{ac} = V_c \cos(\theta V_c - \theta_a) \qquad (12.26)$$
$$V_{bc} = V_c \cos(\theta V_c - \theta_b) - V_b \cos(\theta V_b + \theta_b)$$

这个新方程组现在只有6个未知数，即 V_b、V_c、θ_a、θ_b、θV_b 和 θV_c。然而，上式的求解尚未完成。我们可以继续寻找新的简化假设，以求解该方程组，但我们暂时保留这种方法，因为目前的目标是为相对定位的概念奠定基础。在此背景下，我们研究添加第四个节点 D 后的情况。

这时，我们可分别在 ΔABC、ΔABD 和 ΔACD 中隔离出发生的情况（ΔBCD 完全由前三个三角形推出）。现在，可由这三个三角形写出9个方程。

在 ΔABC 中，有

$$V_{ab} = V_b \cos(\theta V_b) \tag{12.27}$$

$$V_{ac} = V_c \cos(\theta V_c - \theta_a ABC) \tag{12.28}$$

$$V_{bc} = V_c \cos(\theta V_c - \theta_b ABC) - V_b \cos(\theta V_b + \theta_b ABC) \tag{12.29}$$

在 ΔABD 中有

$$V_{ab} = V_b \cos(\theta V_b) \tag{12.30}$$

$$V_{ad} = V_d \cos(\theta V_d - \theta_a ABD) \tag{12.31}$$

$$V_{bd} = V_d \cos(\theta V_d - \theta_b ABD) - V_b \cos(\theta V_b + \theta_b ABD) \tag{12.32}$$

在 ΔACD 中，有

$$V_{ac} = V_c \cos(\theta V_c - \theta_a ABC) \tag{12.33}$$

$$V_{ad} = V_d \cos(\theta V_d - \theta_a ABD) \tag{12.34}$$

$$V_{cd} = V_d \cos(\theta V_d - \theta_a ABD) - V_c \cos(\theta V_c + \theta_a ABD) \tag{12.35}$$

符号表示需要更精确，特别是与各三角形顶点相关的角度。这就是引入符号 $\theta_i ABC$ 的原因，这个符号表示与 ΔABC 中的顶点 i 关联的角度。在减少方程的数量之前，必须注意到在这种情况下 B，C 和 D 三者必须都在 A 的无线电可视范围内（用于测量）。如果 D 不在范围内，则只有两个三角形可用，而这会对当前的推导造成挑战。下面回到方程中，其中有些方程是相同的，如式（12.30）和式（12.27）相同，式（12.33）和式（12.28）相同，式（12.34）和式（12.31）相同。因此，可将9个方程简化为6个终端方程：

$$
\begin{aligned}
V_{ab} &= V_b \cos(\theta V_b) \\
V_{ac} &= V_c \cos(\theta V_c - \theta_a ABC) \\
V_{bc} &= V_c \cos(\theta V_c - \theta_b ABC) - V_b \cos(\theta V_b - \theta_b ABC) \\
V_{ad} &= V_d \cos(\theta V_d - \theta_a ABD) \\
V_{bd} &= V_d \cos(\theta V_d - \theta_b ABD) - V_b \cos(\theta V_b - \theta_b ABD) \\
V_{cd} &= V_d \cos(\theta V_d - \theta_a ABD) - V_c \cos(\theta V_c - \theta_a ACD)
\end{aligned}
\tag{12.36}
$$

然而，仍然有约10个未知数。总之，第一种解法导致我们在处理三个点时得到包含3个方程和6个未知数的方程组，处理四个点时得到包含6个方程和10个未知数的方程组，处理五个点时得到包含10个方程和14个未知数的方程组。这种方法并不好，因为点数增加会相应地导致未知数数量的增加。因此，在没有额外数据的情况下，无法求解。

12.3.2　在某些节点固定的情况下使用多普勒频移测量的方法

不过，要注意的是，如果我们同意增加一些"约束"，如某些点的固定性质，那么上述方法可能值得考虑。下面以经典案例为例加以说明，即通过来自三台固定发射机A、B和C的传输来寻找终端D的位置。这种情况与12.3.1节讨论的情况非常相似，但增加了后三个点固定不动的约束。这时，我们可以采用方程组（12.36）并进行简化来求解；然而，这里建议采用另一种方法，即通过冗余测量终端D的速度向量V_d在AD轴、BD轴和CD轴上的投影来搜索D的笛卡儿坐标。这种方法的几何示例如图12.3所示。

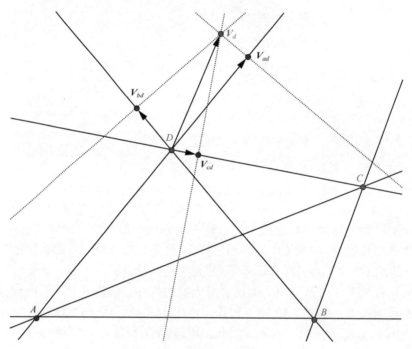

图12.3 二维定位中三台固定发射机（A, B和C）的笛卡儿几何图形

节点的笛卡儿坐标为(x_i, y_i)，只有终端D的坐标未知。此外，所进行的多普勒频移测量分别给出了终端D的速度向量V_d在上述三个轴上的投影。是否可以同时找到终端D的坐标和V_d的终点？

方程相对简单，但书写烦冗，此处不再赘述。求解原理如下：

- 画（或用方程表示）一条垂直于AD的直线，这条直线经过AD上与未知点D相距V_{ad}的点。
- 画（或用方程表示）一条垂直于BD的直线，这条直线经过BD上与未知点D相距V_{bd}的点。
- 这两条直线的交点就是V_d的终点。问题是我们不知道D的坐标，因此这种构造会为V_d留下无限多的可能性。
- 在CD上的测量通过固定点D来完成。实际上，V_d的终点也位于前两条直线与垂直于CD的直线的交点处，该垂线经过CD上与D相距V_{cd}的点。

因此，固定的三个点A, B和C可让我们求出终端D的坐标以及V_d的幅度和方向。尽管很容易得到方程组，但方程组的求解也不容易。

这些基于多普勒频移测量的方法的限制条件是后者不能为零，因此终端D必须处于运动状态。

12.3.3 使用多普勒频移测量估算角度的方法

下面尝试通过计算角度来解决这个问题。对于移动节点，保持相对于参考终端（这里是A）的相对性这一假设，回到一个更几何化和测量导向的方法是有用的。在这种情况下，图形变得更加复杂，但我们可以简单地考虑各个三角形之间的角度关系，这应能让我们找到一个可解的方程组。新的几何结构如图12.4所示，其中的角度现在用数字标注。

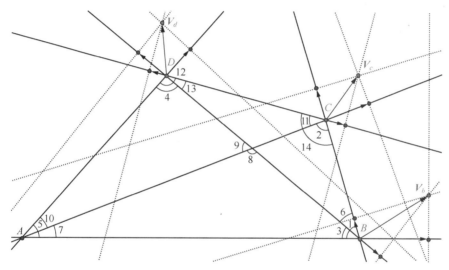

图12.4 四节点系统的几何关系

定义多普勒频移测量基本方程的方程组为

$$V_{bc} = V_{ab}\cos 1 - V_c \cos 2 \tag{12.37}$$

$$V_{bd} = V_{ab}\cos 3 - V_{ad}\cos 4 \tag{12.38}$$

$$V_{bc} = V_{db}\cos 6 + V_{dc}\cos 14 \tag{12.39}$$

$$V_{cd} = V_{ac}\cos 11 + V_{ad}\cos 12 \tag{12.40}$$

此外，还要添加各个三角形之间的角度关系：

$$1 + 2 + 7 = \pi \tag{12.41}$$

$$3 + 4 + 5 = \pi \tag{12.42}$$

$$6 + 13 + 14 = \pi \tag{12.43}$$

$$10 + 11 + 12 = \pi \tag{12.44}$$

$$4+9+10=\pi \tag{12.45}$$

$$8+11+13=\pi \tag{12.46}$$

$$2+6+9=\pi \tag{12.47}$$

$$3+7+8=\pi \tag{12.48}$$

$$8+9=\pi \tag{12.49}$$

$$1+5+12+14=2\pi \tag{12.50}$$

由此，我们得到关于角度的一个包含14个方程和14个未知数的完整方程组。计算出这些角度就完全确定了方程组的几何结构，进而确定了各个节点的位置。因此，仅基于4个终端之间的多普勒频移测量，我们就可反推它们的位置。实际上，情况要比看起来复杂一些，尤其是完整方程组［式（12.37）～式（12.50）］的求解要基于对称函数θ。因此，我们总有可能从解"$+\theta$"或"$-\theta$"开始，如图12.5所示，图中显示了两种可能性。

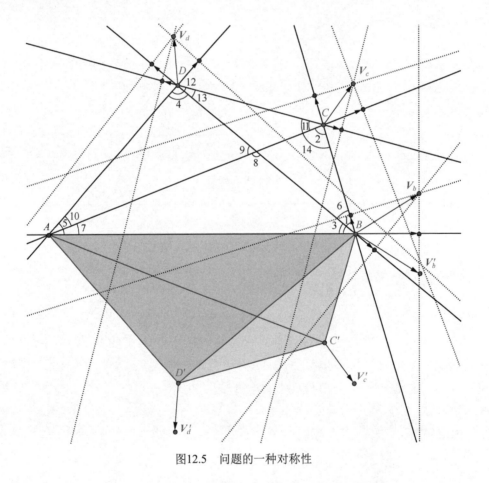

图12.5 问题的一种对称性

若分别考虑与终端B, C和D相关联的速度V_b, V_c和V_d，以及与终端B', C'和D'相关联的速度V_b', V_c'和V_d'，则几何结构$ABCD$和$ABC'D'$在相对多普勒频移测量方面是等效的。然而，这并不是唯一可能的对称性，如图12.6所示。这时，需要考虑相对于AC轴的对称性，我们注意到，若分别考虑与终端B, C和D相关联的速度V_b, V_c和V_d，以及与终端B', C和D'相关联的速度V'_b, V'_c和V'_d，则几何结构$ABCD$和$AB'CD'$在相对多普勒频移测量方面是等效的。

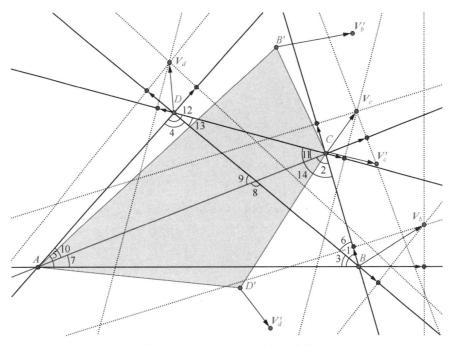

图12.6 问题相对于AC轴的对称性

方程组的求解方法有多种，同时可以引用一些经典的方法来解决这些模糊性。首先，要有一个绝对参照物，以使图形"定向"：如果有两个节点的位置是已知的和绝对的，情况尤其如此。当然，也可考虑将一些节点与GNSS接收机进行耦合。第二种简化方法是知道两个节点之间的距离，如A和B之间的距离（可通过UWB测量实现）。在这种情况下，可通过将图形在AB轴上定向，即将相对参考标记放在A点，并让其朝向B点（这并不能完全解决前面提到的某些对称性问题）。最后一种方法基于相同的原则，将系统的几何中心放在A点，并在AB轴上给B一个任意值。这个距离以"基准单位"计算，并可按相同的单位计算所有位置。因此，我们就可获得一个与现实同位的解。同位比的值（可使用额外的测量值如某些终端的距离或位置来获得）可让我们回到真实的绝对几何位置。注意，如果将A作为参考终端，那么A也是同位中心。最后，要注意关于相对系统$ABCD$几何的最后一点：每个考虑的点周围显然存在圆形对称性，于是再次与绝对定位相关联。所提方法的"相对性"因此具有两个维度：第一，涉及描述节点相对位移的多普勒频移测量；第二，涉及相对于局部几何参考系（这里以A为中心、以AB轴为参考）来计算节点的位置。

12.3.4 基于距离测量的方法

第二种方法仍然基于两个终端之间的相对测量，采用的是距离测量值。例如，可以采用UWB技术来测量两个节点之间的时间差。这里不讨论测量精度，也不讨论计算的不确定性。

从几何角度看，这种情况要比前一种方法更容易解决。下面考虑一个由节点A, B和C组成的系统，其距离测量结果如下：

- A和B之间的距离d_{ab}。
- A和C之间的距离d_{ac}。
- B和C之间的距离d_{bc}。

给定的测量可从相关节点之一进行，因此有可能取多个测量值的平均值，或者保留最佳测量值。若在二维平面中定义参考系(O, x, y)，且定义A的坐标为$(0, 0)$，B的坐标为 $(d_{ab}, 0)$，则C位于两个圆的交点：第一个圆的圆心在A处，半径为d_{ac}；第二个圆的圆心在B处，半径为d_{bc}。有几种可能的情况，但一般而言，如图12.7所示，有两个可能的交点。如果没有其他信息，就无法做出选择。这再次体现了这些相对测量系统特有的几何对称性。

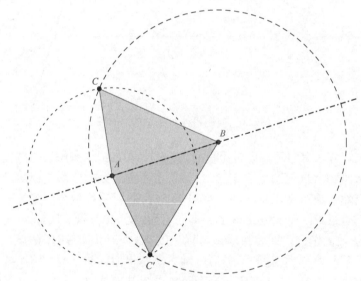

图12.7 三角形中位置不明确的距离测量

这一点很容易通过分析得到证实。假设C的坐标为(x_c, y_c)，则其满足

$$x_c^2 + y_c^2 = d_{ac}^2 \tag{12.51}$$

$$(x_c - d_{ab})^2 + y_c^2 = d_{bc}^2 \tag{12.52}$$

解得

$$x_c = \frac{1}{2d_{ab}}(d_{ac}^2 + d_{ab}^2 - d_{bc}^2) \tag{12.53}$$

$$y_c = \pm\sqrt{d_{ac}^2 - x_c^2} \tag{12.54}$$

显然，这里y_c确实可以取两个值。对于包含4个节点A, B, C和D的系统，其求解过程依然相对简单，但始终相对于参考轴（AB轴）具有对称性。如果不依附于某个绝对参考系（如GPS WGS84）中的给定位置，其求解过程仍然是完全相对的，且以每个点为中心的旋转不会改变整体几何结构。因此，我们的观点是，对许多潜在的应用来说，这并不重要：只有这种几何结构及其演变方式才是有用的。

12.3.5　分析网络变形的方法

下面彻底改变目标：我们不再试图寻找几何结构，而只分析节点网络如何变形，并关注这种变形所呈现的"形态"。起点仍然是多普勒频移测量，这种测量可让我们在"标准"条件下以很小的误差判断两个节点是正在靠近还是正在远离。多普勒振幅提供了这种变形的"速度"信息。

下面以有三个节点A, B和C的简单网络为例加以说明：三个相关的测量值分别是A和B之间的m_{ab}、B和C之间的m_{bc}以及A和C之间的m_{ac}，可以准确地确定相应的距离是在接近、远离还是保持不变。这样，AB, BC和AC这三个链路就有了三种可能性。对我们关注的普通情况，这三个节点是完全独立的，组合后有27种可能出现的情况，如图12.8所示。

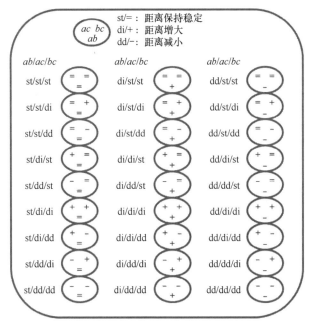

图12.8　三节点网络变形的可能情况集

图中使用"="表示保持不变的链路，使用"+"和"–"分别表示链路长度增大和链路长度减小。观察发现，如果不在节点之间建立层次结构（在该阶段没有理由建立层次结构），那么许多情况在ΔABC上施加的变形是相似的。记住，我们只关注变形的形态，而不关注变形的幅度。因此，图12.9中显示了不同的情况（保持之前的表示方式）。

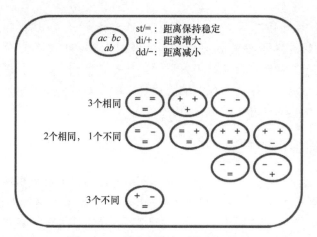

图12.9 三节点网络变形的不同情况

同理，我们可以分析四节点网络的变形。注意到，剩余的情况数量相当有限。许多技术可以用于实现这种方法，在许多实际情况下这可能相当引人注目。

12.3.6 备注

12.3节中的内容仅仅是初步的，要实现这些方法，还有很长的路要走。其中，需要解决的课题包括终端自身的如下方面：使用哪种电子设备，使用哪种处理方式，使用哪种编码，以及如何管理可能的干扰。此外，可以使用哪种技术或者可以组合哪些技术来提供最佳性能。所有与信号本身及其处理相关的问题也应得到解决：终端之间的近距离传播、所用的功率、各节点可能存在的无线电不可视问题、时钟漂移的影响等。同样，还应考虑在精度方面可以达到的性能、对精度的估计或潜在误差源对性能的影响。简言之，尚待完成的工作远多于已完成的工作——情况往往就是这样！

本章未涉及第三个维度的情况，但作为第一步，有必要始终从概念的角度加以探讨。当然，当我们谈论第三个空间坐标即时间坐标时，下一步自然应该更为基础。只有在考虑网络动态的情况下，这一切才有意义。将这种动态外推到多普勒频移测量（第一种方法）或距离测量（第二种方法）不会有任何技术困难，但对网络变形研究的方法来说，情况就不同了：在这种情况下，需要发明新方法。

12.4 小结

本章得出了两个结论：最新的数据处理方法将"革新"这一领域，且可能提供备受期待的室内定位问题的解决方案，但同时还有很多工作要做。所有这些可能都是事实，但我们似乎使解决方案变得越来越复杂。基本思路很容易理解：由于现有方法不完全令人满意，我们将通过增加新算法层或者使用允许处理更多数据的新层来提出新方法。基本原则当然是处理的数据越多，解决方案就越精确。

我个人并不完全同意这一原则。增加研究方向和研究人员及工业领域的多样性是有益的（通常也是进步的源泉），但需要退一步考虑实际能够达到的性能。定位系统提供的是当前信息，而我们当下试图预测未来，通常依据的是对过去的观察。室内定位的问题是，未来的情况在某些情况下是无法预测的，因为它本质上取决于许多未计划的事件（开门、人员出现、终端姿态等）。因此，目前的统计方法在对平均情况进行总体分析时无疑是有用的，但对在特定时间、特定不可预测环境中确定个人位置来说可能并不十分适用。正如几年前在GNSS领域的辅助和高灵敏度GNSS方法一样，这些新方法带来的进步是不可否认的，也是非常有用的，但它们并不能解决实际问题，本质上具有特殊性。

事实上，问题在于预期是不恰当的：这些方法被宣传为系统的总体改进，而在实际应用中，它们通常仅在"经典"情况下表现良好。然而，人们的期望主要集中在上述的特殊情况中，而在这些情况中，这些方法通常效果不佳。

在定位领域，重要的是不要混淆相关性和因果关系，因为这涉及现象传播的物理学。相关性的识别很重要，且可进行必要的分类，但若这些相关性与物理原因（已识别或待识别）之间没有联系，则至少在室内定位方面将其作为可靠的论据是不合理的。

因此，我认为还有另一个研究方向：简化方法。问题是简化方法通常认为"简单"等同于"容易"，进而等同于"不太有效"。相反，寻求问题的简单性要比人们经常提出的复杂性层层递增微妙得多。了解问题产生的原因确实很重要，但这需要时间，且结果往往是不确定的。这也是当前的"数据科学"方法特别有用的原因，因为它们能以"统计"方法相对较快地获得结果，且在绝大多数情况下取得令人满意的性能。问题在于，评估通常是在相对经典的案例上进行的，而对那些特殊的案例，管理效果并不比标准方法更好。我认为，这也是我们仍然没有大规模应用的室内定位解决方案的原因之一。

参考文献

[1] Herrera J. C. A., Plöer P. G., Hinkenjann A., et al. (2014). Pedestrian indoor positioning using smartphone multi-sensing, radio beacons, user positions probability map and IndoorOSM floor plan representation. In: *2014 International Conference on Indoor Positioning and Indoor Navigation (IPIN)*, 636-645. Busan: IEEE.

[2] Ifthekhar M. S., Saha N., Jang Y. M. (2014). Neural network based indoor positioning technique in optical camera communication system. In: *2014 International Conference on Indoor Positioning and IndoorNavigation (IPIN)*, 431-435. Busan: IEEE.

[3] Lamy-Perbal S., Guénard N., Boukallel M., et al. (2015). A HMM map-matching approach enhancing indoor positioning performances of an inertial measurement system. In: *2015 International Conference on Indoor Positioning and Indoor Navigation (IPIN)*, 1-4. Banff, AB: IEEE.

[4] Ma C., Wang J., Jianyun C. (2016). Beidou compatible indoor positioning system architecture design and research on geometry of pseudolite. In: *2016 Fourth International Conference on Ubiquitous Positioning, Indoor Navigation and Location Based Services (UPINLBS)*, 176-181. Shanghai: IEEE.

[5] Chen Y., Chen R., Pei L., et al. (2010). Knowledge-based error detection and correction method of a multi-sensor multi-network positioning platform for pedestrian indoor navigation. In: *IEEE/ION Position, Location and Navigation Symposium*, 873-879. Indian Wells, CA: IEEE.

[6] Pourabdollah A., Meng X., Jackson M. (2010). Towards low-cost collaborative mobile positioning. In: *2010 Ubiquitous Positioning Indoor Navigation and Location Based Service*, 1-5. Kirkkonummi: IEEE.

[7] Zhen-Peng A., Hu-Lin S., Jun W. (2015). Classify and prospect of indoor positioning and indoor navigation. In: *2015 Fifth International Conference on Instrumentation and Measurement, Computer, Communication and Control (IMCCC)*, 1893-1897. Qinhuangdao: IEEE.

[8] Kuusniemi H., Bhuiyan M. Z. H., Ström M., et al. (2012). Utilizing pulsed pseudolites and high-sensitivity GNSS for ubiquitous outdoor/indoor satellite navigation. In: *2012 International Conference on Indoor Positioning and Indoor Navigation (IPIN)*, 1-7. Sydney, NSW: IEEE.

[9] Tan K. M., Law C. L. (2007). GPS and UWB Integration for indoor positioning. In: *2007 6th International Conference on Information, Communications and Signal Processing*, 1-5. Singapore: IEEE.

[10] Itagaki Y., Suzuki A., Iyota T. (2012). Indoor positioning for moving objects using a hardware device with spread spectrum ultrasonic waves. In: *2012 International Conference on Indoor Positioning and Indoor Navigation (IPIN)*, 1-6. Sydney, NSW: IEEE.

[11] Kaiser S., Lang C. (2016). Detecting elevators and escalators in 3D pedestrian indoor navigation. In: *2016 International Conference on Indoor Positioning and Indoor Navigation (IPIN)*, 1-6. Alcala de Henares: IEEE.

[12] Liao J. -K., Chiang K., Tsai G. -J., et al. (2016). A low complexity map-aided fuzzy decision tree for pedestrian indoor/outdoor navigation using smartphone. In: *2016 International Conference on Indoor Positioning and Indoor Navigation (IPIN)*, 1-8. Alcala de Henares: IEEE.

[13] Gotlib D., Gnat M., Marciniak J. (2012). The research on cartographical indoor presentation and indoor route modeling for navigation applications. In: *2012 International Conference on Indoor Positioning and Indoor Navigation (IPIN)*, 1-7. Sydney, NSW: IEEE.

[14] Park Y. (2014). Smartphone based hybrid localization method to improve an accuracy on indoor navigation. In: *2014 International Conference on Indoor Positioning and Indoor Navigation (IPIN)*, 705-708. Busan: IEEE.

[15] Nozawa M., Hagiwara Y., Choi Y. (2012). Indoor human navigation system on smartphones using view-based navigation. In: *2012 12th International Conference on Control, Automation and Systems*, 1916-1919. Jeju Island: IEEE.

[16] Cankaya I. A., Koyun A., Yigit T., et al. (2015). Mobile indoor navigation system in iOS platform using augmented reality. In: *2015 9th International Conference on Application of Information and Communication Technologies (AICT)*, 281-284. Rostov on Don: IEEE.

[17] Garcia Puyol M., Robertson P., Heirich O. (2012). Complexity-reduced FootSLAM for indoor pedestrian navigation. In: *2012 International Conference on Indoor Positioning and Indoor Navigation (IPIN)*, 1-10. Sydney, NSW: IEEE.

[18] Kajdocsi L., Kovács J., Pozna C. R. (2016). A great potential for using mesh networks in indoor navigation. In: *2016 IEEE 14th International Symposium on Intelligent Systems and Informatics (SISY)*, 187-192. Subotica: IEEE.

[19] Galov A., Moschevikin A. (2014). Simultaneous localization and mapping in indoor positioning systems based on round trip time-of-flight measurements and inertial navigation. In: *2014 International Conference on Indoor Positioning and Indoor Navigation (IPIN)*, 457-464. Busan: IEEE.

[20] Sun C., Kuo H., Lin C. E. (2010). A sensor based indoor mobile localization and navigation using Unscented Kalman Filter. In: *IEEE/ION Position, Location and Navigation Symposium*, 327-331. Indian Wells, CA: IEEE.

[21] Kulikov R. S. (2018). Integrated UWB/IMU system for high rate indoor navigation with cm-level accuracy. In: *2018 Moscow Workshop on Electronic and Networking Technologies (MWENT)*, 1-4. Moscow: IEEE.

[22] Ruotsalainen L., Kuusniemi H., Chen R. (2011). Heading change detection for indoor navigation with a Smartphone camera. In: *2011 International Conference on Indoor Positioning and Indoor Navigation*, 1-7. Guimaraes: IEEE.

[23] Czogalla O., Naumann S. (2016). Pedestrian indoor navigation for complex public facilities. In: *2016 International Conference on Indoor Positioning and Indoor Navigation (IPIN)*, 1-8. Alcala de Henares: IEEE.

[24] Caruso D., Sanfourche M., Le Besnerais G., et al. (2016). Infrastructureless indoor navigation with an hybrid magneto-inertial and depth sensor system. In: *2016 International Conference on Indoor Positioning and Indoor Navigation (IPIN)*, 1-8. Alcala de Henares: IEEE.

[25] Ma S., Zhang Y., Xu Y. et al. (2016). Indoor robot navigation by coupling IMU, UWB, and encode. In: *2016 10th International Conference on Software, Knowledge, Information Management & Applications (SKIMA)*, 429-432. Chengdu: IEEE.

[26] Yudanto R. G., Petré F. (2015). Sensor fusion for indoor navigation and tracking of automated guided vehicles. In: 1-8. 2015 International Conference on Indoor Positioning and Indoor Navigation (IPIN), Banff, AB: IEEE.

[27] Exman I., Levi E. (2014). Scalable cloud and smartphones for image based indoor navigation. In: *2014 IEEE 28th Convention of Electrical & Electronics Engineers in Israel (IEEEI)*, 1-4. Eilat: IEEE.

[28] Glanzer G., Walder U. (2010). Self-contained indoor pedestrian navigation by means of human motion analysis and magnetic field mapping. In: *2010 7th Workshop on Positioning, Navigation and Communication*, 303-307. Dresden: IEEE.

[29] Tondwalkar A. (2015). Infrastructure-less collaborative indoor positioning for time critical operations. In: *2015 IEEE Power, Communication and Information Technology Conference (PCITC)*, 834-838. Bhubaneswar: IEEE.

[30] Taniuchi D., Liu X., Nakai D., et al. (2015). Spring model based collaborative indoor position estimation with neighbor mobile devices. *IEEE Journal of Selected Topics in Signal Processing* 9 (2): 268-277.

[31] Sridharan M., Bigham J., Phillips C., et al. (2017). Collaborative location estimation for confined spaces using magnetic field and inverse beacon positioning. In: *2017 IEEE SENSORS*, 1-3. Glasgow: IEEE.

[32] Giorgetti G., Farley R., Chikkappa K., et al. (2011). Cortina: collaborative indoor positioning using low-power sensor networks. In: *2011 International Conference on Indoor Positioning and Indoor Navigation*, 1-10. Guimaraes: IEEE.

[33] Thompson B., Buehrer R. M. (2012). Characterizing and improving the collaborative position location problem. In: *2012 9th Workshop on Positioning, Navigation and Communication*, 42-46. Dresden: IEEE.

[34] Zheng S., Farley R., Kaleas T., et al. (2011). Cortina: collaborative context-aware indoor positioning employing RSS and RToF techniques. In: *2011 IEEE International Conference on Pervasive Computing and Communications Workshops (PERCOM Workshops)*, 340-343. Seattle, WA: IEEE.

[35] Luo Y., Chen Y. P., Hoeber O. (2011). Wi-Fi-based indoor positioning using human-centric collaborative feedback. In: *2011 IEEE International Conference on Communications (ICC)*, 1-6. Kyoto: IEEE.

[36] Thompson B., Buehrer R. M. (2011). Cooperative indoor position location using reflected estimations. In: *17th European Wireless 2011 – Sustainable Wireless Technologies*, 1-6. Vienna, Austria: IEEE.

13 第13章
地图

摘要

在绝大多数情况下，我们需要以这样或那样的方式将计算或估算得到的位置标注到地图上。这种"定位"可由用户完成（对物体而言要更复杂）。例如，在过去，人们会使用纸质地图。然而，我们都熟悉电子地图，尤其是作为道路导航系统或智能手机应用一部分的电子地图。室内地图的情况有些特殊，原因与我们在本书中详细介绍的技术有很多相似之处。在一些国家，中央机构无法提供建筑图，但可提供路线图。因此，与数据录入相关的工作量非常庞大，甚至超过20世纪八九十年代制作今天日常使用的数字道路地图所需的工作量。制图学与技术的另一个共同点是主要互联网公司的强势介入。回到室内制图，这个领域的发展还未完全展开。

关键词：地图；室内地图；记录工具

道路测绘是说明地图领域复杂性一个很好的例子。在许多国家中，国家机构负责维护道路网络数据库，内容不仅包括道路的细节，而且包括道路的尺寸、路面类型、是否有便道及其特性、土地、建筑区域、洪泛区、辅助基础设施（如消防栓）等。当然，不是所有数据都由一个机构存储或管理，有时这些数据根本不存在。因此，当时的主要参与者试图制作道路地图以提供如今所谓的"汽车GPS"时，他们面临着巨大的任务。实际上，除了必须收集这些非常多样化且在全球范围内并不统一的数据，还要以一种新的方式来理解地图的概念：在道路导航应用的背景下，道路或路径与建筑区域是不同的，后者是不允许汽车进入的。同样，如果我们现在讨论路线计算，那么还要能够描述哪些路线是汽车可以使用的，哪些路线是汽车不能行驶的[①]。因此，我们认为有时需要"丰富"现有的数据库，以使汽车导航系统的使用成为现实。本章简要这些方面的内容，并强调室内环境的难点。

13.1 地图：不仅仅是图像

地图不仅仅是图像，还是带有属性的对象集合，如高速公路、小道、停车场和无法通行的区域等。这些属性还包括公有/私有、是否适合轮椅使用等。此外，这些对象还必须具有导航应用所需的特定属性。例如，为了提供相关的路线，必须特别了解禁止通行的方向分布，还要知道车道的宽度、路面情况、允许的速度等。这就需要为道路测绘投入大量资金和时间。然而，问题至此并未完全解决，因为还需要验证是否可以进入这些道路。当然，对国道来说这非常简单，但对地方道路来说就不那么简单。是否可以采用一条实际上

---

① 行人（或物体）的情况截然不同，因为自由移动的行人会使得制图出现新困难。

被障碍物阻挡的道路？这时，实际上需要大量人力和系统来自动捕捉环境，并且进行现场测绘，这就是有些群体（如Open Street Map的工作人员和Google Maps的审核员等）专门绘制地图的原因。最后，这些特性是不断变化的：新道路正在建设，旧道路被毁，以及出现改道现象。因此，所有这些数据都必须不断更新。

因此，虽然道路地图数据库非常丰富，但是需要针对导航应用不断更新，使得地图保持为最新状态。所有这些都使得道路地图成为一个独特的领域。

对室内地图而言，情况更加复杂：室内空间虽然较小，但形式多样，因此需要特定的工具来构建地图。此外，数据通常不集中，导致收集工作量巨大。

13.2　室内环境带来的特定问题

室内环境主要涉及个人和物品，与汽车不同，它们不受限制。一方面，交通区域通常是双向的，没有固定方向的定位限制。因此，仅从位置上很难推断出任何关于移动的信息。此外，行人可能会瞬间转身，或以任何其希望的方式穿过某个开放区域。另一方面，与汽车一样，行人通常无法穿过墙壁，除非墙上有门。问题是行人是否可以打开这种门呢？因此，室内地图的基本要素必须非常细致。

与汽车不同，行人有很多类别。这些类别可与行人的体征（年龄、身高等）相关，也可与用户角色（普通公众、授权人员、外部工作人员、维护人员、临时维修人员等）相关。所有这些类别交织在一起，导致需要特定的处理方法。例如，在路线计算中，坐轮椅的人不能走楼梯。同样，公司内部的不同房间对员工和访客来说不能等同考虑。这种例子可以随意列举。每个地图实体需要关联的属性是不同的：一些属性与几何关联，一些属性与移动特性关联，一些属性与类别关联。

目前，应用经常采用的传统方法是为每个用户定义"个人资料"。在室内路线计算中，这可能表现为"运动型"（走楼梯）、"健康型"（楼层少于三层时走楼梯）、"普通型"（除了一个楼层，都乘电梯）、"懒惰型"（从不走楼梯）和"残障型"（因身体原因而无法走楼梯，必须选择电梯或坡道）。

涉及楼层的情况引入了与道路导航不同的方法：室内环境确实需要考虑海拔高度，因此必须在定位和制图时加以考虑。

虽然仍在路线计算的框架内，但我们注意到了如下两个要素：

- 与道路一样，必须为地图中的每个实体分配一个属性，定义其在穿越过程中可以达到的平均行进速度。这样做有两个目的：第一个目的是为交通区域预留路线，尤其是不要规划穿过会议室的路线①。第二个目的是提供到达目的地所需的行进时间估计。相对传统的方法是简单地为不同的实体分配不同的权重，并将这些权重

① 在更复杂的设想中，我们可能会尝试将路径计算与房间的占用情况结合起来：若房间未被占用，则允许穿过。

应用于所穿越实体的长度计算。因此，如果会议室的权重很高，那么算法会很快放弃穿过它的路径。

- 与道路情况不同，计算依据的是一个相对简单的图形网络：计算通常很快，替代路径通常较少。因此，算法的性能非常好。

一个新约束条件是建筑地图的保密问题。例如，公司不一定希望访客访问贮藏室或计算机房的位置或区域。因此，设计访问权限，界定所提供地图的级别可能很有用。这些权限会因用户的职能而异：员工、维护人员、访客、安全服务人员、送货员等。

13.3 地图表示

在表示方式上，可区分两种情况：地图本身及其针对用户的表示方式。在第一种情况下，问题是提出有效且适合室内的"专业"数据记录工具（见13.4节）。在第二种情况下，必须考虑人类的行为特点，因为人类并不天然具备阅读地图的能力。特别地，我们并没有任何具有绝对方位的天然内部传感器，如集成磁罗盘。在室外，这并不是一个根本性的缺陷，因为我们能够"感知"环境，不需要知道方位与绝对参照物的关系就可在空间中找到方向。相对于环境（建筑、地标等）进行定位通常就已足够。室内环境则有所不同：以现代建筑中常见的没有外窗的走廊为例，假设有一栋建筑，它有多个楼层，并且布局呈十字形。在没有额外信息的情况下，依靠天然能力我们是无法获知所在的楼层或大楼侧翼的。

因此，为用户呈现室内环境是用户使用定位应用的一个重要因素，对导航和引导应用来说更是如此。难点在于，地图通常是用户不一定能看到的几何要素的组合与叠加。一般来说，这些都是二维几何图形（楼层），可在三维空间中"堆叠"表示。然而，与室外环境不同的是，由于存在墙壁，用户对内部环境的了解非常有限。因此，即使拥有完整的楼层表示，哪怕是所在的楼层，其意义也是有限的，因为除了身处未知地点，还必须对楼层进行抽象化表示。某些情况下会提供建筑的三维表示，并用点来表示位置：对定位应用的用户来说，这反而更糟糕。也许，利用这些三维信息进行分析会很有效。

汽车导航系统就是一个很好的例子：虽然现实世界是三维的，但道路地图通常是二维的。在为用户呈现环境的过程中，出现了一个新的特征点：视图类型。最早的系统只提供"俯视图"，其视点（观察环境的视点）位于用户所在物理位置的上方，即处于高空。随后出现了一个与表现尺度有关的特殊问题：纸质地图只需靠近或远离视线，就能获得连续的宽视角或更精确的视角，而屏幕上的电子地图则不同，它需要放大或缩小才能从精确视角切换到宽视角，但这样一来，两个视角（精确视角或宽视角）中的一个视角就会消失。然而，需求（或老年人的习惯）似乎是希望同时拥有两个视角。当然，也可在同一个屏幕上同时显示多个视图，但这只会使得图形的显示更加复杂。随后出现了"斜视图"，它呈现出了一定的透视效果，可在一定程度上调和表示方式。

透视图也是三维表示的初步尝试。以汽车导航为例，一些厂商通过加入建筑的三维表示进一步增强了还原度。需要指出的是，用户主要关注的是增强其看到的内容与电子表现形式关联起来的能力。图13.1所示为室外导航系统的斜视图和三维建筑。

图13.1 室外导航系统的斜视图和三维建筑

室内环境既简单又复杂，简单在于其地理覆盖面积较小，复杂在于用户要求更高的精度。重要的是为用户提供视觉元素，使其无论在什么地图上都能"理解"自己所在的位置，这就是主要的难点所在。在这种情况下，增强现实的贡献显而易见（见图13.2）：通过在用户所见的图像中添加信息，用户可直观地定位其在周围空间中的位置。我们可以考虑将智能手机上的摄像头作为便携式导航系统。这无疑会带来"人机工学"上的困难，因为这需要确定一个机械"装置"，或者会让用户腾不出手来。

图13.2 增强现实中的室内导航系统

注意，绘制环境地图时，添加特定地点的要素也是一个问题：将传统建筑说明中一般不具备的视觉元素纳入其中非常有用。然而，这些要素正确时非常有用，但错误时会令人不安。这就需要定期检查潜在的变化，而这进一步增加了复杂性。这些要素种类繁多：门的颜色、电梯的大小、是否有公告牌或屏幕、电梯中楼层的确切名称、墙壁的纹理等。

因此，可以区分地图、地图的表现形式及为用户提供的视图。这就引出了考虑室内环境的第三个维度[①]的各种方法。传统上有三种方法：

- $2D^1/_2$：在给定的楼层上，通过二维坐标定义位置。因此，确定楼层后，可以返回楼层平面的表示。视图可以是平面的或倾斜的。
- $(2+1)D$：保留终端的"高度"区分，但始终针对给定楼层（尤其是考虑贮藏室的位置时：多个物品具有相同的二维位置，但是上下堆叠存放的）。因此，这种表示不等同于3D表示法。
- 3D：通过三维坐标表示空间。

13.4 记录工具

前面的介绍表明，我们需要录入建筑平面图并标准化其格式。导航、定位及相关服务领域的主要参与者当然已经解决这个问题，且有标准格式的地图，但没有标准的输入工具或标准化的文件格式。更确切地说，许多计算机辅助设计软件可让用户输入二维或三维平面图，并且轻松地转换得到的文件格式，但通常并未考虑所录入要素与特定导航属性之间的关联性（见图13.3），如移动时要素的速度、要素是否在视线范围内、要素的可访问性等。

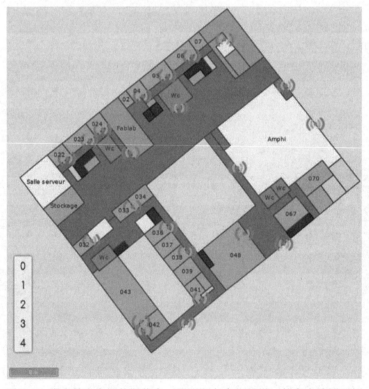

图13.3 带有特定房间使用信息（用不同灰度级显示）的室内地图示例

---

① 值得注意的是，此处的讨论同样适用于定位系统。

交通区域（如会议室或办公室）应被识别为此类区域。下面来了解图13.3中房间043的情况：实际上，这是一个大会议室。因此，若在导向应用中请求从房间032到房间042的路线，则不应建议穿过会议室，否则会将用户置于尴尬境地。为此，有几种可能的方法：第一种方法是将043房间的一部分视为"不可穿越"，但它确实有两扇门（两端各一扇）。第二种方法是为地图上的每个实体分配一个"行进速度"属性，这会为用户提供所请求路线的行进时间指示。在这种情况下，"速度"属性很容易生成，对交通区域来说，这个速度要比办公室中的速度高得多，即使办公室有两扇门。第三种方法是提供关于会议室使用情况的附加信息，且在其不被占用时建议穿越会议室。

此外，当前的软件提供了非常广泛的输入选项。对设计者来说，这是一个优势，因为它为工作赋予了很大的自由度，但当涉及标准化格式时，它很快就成为劣势。输入室内平面图时，这种例子很常见：操作员是将某部分输入为多边形还是输入为一组线条，对格式转换的结果将是不同的。因为可能性非常多，所以"转换器"的实现也非常复杂。

因此，迄今为止，还没有用于导航用途的通用内部平面图输入工具。每名开发者都通过增加导航专用技能来调整自己的方法。当然，也不乏大型公司，如Open Street Map或谷歌，但也有提供特殊工具的小型公司，如Map-Wize。然而，目前也有一些朝该方向发展的项目，但并不完全面向导航用途。建筑信息建模（Building Information Modeling，BIM）就属于这种情况。可以看出，这是一个重大的举措，旨在推动建筑[①]设计在数字技术和跨行业数据交换（能源、通信、建设等）领域的发展。然而，导航尚未明确是否被包含在内，但将来会被包含。

这种工具需要具备一些基本功能，如可通过添加房间、走廊或其他要素来创建建筑，然后将其置于真实环境中（见图13.4），按照正确的比例进行尺寸调整、旋转等。

图13.5中显示了管理地图部分属性的界面：每个要素都可编辑，进而通过类型、可访问性[②]、行进速度或紧急疏散区域等进行特征描述。

这些属性在计算路线时至关重要。然后，可以使用两种类型的配置文件：第一种是用户的配置文件，代表其个人的移动选择（缓慢型、运动型、不使用楼梯等）；第二种与结构相关，在某些情况下，结构希望保持某些区域的机密性（就地图而言）。因此，用户可能是访客、员工或管理员，根据情况拥有不同的访问权限及对场地的视图。这就提出了一个关于地图存储的问题：用户是临时访问地图服务器还是将地图下载到终端？这些地图是否受到某种加密保护？终端是由访问的结构提供还是使用用户自己的终端？所有这些问题都涉及必须考虑的数据保密性，进而对部署的技术解决方案产生重大影响。

"紧急"属性也可用于指定某个房间（特别是走廊）是否为疏散区。警报发出时，可以激活"紧急"模式，将地图的可见范围限制为有用的行进区域，并在计算路线时考虑这

---

① 不仅仅是建筑，而涉及整个建筑领域。
② 可访问性的概念包括进入房间所需的物理能力，以及用户的个人资料，如敏感场所的访问授权和地图机密性。

个参数，减少可能的目的地数量，且只使用专用的交通区域。

图13.4 在真实环境中叠加和调整建筑尺寸的工具示例（此处所用的环境是
Open Street Map，也可使用其他环境）

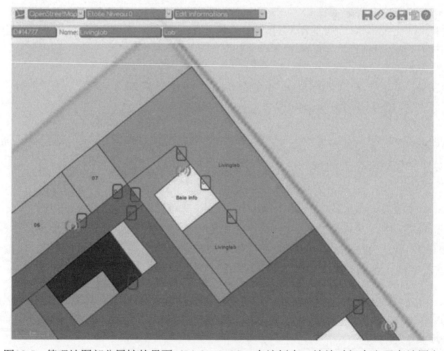

图13.5 管理地图部分属性的界面（Living Lab）。在该例中，缩放时门会出现在地图上

13.5　一些室内地图应用示例

下面简要介绍一些确实需要场地平面图的应用示例。

13.5.1　引导应用

试图引导用户时，需要三条信息：位置、目的地和地图。假设位置通过定位系统获得，目的地通过界面询问，地图则包含在所用的引导应用中①。

引导应用的连续步骤如图13.6所示，包括打开应用［这里通过读取近场通信（NFC）标签自动完成］、确定用户位置和请求目的地。为此，用户要激活导航屏幕［见图13.6(b)］。用户必须激活"前往"选项卡。然后，第三个屏幕提供建筑中的所有可能目的地，用户只需单击目的地即可。在这个阶段，各种分类都有可能：按楼层分类、按功能分类、按活动区域分类等。

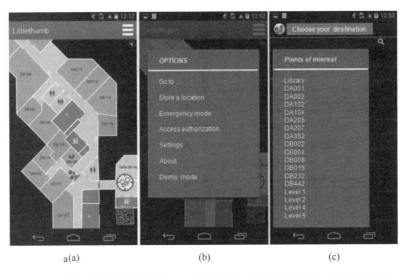

图13.6　引导应用的连续步骤：(a)确定位置；(b)选择目的地；(c)查看路线

选择目的地（本例中为房间DB111）后，系统就会根据用户此前在个人资料中填写的偏好为用户提供一条路线（见图13.7）。注意，由于用户的位置不是连续定位的（见第5章关于NFC定位的内容），应用无法自动知道用户的朝向，而使用了一种图形呈现技巧：若用户自上次"标记"以来未移动，则使用终端罗盘引导用户朝正确的方向出发。当用户处于正确的方向时，界面上代表用户的"足迹"就从红色变为绿色［见图13.7(a)和(b)］。

这时将激活上一节描述的紧急模式，地图的外观发生变化，即仅显示疏散交通区域（见图13.8）。

---

① 本节的目的不是详细介绍如何执行这些不同的任务。

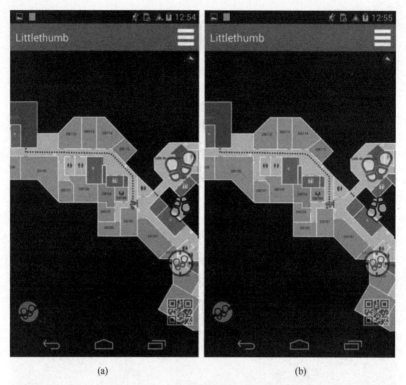

图13.7 用户定位图形辅助：(a)红色足迹方向错误；(b)绿色足迹方向正确

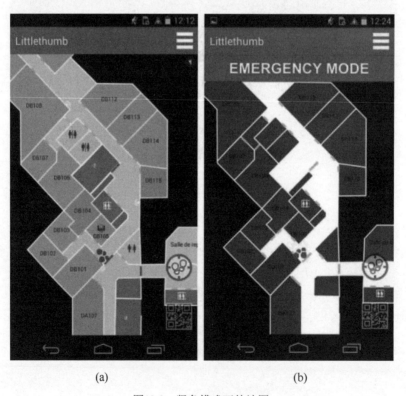

图13.8 紧急模式下的地图

13.5.2　与地图相关的服务

地图可用后，各种应用便应运而生：共享会议室的预订管理就是一个简单的例子。将会议室的可用性日程和与会人员的位置相结合，便可进行预订。当然，需要知道会议的开始时间和持续时间。一旦预订成功，该会议室便不可用。也可设想一种即时预订服务，即预订并立即占用一个空闲的房间，并且将其位置发送给参会者，然后通过位置地图引导他们前往该房间。

延续这一思路，在不同的应用场景下，会议或展览等活动管理可能会从人员和物品的位置以及建筑布局的共同可用中受益。到达后，参会者可以简单地在其智能手机上加载整个会场的平面图和日程。会议应用允许其管理个人日程，包括已安排的预约，并考虑其希望参加的两场报告之间的行进时间。此外，应用允许用户随时单击报告（或展位），以便被引导到相应的房间。定位是该应用的重要元素，但地图同样重要。

第14章中将介绍室内人员和物品位置的可用性可能改变日常生活的情景。

13.6　小结

当提供可视化或导航服务时，地图与定位同等重要，且可为用户提供增值服务。室内地图必须为每个实体关联一组属性，只有这样才能提供有用的服务。目前的困难有很多：缺乏数据录入标准、数据录入复杂、需要实地考察以消除某些歧义、需要包含视觉元素来辅助用户定向等。所有这些问题都因可用地图格式的复杂性和多样性而加剧：从当前地图到"面向对象"地图的自动转换变得十分棘手。此外，存储和表示这些地图也非易事，需要依赖参与者的选择。实际上，地图是对现实的投影，而投影涉及计算假设和数值近似。例如，WGS84（EPSG:4326）用于提供GPS坐标，但不适合显示在网络地图上，网络地图显示更适合使用EPSG:3857。这些表示方式并不适合所有类型的应用（例如，网络显示在有限范围内是平面的，如街道或道路的一部分）。这导致了当下需要大量工作来数字化所有建筑。

一种方法是提供高效的工具，使得每个人都能将自己的建筑数字化——众包，这也是Indoor Open Street Map所追求的，但这条路似乎还很漫长。

参考文献

[1] Pipelidis G., Rad O. R. M., Iwaszczuk D., et al. (2017). A novel approach for dynamic vertical indoor mapping through crowd-sourced smartphone sensor data. In: *2017 International Conference on Indoor Positioning and Indoor Navigation (IPIN)*, 1-8. Sapporo: IEEE.

[2] Pal M., Thakral A., Chawla R., et al. (2017). Indoor maps: simulation in a virtual environment. In: *2017 International Conference On Smart Technologies For Smart Nation (SmartTechCon)*, 967-972. Bangalore: IEEE.

[3] Wen C., Pan S., Wang C., et al. (2016). An indoor backpack system for 2-D and 3-D mapping of building interiors. *IEEE Geoscience and Remote Sensing Letters* 13 (7): 992-996.

[4] Xue H., Ma L., Tan X. (2016). A fast visual map building method using video stream for visual-based indoor localization. In: *2016 International Wireless Communications and Mobile Computing Conference (IWCMC)*, 650-654. Paphos: IEEE.

[5] Jeamwatthanachai W., Wald M., Wills G. (2016). Map data representation for indoor navigation a design framework towards a construction of indoor map. In: *2016 International Conference on Information Society (i-Society)*, 91-96. Dublin: IEEE.

[6] Malla H., Purushothaman P., Rajan S. V., et al. (2014). Object level mapping of an indoor environment using RFID. In: *2014 Ubiquitous Positioning Indoor Navigation and Location Based Service (UPINLBS)*, 203-212. Corpus Christ, TX: IEEE.

[7] Lee B., Lee Y., Chung W. (2008). 3D map visualization for real time RSSI indoor location tracking system on PDA. In: *2008 Third International Conference on Convergence and Hybrid Information Technology*, 375-381. Busan: IEEE.

[8] Wasinger R., Gubi K., Kay J., et al. (2012). RoughMaps A generic platform to support symbolic map use in indoor environments. In: *2012 International Conference on Indoor Positioning and Indoor Navigation (IPIN)*, 1-10. Sydney, NSW: IEEE.

[9] Yara C., Noriduki Y., Ioroi S., et al. (2015). Design and implementation of map system for indoor navigation - an example of an application of a platform which collects and provides indoor positions. In: *2015 IEEE International Symposium on Inertial Sensors and Systems (ISISS) Proceedings*, 1-4. Hapuna Beach, HI: IEEE.

[10] Bozkurt S., Yazici A., Günal S., et al. (2015). A survey on RF mapping for indoor positioning. In: *2015 23rd Signal Processing and Communications Applications Conference (SIU)*, 2066-2069. IEEE, Malatya.

[11] Zhou M., Wong A. K., Tian Z., et al. (2014). Personal mobility map construction for crowd-sourced Wi-Fi based indoor mapping. *IEEE Communications Letters* 18 (8): 1427-1430.

[12] Schäer M., Knapp C., Chakraborty S. (2011). Automatic generation of topological indoor maps for real-time map-based localization and tracking. In: *2011 International Conference on Indoor Positioning and Indoor Navigation*, 1-8. Guimarãs: IEEE.

[13] Kusari A., Pan Z., Glennie C. (2014). Real-time indoor mapping by fusion of structured light sensors. In: *2014 Ubiquitous Positioning Indoor Navigation and Location Based Service (UPINLBS)*, 213-219. Corpus Christ, TX: IEEE.

[14] Chen S., Li M., Ren K. (2014). The power of indoor crowd: indoor 3D maps from the crowd. In: *2014 IEEE Conference on Computer Communications Workshops (INFOCOM WKSHPS)*, 217-218. Toronto, ON: IEEE.

[15] Kaneko E., Umezu N. (2017). Rapid construction of coarse indoor map for mobile robots. In: *2017 IEEE 6th Global Conference on Consumer Electronics (GCCE)*, 1-3. Nagoya: IEEE.

[16] Deißer T., Janson M., Zetik R., et al. (2012). Infrastructureless indoor mapping using a mobile antenna array. In: *2012 19th International Conference on Systems, Signals and Image Processing (IWSSIP)*, 36-39. Vienna: IEEE.

[17] Babu B. P. W., Cyganski D., Duckworth J. (2014). Gyroscope assisted scalable visual simultaneous localization and mapping. In: *2014 Ubiquitous Positioning Indoor Navigation and Location Based Service (UPINLBS)*, 220-227. Corpus Christ, TX: IEEE.

[18] Liu K., Motta G., Tuncr B., et al. (2017). A 2D and 3D indoor mapping approach for virtual navigation services. In: *2017 IEEE Symposium on Service-Oriented System Engineering (SOSE)*, 102-107. San Francisco, CA: IEEE.

[19] Ma L., Tang L., Xu Y., et al. (2017). Indoor floor map crowdsourcing building method based on inertial measurement unit data. In: *2017 IEEE 85th Vehicular Technology Conference (VTC Spring)*, 1-5. Sydney, NSW: IEEE.

14 第14章
综述与未来可能的"演变"

摘要

在简要介绍各种技术及其实现方式以及当前融合这些技术的方法后，本章旨在对室内定位"问题"进行综合分析，探讨实施许多已有解决方案的意义。

关键词：综述；未来演变；人工智能讨论；有定位的未来生活

本章首先通过审查特定用例中的一些技术选择来提供简要总结，然后比较三种非常不同的技术，最后展望定位功能的未来。

14.1　室内定位：是机会信号还是本地基础设施

研究的技术范围从加速度计到所谓的符号无线网络系统（定位以房间而非坐标的形式给出）[①]。需要指出的是，这些技术包括惯性系统（加速度计、陀螺仪和磁力计）、基于图像的处理或分析方法（标记、位移、SLAM——同步定位与构建地图或识别）、无线电系统（从3G、4G和5G到通过Wi-Fi、蓝牙、电视或FM无线电的机会无线电信号）和光电技术（如激光、激光雷达、Li-Fi）；其他类型的物理测量量，如与声音、气压或红外线有关的测量量；RFID电子标签系统；诸如SiFox或LoRa系统发出的低功耗和长距离信号；有线网络也要考虑在内，因为在某些情况下可通过识别连接的IP地址来确定位置。我们还考虑了近距离系统，如非接触式卡片甚至银行卡；最后，还要提GNSS，因为它是目前室外和室内定位服务连续性问题的根源。

此外，对每种技术输入了十多个参数。第一组参数包括所部署基础设施的成熟度、相关终端的技术成熟度、定位类型（相对、绝对或符号）、终端在短期内是智能手机还是可穿戴设备、室内定位系统的环境敏感度、是否需要校准。第二组参数包括定位精度、定位可靠性、定位模式（从"连续"到"需要用户操作"）、执行的处理类型（传播建模、图像匹配）、执行的计算类型（几何球体或平面交叉、数学函数等）、测量相关的物理量。

[①] 本节的大部分内容基于2018年在法国举行的国际无线电科学联盟（URSI）科学日活动中发表的论文"时空中的地理定位和导航"。

14.1.1 一些受约束的选择

基于这些参数，我们可以施加一些约束条件来选择满足特定标准的技术。首先，我们寻找的是现有基础设施支持、提供十米级精度、易在现有智能手机上集成、具有连续定位模式（类似GNSS）的那些技术。结果表明，有9种技术符合条件。表14.1中列出了基础设施和智能手机可用性基本得到保证的技术，表14.2中列出了提供几乎连续十米级精度的技术。

表14.1 基础设施和智能手机可用性基本得到保证的技术

技　术	基础设施成熟度	终端成熟度	定位类型	智能手机	环境敏感度	需要校准
低功耗蓝牙（BLE）	现有	软件开发	绝对	现有	高	几次
图像标记	—	软件开发	绝对	现有	很高	一次
图像相对位移	—	软件开发	相对	现有	高	几次
图像SLAM	—	软件开发	相对	现有	高	几次
压力	—	现有	相对	容易	无影响	几次
RFID	现有	软件开发	绝对	容易	低	—
超声波	现有	整合	绝对	容易	很高	—
Wi-Fi	现有	软件开发	绝对	现有	高	几次
符号WLAN	现有	软件开发	符号	现有	低	—

表14.2 提供几乎连续十米级精度的技术

技　术	精　度	可靠性	定位模式	信号处理	位置计算	使用的物理特性
低功耗蓝牙（BLE）	几米	中	几乎连续	图像匹配	数学函数	电磁波
图像标记	<1m	中	几乎连续	信号处理方法组合	矩阵计算	图像传感器
图像相对位移	<1m	中	几乎连续	信号处理方法组合	数学函数	图像传感器
图像SLAM	<1m	中	几乎连续	信号处理方法组合	数学函数	图像传感器
压力	1m	高	连续	检测	区域确定	物理传感器
RFID	分米级	高	几乎连续	检测	位置点定位	电磁波
超声波	几分米	低	连续	传播建模	∩球体	机械波
Wi-Fi	几米	中	连续	图像匹配	数学函数	电磁波
符号WLAN	分米	很高	连续	传播建模	区域确定	电磁波

注意，这些技术包括常用的低功耗蓝牙（BLE）或Wi-Fi。还要注意，这些标准是通用的，在融合方法中，同一组技术应被一起考虑，如BLE和压力传感器一起使用可提供可靠的三维定位。然而，有些技术在不稳定的环境下仍然难以实施，如超声波在人们移动的过程中会失去作用。图像处理技术非常高效，但需要严格的操作条件。

然而，我们可以考虑其他标准。第二个例子中，我们考虑现有智能手机上已有的系统，要求其环境敏感度低且可靠性极高。表14.3中给出了智能手机上可用且环境敏感度低的技术，表14.4中给出了提供极高可靠性的技术。

表14.3 智能手机上可用且环境敏感度低的技术

技　术	基础设施成熟度	终端成熟度	定位类型	智能手机	环境敏感度	需要校准
条形码	现有	软件开发	绝对	现有	低	—
信用卡	现有	现有	绝对	现有	—	—
NFC	现有	软件开发	绝对	现有	—	—
二维码	现有	软件开发	绝对	现有	低	—
符号WLAN	现有	软件开发	符号	现有	低	—

表14.4 提供极高可靠性的技术

技　术	精　度	可　靠　性	定位模式	信号处理	位置计算	使用的物理特性
条形码	分米级	很高	需要用户操作	模式识别	位置点定位	图像传感器
信用卡	几厘米	很高	离散	检测	位置点定位	电子
NFC	几厘米	很高	需要用户操作	检测	位置点定位	电磁波
二维码	分米级	很高	需要用户操作	模式识别	位置点定位	图像传感器
符号WLAN	分米	很高	连续	传播建模	区域确定	电磁波

我们得到了一个截然不同的列表（只有符号Wi-Fi在两种选择中都有）。因此，简单的实施标准可能会迅速淘汰许多技术。这是本书的第一个结论。

14.1.2　三种方法的比较与讨论

接下来讨论三种截然不同的技术：反向GNSS雷达（第9章介绍的Grin-Loc类型）、NFC分布式系统及其构建地图（第5章描述），以及通信终端间的协作方法（第12章描述）。在这三个例子中，假设系统适合使用移动设备（目前是智能手机）的行人。

1. 反向GNSS雷达

与前述表格中的方法相比，一种更不传统的方法是在室内安装类似GNSS的信号发射机。这些信号通过双天线传输，每副天线发送等同于卫星信号的特定代码。两副天线在本地完全同步。接收机是一部运行Android 7或更高版本的智能手机，能够进行载波相位测量。所做的处理是求两个载波相位之差。两副天线间的距离小于一个波长（见9.5.1节），因此测量两副天线的距离差很简单。我们发现，对于相同的相位差，点的位置由二次曲线描述，几何上形成一个旋转双曲面。在二维情况下，这导致了如图14.1所示的双曲线。

通过双天线进行的测量交替确定智能手机相对于双天线的视角。为了对智能手机进行定位，需要进行第二次测量（再后是第三次三维测量），这将提供来自第二组双天线的第二个角度。注意，两组双天线的测量完全独立，不需要同步：实际上，智能手机建立了系统的时间一致性。

这种系统的优势明显：与室外使用的GNSS完美衔接，使用智能手机的精度可以达到分米级，不需要同步。然而，目前的认识中存在两个难点：需要部署基础设施，需要使用对传播环境敏感的无线电信号。

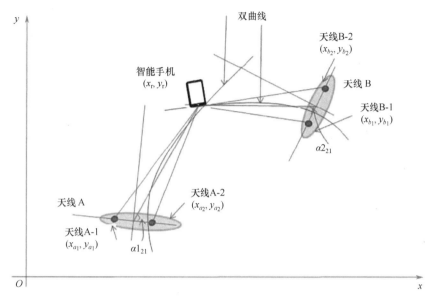

图14.1 二维反向雷达原理

2．NFC分布式系统及其地图构建

另一种截然不同的方法是，将用户纳入系统并要求其进行特定操作。在这种情况下，操作是"扫描"二维码或NFC标签（见第5章）。这些要素由唯一的标识符在环境地图上被地理识别。由于需要靠近标签，使得系统非常精确，但定位在时间和空间上是不连续的。似乎这种约束在复杂性较低的行人场所是可接受的，因为这种情况下主要需要的是数字地图，知道自己所在的位置并获得相应的路线。

地图是所有系统的主要要素之一。地图不是图像，而是让属性与各种对象（如房间、走廊或技术室）关联起来的结构。这些属性包括从名称到与物体可能的运动速度有关的特征。除了路线计算，估算相关的行进时间也很重要。在图14.2所示的例子中，终端的磁力计（这里是智能手机）用于为不知方向的用户提供引导。表示用户的"足迹"变成绿色。然后，就不再自动进行引导：用户需要时，必须找到新的标签来"重新校准"自己。这时，仍可与Wi-Fi或蓝牙网络或基于加速度计的计步器耦合，以丰富用户的体验。

该系统的部署成本低、可靠性高，且可立即使用。然而，这与当前注重时间和空间方面连续性的GNSS理念并不一致。

3．通信终端间的协作方法

在这个例子中，系统试图计算相互通信的节点的相对位置。节点A（图14.3左下角）是参考节点。所有节点在移动时，估算它们相对于节点A的多普勒效应。此外，还包括一组双接收天线，用于估算从其他节点接收信号的到达角度。并非所有节点都能接收到所有信号。系统的地理分辨率基于图中数字标识的不同角度计算。这些角度有14个，我们需要获得足够的关系来进行计算（见第12章）。

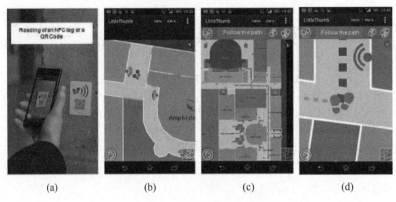

图14.2　用户发起的方法

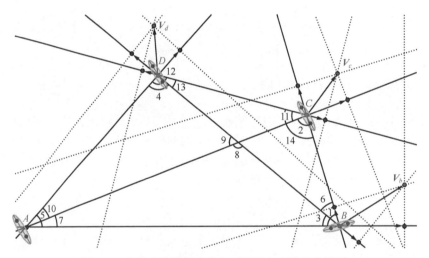

图14.3　交换多普勒效应和相对到达角度的协作模型

　　然而，这种几何形状有许多对称性，这就是双天线发挥重要作用的地方。即使是在静态情况下，也可通过两组双天线交叉测量其他节点的信号。这种方法在某些方面类似于反向雷达，但这里是坐标未知的移动实体。

　　在这个例子中，出现了三大技术难点。首先，到达角测量值是在不同的参考系中获得的，每个节点都有其特定的参考系；其次，每个节点的姿态即三维方向是任意的；最后，当我们处于三维空间中时，双曲面交点的计算在一般情况下特别复杂。一种解决方案是，将这些测量与使用其他传感器的每个节点姿态的实时确定相结合。以智能手机为例，由加速计和磁力计可以估算接收机的姿态，进而实现计算。然而，由这些测量结果的不准确度导致的定位误差仍然是一个研究课题。

在这种方法中，很难想象测量和计算由每个节点管理，每个节点还要恢复所有的测量数据。这将产生特别高的电信流量。监督实体可能更合适，但会减少协作。这一点仍有待讨论。因此，一种解决办法是在过程开始时指定一个节点，负责监督协作小型网络[①]。

这种方法的另一个优点是能够检测非直接路径。一般来说，无论使用哪种技术，发射机和接收机之间的路径都可命名为 LOS（视距）或 NLOS（非视距），分别代表没有障碍物时和有障碍物时的路径。为了维持技术的额定性能，通常需要识别 NLOS 情况，这是一个真正的技术难题，往往需要高度的冗余测量。在这种情况下，任何两个节点的到达角度测量必须具有可以估算的空间（或几何）一致性。因此，除了那些产生与实际值相同的非直接路径的情况（这种情况非常少见但并非不可能），NLOS 情况应该是可识别的。

我们可以看到这种方法在交换、测量、计算和电信组织方面的复杂性。一些节点既是小型网络的监督者，又可能是其他小型网络的成员。理论上，这是可行的，但实际操作却是一个挑战。此外，根据不同节点的环境配置，测量结果也会受到各种误差的影响。应该有一种机制来估计这些误差的重要性，然后消除最有害的误差：这又是一个难题。最后，目前还没有这种终端，也没有相关的测量工具。

14.2　讨论

"精度"是最早被普遍强调的参数之一。注意，开发团队或研究团队给出的指标与该参数的实际情况往往存在着显著差异。这通常是因为选择的测试环境偏好于某种方法，忽略了可能更具代表性的"困难"环境。此外，该参数应与定位的可靠性相关联。例如，当定位非常依赖用户所处的环境时，就会降低可靠性，除非对该环境有一个衡量标准。这可能是当前面向数据科学方法的一条开放路径。

回到 14.1 节最初提出的问题——是选择本地基础设施，还是选择机会信号？答案是选择机会信号。然而，到目前为止，虽然提出了许多这种方向的系统，但是并非所有系统都得到了广泛应用，目前部署得最多的解决方案仍然依赖于特定终端的部署。有关各种技术融合方法的文献非常重要，尤其是惯性系统。后者具有理想的特性：随时随地都能进行测量，不依赖于任何基础设施，而且已集成到了智能手机中。遗憾的是，由于传感器质量下降[②]，它们通常需要校准，如今的智能手机就是这种情况。

前面的几个例子表明，某些约束（可用性、技术成熟度、定位可靠性等）非常强。许多相关团体的工作所产生的指导方针清楚地表明，实施过程中的实际困难阻碍了科学和技术方法的产业发展。在前一节介绍的三种方法中，没有一种能令人满意地解决这个问题：要么需要部署特定的基础设施，要么需要用户操作且定位时间上不连续，要么网络架构尚

---

① 网络工程师和研究人员喜欢这种问题，因为他们可以提出复杂的服务架构。
② 大众市场的 MEMS 传感器由于低成本制造方法和温度依赖性，存在较大的偏差。

不成熟。这三种系统只是拟议解决方案的一小部分。

缺乏广泛应用的原因还有实际关注有限、难以提炼出预期需求（这些需求可能会为研究人员提供方向）。这种观察似乎是矛盾的：对室内定位系统的期望很高，提出的解决方案非常多，但大多数部署的结果却是逐渐放弃已安装的系统和相关应用。我们的观点是需求未充分明确。例如，根据不同计划的使用情况，所需性能肯定不同。例如，在医院引导视障人士所需的特性，与检测和统计经过展位或商店的人数所需的特性不同。然而，人们并未进行综合考量，通常仅由研究人员自己确定其系统指标。使用者表达不明确的需求与研究人员开发的解决方案之间往往无法对接成功。

这种成功案例偶尔会在特殊情况下发生，然后找到技术解决方案。然而，如果没有更广阔的视野，那么解决方案仍然是具体的。编写一套或多套规范，产生足够和具体的市场，进而触发大规模部署是一项重要任务。因此，应该组织许多团体（用户、工业界、研究人员等）共同工作。

下面提出一些想法。首先，约束应是操作性的，而非技术性的。部署的复杂性、环境敏感度及由此产生的可靠性是影响解决方案的关键因素。创建一个"通用性能表"来对各种技术进行比较非常有用。这些标准无疑应是高层次的，并且以用户为导向。需要考虑的标准可能也是各个标准的组合，如"精度和可靠性"或"定位类型和终端"。另一种分类方法可以立即感知实际部署的复杂性，形式为"覆盖范围"标准。该标准以环境数据形式限定所提技术的典型覆盖范围：房间、建筑、站点等。还需要将该标准与需要部署的"组件"数量相关联。最后，关于方法的能源效率参数，无论是对可能的基础设施还是对终端，都是非常有用的。

14.3 个人日常生活可能的演变

如果位置数据广泛可用，那么每个人的日常生活都可能发生显著变化。本节以两类人群（学生和公立医院门诊部的人群）为例，介绍有了位置、地图和路线计算工具后，日常生活将发生怎样的变化。

假设技术条件已具备，室内人员和物体的定位像室外GNSS工作一样容易。那么这会对人们的日常行会带来哪些变化？

14.3.1 学生的一天

如今，有许多应用可以组织和管理人们的出行。例如，可以检查天气是否与当天的计划活动相符，进而选择最佳的出行方式，包括所有可以解决的约束：公共交通、拼车、出租车等。同样，"家庭组"还可让我们了解朋友的位置，更好地组织大家的出行。

当然，学生通常会在前一天安排好自己的时间，以确保准时上课。但也有例外，如他们不记得确切的课程安排。因此，当他们到达校园时，可以访问学院服务器上的在线课程表。通过身份验证后，当遇到昨天的课程表中提到的房间由于投影仪故障，今天早晨不得不更换的情形时，这一做法非常有效。由于校园内有室内定位系统，可以确定学生的位置，单击要上的课程后，会自动打开地图，并且显示前往教室的路径。图14.4所示为时间表与课程地点的关联。

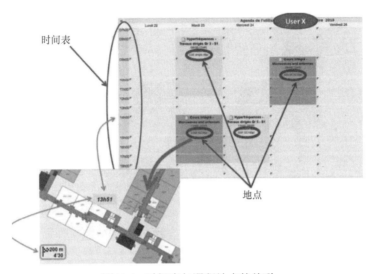

图14.4　时间表与课程地点的关联

　　这种将日程、位置和导航相结合的功能在校园内的许多其他情况下也非常有用，如接待外来演讲者（如企业人士或访问教授）、会议或其他活动。事实上，这对那些不熟悉校园的人来说尤其有用，因为他们在该区域的停留时间通常很短暂。

14.3.2　改善门诊患者的医院就诊体验

1.“行程”准备

　　门诊医疗对患者护理有着明确的意义：节省时间，优化去医院的行程，降低医院感染风险，降低医疗成本，最重要的是提高患者的“幸福感”。为此，医院的门诊服务根据每位患者的具体情况，个性化地安排他们的“行程”。这个行程包括一系列医疗预约，可能还包括一次手术（通常由服务部门监督）和最后一次回家前的探视。

　　这些路径是门诊服务运作的核心，关乎患者的满意度、当天的效率，以及涉及的各个医院服务部门的组织。然而，观察发现，预约时间常被延迟，干扰了医生的工作。在某些情况下，这是由于未充分考虑患者所需的行程时间，而这往往与他们在医院建筑中迷路有关。

2．患者转移和自动重新安排

　　假设一个系统可以跟踪患者的行程，并按某种方式向其发送下一次预约或优化行程路径的信息。如图14.5所示，我们可以为患者配备移动终端，以进行此类交流和指导。

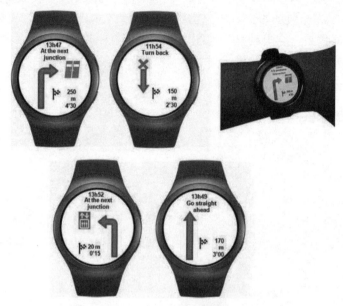

图14.5　移动终端和引导指示的一些构想

在这个例子中，使用的是手表，但也可使用手环甚至患者自己的智能手机。

此外，门诊部还希望能够跟踪患者，以优化医生和技术设施的使用。患者出现任何延误都可能导致组织混乱而影响当天的计划。因此，门诊部还需要一个仪表板来监控当天各患者的路线。如图14.6所示，为每位患者编辑了一条记录，列出了患者的各项预约以及时间和地点。色码可让门诊部立即看出患者是否正常（浅灰色）、是否正在接受问诊（灰色）或是否有延误（深灰色），从而避免潜在的组织混乱。

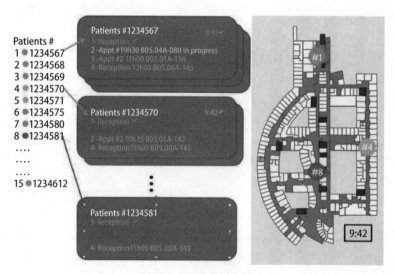

图14.6　实时患者跟踪

3.报告与分析

此外，门诊部还希望改进患者路径：纠正排班错误，缩短患者预约间隔时间，进而提高医院技术设施的效率。借助患者跟踪工具及每天的进展进行记录，可以分析计划与实际情况之间的差异，进而做出回溯调整。图14.7所示为实时患者跟踪，展示了一些可提供的"分析"内容。

最后，在更理想的情况下，我们可以设想基于患者跟踪的动态预约组织。当检测到延误（或延误风险）时，路径将自动重新计算。这涉及医生和技术平台的时段重新分配，实施起来肯定很复杂。但是，考虑到门诊患者数量的增加和医院规模的扩大，这种方法具有真正的潜在意义。

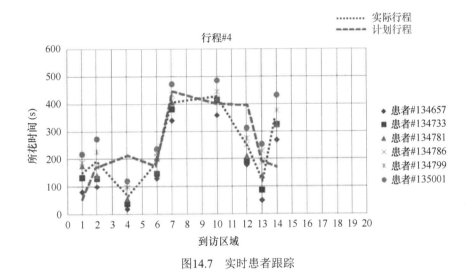

图14.7　实时患者跟踪

14.3.3　公共场所的人流

下面继续当前通过生成数据进行分析的趋势，现在转到公共场所，如机场或博物馆。通常，这些地方的访客多是偶尔路过的。例如，步行导航系统可能非常有用（世界各地已安装了一些这样的系统）。然而，我们并不探讨这一方向，而讨论另一种需求，这种需求也存在于许多其他领域中，如人群安全：人流管理。假设有两架飞机同时将乘客送到机场，一架提前到达，另一架延误。在这种情况下，重要的是找到一种方法来避免两批乘客交叉，从而避免发生拥堵。

掌握相当一部分人的位置信息后，就可像道路上的汽车导航系统一样直观地显示拥堵区域，如图14.8所示。这样，就可实时采取必要的措施。此外，对这些数据进行长期分析后，有可能建立拥堵预测模型，从而不再是处理拥堵问题，而是预测并减少拥堵。例如，可以为人员提供一个考虑高交通流量区域的导航系统，实际建议"替代路线"。注意，必须有数字化的区域地图可供使用。

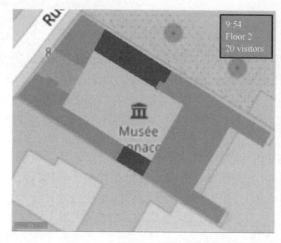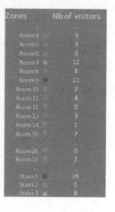

图14.8　博物馆拥堵区域可视化

图14.8中除了显示拥堵区域，还显示了一个可以监控实时情况的仪表板（例中为博物馆）。这样，就可以重新组织参观，减少游客因人多而无法参观的失望情绪。

与本书的技术部分联系起来后，会发现所有这些在已有技术的基础上是可以实现的。

14.4　物联网和万物互联

如今，定位不仅限于人，还包括物品。医院中的移动设备可以定位并优化使用。快递公司已经可以跟踪包裹：定位依靠包裹的局部区域基于RFID检测。这是为客户提供的宝贵服务，但目前仅限于特定区域。通过永久定位可以改进这项服务。这能实现更大范围的动态包裹取件：若包裹在离你很近的仓库中停留了一段时间，则你会收到取件通知，结果是节省了精力和时间。对于任何一台设备，若知道下次要用到它的地方，则可减少移动其所需的能耗。

假设车辆在城市中的移动方式与今天的移动完全不同——污染达到非常高的水平，不再允许汽车进入城市①。所有人都必须使用在郊区停车场租赁的小型电动车：它们是进入城市的唯一方式，公共交通系统除外。这些车的租赁方式与今天的大不相同：费用取决于使用时间和行驶距离，但主要取决于实际能耗。行程结束后，你可选择继续保留这辆车（并支付费用）或将其置于任何地方。然后，另一个人可根据空闲电动车的确切位置选择租赁，开始新的行程。当你将车开回充电中心时，会享受折扣。车内屏幕显示空闲停车位，提供沿途所有服务的信息（包括充电中心）。将自己的行程安排到城里的某个目的地，你可将行程信息提供给任何基于共享行程原则希望分摊租车费用的人。动态预约可以进一步减少城市中人们整体流动的能耗。这当然也适用于所有专业人员和包裹（或物品）的流动。室外部署的定位技术已经可以做到这一点，但由于缺乏真正的室内解决方案，仍然受到限制。在本书的结尾，我希望许多读者能明白这些都是可行的：最终需要他们为我

---

① 即将到来。

们所有人去实现这些方法（不仅仅是为了经济收益）。

14.5 未来可能的方向

GPS开启了定位革命，就像两个世纪前便携式时钟引发的时间革命一样。尽管我们难以预测定位技术的未来，但可回顾一些"基本原则"：

- 大量应用可以利用定位技术，每种应用都有其性能和指标。
- 目前有多种室内定位技术，几乎适用于所有环境，但整体性能不尽相同[①]。
- GNSS允许在没有基础设施的环境下进行定位，其在城市中的扩展应用是为了减少定位基础设施，而这并不是GNSS最初的设计理念。
- 巨大的电信能力使未来更容易设想。
- 各个领域（如定位、计算机科学、电信等）都在寻求无处不在的覆盖。

本书介绍了不同室内定位系统的总体局限性。显然，目前没有一种单一的定位方法可以满足所有应用需求，因此人们正在考虑混合方法，以满足许多应用的指标要求。对于涉及人的应用，如众多基于位置的服务，尤为如此。因此，有关未来定位系统的问题是很自然的：GNSS是否会扩展到这些技术尚未覆盖的环境？混合系统是否会发展到透明运行的程度？传感器网络是否是最佳解决方案？下一步，人工智能或大数据能否充分解决这一问题？数据科学家是我们的救世主吗？

未来10～15年，GNSS可能会在人们的生活中占据越来越重要的地位，但若不找到克服GNSS实际局限性的替代解决方案，则长期来看其未来仍不确定。目前的方法是通过参考全球坐标系获得位置的绝对坐标，精度以米为单位，但这可能不是唯一的解决方案。例如，依赖于局部位置（以房间或区域表示）的"符号"定位算法可能是值得注意的替代方案。此外，定位的关键是可靠性，准确定位并不重要，但定位能够依赖才是最重要的。

无论是在室内还是在室外，我们都可从另一个角度来设想未来的定位系统。首先，可以设想在近期和中期，GNSS几乎是理想的候选方案，适用于完全没有基础设施的定位，如在海上、在沙漠中，甚至在乡村地区，这些地方的覆盖很好。然而，在城市或室内，基于卫星的定位并不适用，尽管业界为寻找解决方案做了许多努力。在这些环境中，有许多分布在各处的固定对象。这些对象可以是移动物体（如个人终端），也可以是固定物体（如门、公交车站或房屋门牌号）。通常，电信功能与需要交换数据的物体和人相关，但可以想象扩展配备电信功能的物体范围[②]。一旦物体能够通信，只要它知道自己的位置就可传输其位置。根据所用无线传输系统的范围，物体附近的所有电子接收终端至少可以知道它们离物体不远（最大距离恰好是物体电信系统的范围）。这实际上是电信无处不在的基本概念：使得物体可以发现其环境。如果电信能力得到充分发展，这将成为定位技术的下

---

① 人们不仅要理解定位性能，而且要考虑系统部署的便捷性、终端的复杂性等因素。
② 与 RFID 的发展方式类似。

一个真正发展方向。设想有一个移动终端无法实现GNSS定位（例如它在室内），但却配备了通信功能。它与另一个可传输其环境信息的设备相连[1]：逐渐地，移动终端可以获取有关网络中所有点的地理分布的信息。一旦网络中的一个元素知道其自身位置，就可进行推理以确定其他点的可能位置。这样，就可在只知道少数几个点的精确位置的情况下获得许多点的位置。这就是"协作方法"（见第12章和14.1.2节）的理念：问题在于，按照今天的设想，这种方式将消耗大量能源，因此可能需要考虑简化定位协议[2]。

此外，可以设想，大多数固定物体都可由其位置来定义，无论是在室内还是在室外。而且，可以很容易地想象一些固定物体可通过使用基于GNSS的系统来得到位置。在这种情况下，终极定位系统不仅能够交换数据，而且能够检测两个物体的接近度。只有固定物体会配备GNSS（因为成本较低且基础设施自动可配置）：设备的位置通过与大多数时候知道其自身位置的邻近物体进行交换来获得。当这种情况不成立时，就需要更复杂的算法（可能会增加定位的不确定性）。

这种系统的一个例子是通过行人的手机进行定位，行人的手机与沿同一街道行驶的汽车司机的手机链接。由于汽车配备了GNSS系统，司机的手机可以获得准确的位置。经过行人时，可以进行位置数据传输，将位置信息传递给行人的手机。汽车显然是一种获取位置的方式，但也可认为公交车站、建筑入口、交通信号灯甚至门、窗、灯等知道自身的位置。这个想法让我们回到了GPS的初衷：在没有基础设施的地方进行定位，而不是在城市、建筑等环境中定位。

14.6 小结

室内定位领域涉及众多的群体，提供了许多技术解决方案。与GNSS占垄断地位的外部世界相比，根本区别在于情况的多样性。需求常被提及，但必要的投资往往受到历史因素的阻碍：由于定位技术过去无法实现（现在仍然不完全可用），许多事物是在未考虑定位的情况下完成的。对目前还不是根本性的需求来说，可以接受的投资是多少[3]？

基于对高级标准的观察，在分析潜在的技术后，我们现在发现缺乏真正的规范及使用低级标准的方法，这些标准并不适用于建筑管理者，而建筑管理者却是解决问题的关键合作伙伴。因此，我们提议共同创建一个混合标准列表，以便在相似且有代表性的条件下比较各种技术。这项工作需要协调，我们呼吁进行这种协调，并且愿意在其中发挥自己的作用。

我认为我们需要重新聚焦真正的需求，而不是去寻找那些无用且没有结果的东西。当前关注短暂且无用的关键点只会徒劳无功地消耗精力，而实际上还有很多有益的事情需要我们去做。当前的"科学"方法往往倾向于使那些在保持"简单"状态下已无法解决的问

---

[1] 在此背景下，"环境"指的是"电信环境"。
[2] 注意，一些工作仍在朝这个方向努力。
[3] 所谓"非根本性"，可理解为"我们可以不做的事情"。

题更加复杂化。问题无疑在于"简化",这不仅不与时俱进,也并非易事。需要深刻的反思和对我们自以为的智慧保持谦逊,也就是说需要时间的提炼。而我们却总觉得时间越来越少,所以让我们稍微放慢脚步吧。

参考文献

[1] Abdel-Salam M. (2005). Natural disasters inference from GPS observations: case of earthquakes and tsunamis. ION GNSS 2005, Long Beach, CA (September 2005).

[2] Fuller R., Grimm P. (2006). Tracking system for locating stolen currency. ION GNSS 2006, Forth Worth, TX (September 2006).

[3] Heinrichs G. (2003). Personal localisation and positioning in the light of 3G wireless communications and beyond. IAIN 2003, Berlin, Germany (October 2003).

[4] Jensen A. B. O., Zabic M., Overó H. M., et al. (2005). Availability of GNSS for road pricing in Copenhagen. ION GNSS 2005, Long Beach, CA (September 2005).

[5] Kaplan E. D., Hegarty C. (2006). *Understanding GPS: Principles and Applications*, 2e. Artech House.

[6] Pateli A., Fouskas K., Kourouthanassis P., et al. (2002). On the potential use of mobile positioning technologies in indoor environments. 15th Bled Electronic Commerce Conference, Bled, Slovenia (June 2002).

[7] Rohmer G., Dünkler R., Köhler S., et al. (2005). A microwave based tracking system for soccer. ION GNSS 2005, Long Beach, CA (September 2005).

[8] Schaefer R. P., Lorkowski S., Brockfeld E. (2003). Using real-time FCD collection for trip optimisation in urban areas. The European Navigation Conference, GNSS 2003, Austria, Graz.

[9] Woo D., Mariette N., Salter J., et al. (2006). Audio nomad. ION GNSS 2006, Forth Worth, TX (September 2006).

[10] De Angelis A., Moschitta A., Carbone P., et al. (2015). Design and characterization of a portable ultrasonic indoor 3-D positioning system. *IEEE Transactions on Instrumentation and Measurement* 64 (10): 2616-2625.

[11] He S., Gary Chan S. H. (2016). Wi-Fi fingerprint-based indoor positioning: recent advances and comparisons. *IEEE Communications Surveys and Tutorials* 18 (1): 466-490.

[12] Wang G., Changzhan G., Inoue T., et al. (2014). A hybrid FMCW-interferometry radar for indoor precise positioning and versatile life activity monitoring. *IEEE Transactions on Microwave Theory and Techniques* 62 (11): 2812-2822.

[13] Kok M., Hol J. D., Schön T. B. (2015). Indoor positioning using ultra wide band and inertial measurements. *IEEE Transactions on Vehicular Technology* 64 (4): 1293-1303.

[14] Yasir M., Ho S. W., Vellambi B. N. (2014). Indoor positioning system using visible light and accelerometer. *Journal of Lightwave Technology* 32 (19): 3306-3316.

[15] Chen L. H., Wu E. H. K., Jin M. H., et al. (2014). Intelligent fusion of Wi-Fi and inertial sensor-based positioning systems for indoor pedestrian navigation. *IEEE Sensors Journal* 14 (11): 4034-4042.

[16] Perttula A., Leppäkoski H., Kirkko-Jaakkola M., et al. (2014). Distributed indoor positioning system with inertial measurements and map matching. *IEEE Transactions on Instrumentation and Measurement* 63 (11): 2682-2695.

[17] Noh Y., Yamaguchi H., Lee U. (2018). Infrastructure-free collaborative indoor positioning scheme for time-critical team operations. *IEEE Transactions on Systems, Man, and Cybernetics: Systems* 48 (3): 418-432.

[18] Zhuang Y., Syed Z., Li Y., El-Sheimy N. (2016). Evaluation of two Wi-Fi positioning systems based on

autonomous crowdsourcing of handheld devices for indoor navigation. *IEEE Transactions on Mobile Computing* 15 (8): 1982-1995.

[19] Chen C., Han Y., Chen Y., et al. (2016). Indoor global positioning system with centimeter accuracy using Wi-Fi. *IEEE Signal Processing Magazine* 33 (6): 128-134.

[20] Gaber A., Omar A. (2016). Utilization of multiple-antenna multicarrier systems and NLOS mitigation for accurate wireless indoor positioning. *IEEE Transactions on Wireless Communications* 15 (10): 6570-6584.

[21] Liu Q., Qiu J., Chen Y. (2016). Research and development of indoor positioning. *China Communications* 13 (2): 67-79.

[22] Dardari D., Closas P., Djurie P. M. (2015). Indoor tracking: theory, methods, and technologies. *IEEE Transactions on Vehicular Technology* 64 (4): 1263-1278.

[23] Davidson P., Piché R. (2017). A survey of selected indoor positioning methods for smartphones. *IEEE Communications Surveys and Tutorials* 19 (2): 1347-1370.